# 煤热解的耦合技术一体化

马宝岐　赵　杰　史剑鹏　周秋成　编著

化学工业出版社

·北京·

## 内容简介

本书全面介绍了煤热解耦合技术一体化的基本内涵及主要特点,对煤热解与半焦活化耦合一体化、煤热解与半焦气化耦合一体化、煤热解与气相焦油裂解耦合一体化、煤热解与电石制备耦合一体化、煤热解与气基直接还原炼铁耦合一体化、煤热解与甲烷活化耦合一体化、煤热解与其他技术耦合一体化等,进行了系统论述。

本书可供从事煤炭清洁高效转化利用领域,特别是煤热解领域的科研和工程技术人员使用,也可供高等及大中专院校相关专业师生参考。

**图书在版编目(CIP)数据**

煤热解的耦合技术一体化/马宝岐等编著 . —北京:
化学工业出版社,2021.2

ISBN 978-7-122-38153-8

Ⅰ.①煤… Ⅱ.①马… Ⅲ.①耦合-应用-煤炭-高温分解 Ⅳ.①TD849

中国版本图书馆 CIP 数据核字(2020)第 243326 号

责任编辑:张 艳　　　　　　　文字编辑:陈立璞　林　丹
责任校对:宋 夏　　　　　　　装帧设计:王晓宇

出版发行:化学工业出版社(北京市东城区青年湖南街 13 号 邮政编码 100011)
印　　装:涿州市般润文化传播有限公司
710mm×1000mm　1/16　印张 17½　字数 361 千字　2021 年 1 月北京第 1 版第 1 次印刷

购书咨询:010-64518888　　　　售后服务:010-64518899
网　　址:http://www.cip.com.cn
凡购买本书,如有缺损质量问题,本社销售中心负责调换。

定　　价:128.00 元

# 前　言

近些年来，我国以低阶煤为原料的热解产业有了迅速发展，在低阶煤热解过程中，所得产物为半焦（兰炭）、煤焦油和煤气。目前我国半焦总产能约为 1 亿吨/年，主要分布在陕西榆林（产能 6200 万吨/年）、新疆维吾尔自治区（产能 3000 万吨/年）、内蒙古鄂尔多斯（产能 500 万吨/年）、宁夏回族自治区（产能 400 万吨/年）。 2019 年全国半焦总产量约为 6500 万吨，占总产能的 65%；煤焦油产量为 650 万吨，煤气为 430 亿立方米。

随着我国半焦产业的迅速发展，在工业化生产中，还发展了"煤—兰炭（焦油）—燃料油""煤—兰炭（煤气）—电""煤—兰炭（煤气）—合成氨—碳铵""煤—兰炭（半焦）—硅铁""煤—兰炭（煤气）—金属镁"和"煤—兰炭（半焦）—电石—聚氯乙烯"六个产业链；对促进半焦产业转型升级，提高其综合效益具有重要意义。

在我国经济持续稳健发展的过程中，随着环保要求的不断提高及热解技术工业化进程的不断推进，对煤炭分质清洁转化核心关键技术的突破需求迫在眉睫。随着大型粉煤热解、热解气化一体化、热解活化一体化、热解裂化一体化、热解还原一体化、热解热电一体化等关键技术的突破，必将开拓一个规模巨大、产品高端、节能环保、经济性良好的新产业。

为了促进我国煤热解耦合技术一体化的发展，笔者在长期对低阶煤热解技术及工艺进行研究、设计和生产的基础上，编写了本书，以期对推进我国煤热解产业的创新和高质量发展尽一点力。

全书共分 8 章。第 1 章绪论：对我国半焦产业的发展现状、煤热解的耦合技术一体化特征进行了概述；第 2 章煤热解与半焦活化耦合一体化：对活性半焦的制备方法、基本特性、主要用途及与煤热解的一体化等作了论述；第 3 章煤热解与半焦气化耦合一体化：对半焦气化的原理、技术及与煤热解耦合的装置系统进行了阐述；第 4 章煤热解与气相焦油裂解耦合一体化：对煤焦油裂解的原理及与煤热解耦合的技术做了介绍；第 5 章煤热解与电石制备耦合一体化：对我国电石产业的基本情况、生产方法及与煤热解耦合的技术进行了介绍；第 6 章煤热解与气基直接还原法炼铁耦合一体化：对气基直接还原法炼铁的原理、工艺及与煤热解耦合的技术进行了讨论；第 7 章煤热解与甲烷活化耦合一体化：对煤热解与甲烷部分氧化、与甲烷/二氧化碳重整、与甲烷芳构化、与甲烷/水蒸气重整、与甲烷等离子活化耦合技术进行了分析对比；第 8 章煤热解与其他技术耦合一体化：对煤热解与热电、与制备活性炭、与半焦直接还原铁、与一氧化碳变换耦合技术进行了探索。

本书由马宝岐、赵杰、史剑鹏、周秋成编著；由马宝岐、赵杰负责制定编写提纲、统稿、修改和定稿。

英国南安普敦大学张洵立教授和西北大学李冬教授对本书的初稿进行了审

阅和修改，使笔者受益匪浅，特在此致以谢意！

本书在编写过程中得到中国重型机械研究院股份公司谢咏山副总工程师，陕西冶金设计研究院有限公司雷刚院长、薛选平总工程师的大力支持和帮助，在此特致以衷心的感谢！

由于本书内容知识面较宽，加之编者经验不足、水平有限，书中难免有不足之处，敬请读者批评指正。

编著者

2020 年 10 月

# 目录

# 8 煤热解与其他技术耦合一体化 / 245

# 1
## 绪论

基于我国"缺油少气，煤炭相对丰富"的能源禀赋和经济社会发展需求，在未来相当长的时期内，煤炭作为主导能源的地位不会发生改变。低阶煤主要包括褐煤和长焰煤、弱黏煤、不黏煤等低变质烟煤。我国低阶煤资源丰富，占全国煤炭产量的 55%，占陕西、内蒙古和新疆地区煤炭产量的 80% 以上。

低阶煤的特性是挥发分高、黏结性差、格金干馏焦油产率高；煤质属于低灰、低硫，且可选性好。低阶煤的结构和加热特性，决定了可以通过低能耗、低水耗的中低温热解方式将其分质转化为气（煤气）、液（煤焦油）、固（半焦）三种能源产物；进而对煤气、煤焦油、半焦进一步分质转化，即可获得油、气、化、电等高附加值产品。煤炭分级分质转化对于促进煤炭行业转型升级，实现煤炭清洁高效利用具有重大战略意义。国家能源局发布的《能源发展战略行动计划（2014—2020 年）》《能源技术革命创新行动计划（2016—2030 年）》《煤炭清洁高效利用行动计划（2015—2020 年）》，都将以中低温热解为核心的煤炭分级分质转化利用作为国家能源发展战略和技术革命创新的主要任务之一。

## 1.1 我国半焦产业的发展现状

目前我国半焦总产能约为 1 亿吨/年，主要分布在陕西榆林（产能 6200 万吨/年）、新疆维吾尔自治区（产能 3000 万吨/年）、内蒙古鄂尔多斯（产能 500 万吨/年）、宁夏回族自治区（产能 400 万吨/年）。2019 年全国半焦总产量约为 6500 万吨，占总产能的 65%；煤焦油产量为 650 万吨，煤气为430 亿立方米。

多年来，我国对低阶煤热解工艺进行了系统研究，已进行小试、中试及工业化生产的热解炉型主要有直立炉、回转炉、移动床、流化床、喷动床、气流床、旋转炉、带式炉、铰龙床、微波炉、蒇动床、耦合床等 10 余种。但目前实现工业化生产的炉型主要为：内热式直立炉（30～80mm 块煤，单炉生产能力最大为15 万吨/年）、内热式小粒煤炉（6～30mm，单炉生产能力最大为 15 万吨/年）；

外燃内热式立式炉（＜30mm，单炉生产能力33万吨/年）、回转炉（＜22mm，单炉生产能力40万吨/年）。

为了促进我国半焦（兰炭）产业科学、有序、稳定地发展，2008年12月，中华人民共和国工业和信息化部（以下简称"工信部"）公告修订的《焦化行业准入条件（2008年修订）》将兰炭（半焦）焦炉和生产列入其中，为我国半焦产业的发展提供了政策依据。2010年9月，中华人民共和国国家质量监督检验检疫总局（以下简称"国家质检总局"）和中国国家标准化管理委员会（以下简称"国标委"）联合发布了国家标准《兰炭用煤技术条件》（GB/T 25210—2010）、《兰炭产品技术条件》（GB/T 25211—2010）、《兰炭产品品种及等级划分》（GB/T 25212—2010）。

2013年11月，国家质检总局和国标委联合发布国家标准《兰炭单位产品能源消耗限额》（GB 29995—2013）。2014年3月，工信部公布了《焦化行业准入条件（2014年修订）》。2016年10月，环保部在《民用煤燃烧污染综合治理技术指南（试行）》中要求，"煤炭资源丰富、经济条件较好且污染严重的地区应优先选用低硫、低挥发分的优质无烟煤、型煤、兰炭和民用焦炭"。2020年6月11日，工信部公布了《焦化行业规范条件（征求意见稿）》，对半焦产业的发展提出了新的要求，对促进半焦产业发展具有一定的意义。

低阶煤热解产物的利用如图1-1所示。目前，我国兰炭主要用于生产电石、铁合金、型焦、高炉喷吹料、活性半焦、民用燃料等；国内年用量为6000万吨，占兰炭总产量的92.3%，其余均外销，主要出口韩国、日本、马来西亚、印度尼西亚、印度及意大利等国。

随着我国半焦产业的迅速发展，在工业化生产中，还发展了"煤—兰炭（焦油）—燃料油""煤—兰炭（煤气）—电""煤—兰炭（煤气）—合成氨—碳铵""煤—兰炭（半焦）—硅铁""煤—兰炭（煤气）—金属镁"和"煤—兰炭（半焦）—电石—聚氯乙烯"六个产业链；对促进半焦产业转型升级，提高其综合效益具有重要意义。

虽然我国半焦产业的技术水平已有很大提高，但仍面临如下关键技术难点和挑战：

① 块煤和小粒煤热解工艺装备普遍存在传热质效率偏低、焦油产率偏低、环保水平偏低的问题；

② 粉煤热解的关键是应进一步攻克气、油、尘的分离难题，使其生产装置达到长周期稳定运转并提高产品质量；

③ 半焦特别是粉焦的储运难度大，大规模高效利用技术有待工业化开发；

④ 热解气品质不稳定，难于高附加值利用；

⑤ 煤热解所产生的废水污染物成分复杂、水质变化幅度大、可生化性差，对其治理困难。

随着我国经济持续快速发展，环保要求不断提高以及热解技术工业化进程不

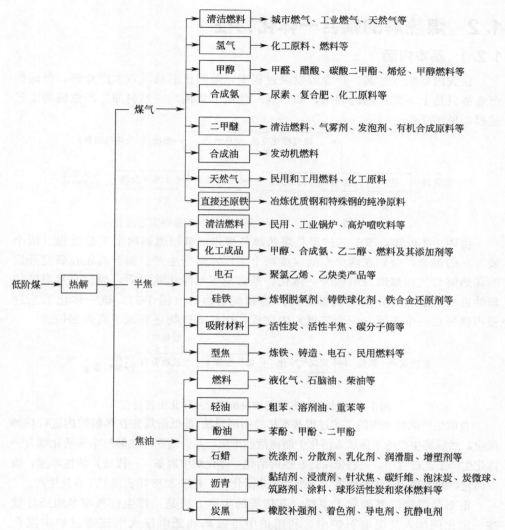

图 1-1　低阶煤热解产物的利用

断推进，对煤炭分质清洁转化核心关键技术的突破需求迫在眉睫。随着大型粉煤热解、热解气化一体化、热解活化一体化、热解裂化一体化、热解还原一体化、热解热电一体化等关键技术的突破，必将开拓一个规模巨大、产品高端、节能环保、经济性良好的新产业。以目前可以预期的技术开发成果的水平展望，若将10亿吨低阶煤热解分质利用，其初级产物中的半焦接入现有的火电产业和煤气化为龙头的煤化产业，其他初级产物中的中低温热解焦油和热解气进一步加工，可以得到1亿吨左右的油品和化工产品及约640亿立方米的天然气，在实现煤炭清洁高效利用并大大提高现有用煤产业经济性的同时，将为缓解我国石油和天然气进口压力，保障国家能源安全做出巨大的贡献。

# 1.2 煤热解的耦合一体化特征

## 1.2.1 基本内涵

在我国半焦（兰炭）产业的发展过程中，虽然已形成了六大产业链，但这些产业链只是上下游产物的利用，如"煤—兰炭（焦油）—燃料油"产业链的工艺过程，见图1-2。

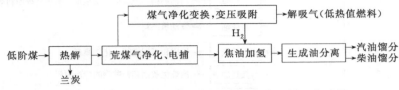

图 1-2 "煤—兰炭（焦油）—燃料油"产业链工艺过程

由图1-2可知，该工艺过程是煤热解与煤焦加氢制燃料两个工艺过程（两个装置）的组合，分别在两个车间（或两个工厂）进行生产。而目前正在研究开发的煤热解与气相焦油裂解耦合一体化，是将荒煤气净化除尘后，原位直接对气相焦油进行裂解，经分离后制得芳烃产物和柴油馏分（图1-3）。该一体化工艺过程不仅可在一个车间（一套装置）内完成，而且其产物还实现了高附加值。

图 1-3 煤热解与气相焦油裂解耦合一体化工艺过程

目前生产活性半焦的工艺过程基本都采用两段法，即低阶煤先在热解炉内进行热解反应，然后将生产的半焦送入活化炉制得活性半焦产品。而在煤热解与半焦活化耦合一体化生产工艺过程中，是将低阶煤在热解活化一体化炉中制备（一段法）活性半焦，该一体化炉的上部为煤的热解室，下部为半焦活化室，并于2018年实现了工业化生产。

电石是重要的基础化工原料，其传统的生产方法是：将生石灰与半焦经计量按一定比例加入高温电石炉中，利用炉中电弧热和低电压大电流通过炉中混合料，产生大量电阻热加热反应生成电石。其生产工艺的主要特点是将半焦的生产单独设置车间。但在煤热解与电石生产耦合一体化工艺的工业试验过程中，先将低阶煤与生石灰按一定比例混合压球制成冷团球；然后将冷团球送入热解炉进行热解反应，在生成热团球的同时还副产煤气；最后将热团球送入高温电石炉制备电石产品。其生产工艺的显著特点是将半焦与电石两种不同的生产方法进行了有机的耦合一体化。

煤热解与半焦气化耦合一体化的原理如图1-4所示。煤粉经过密相气力输送（$N_2$）进入二段热解炉，与来自一段气化炉的高温合成气（含 CO、$H_2$）混合传热，迅速升温，在还原性气氛条件下进行快速热解反应；生成半焦、焦油、$CH_4$、$C_2H_6$、CO、$CO_2$、$H_2$、$H_2O$ 等产物；其热解产物经过冷却降温、气固

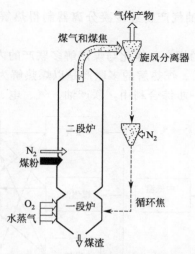

图 1-4　煤热解与半焦气化耦合一体化过程原理

分离（旋风分离器等），固态产物（半焦和煤灰等）通过 $N_2$ 载气循环回一段炉内气化，产生的高温合成气为二段热解过程提供所需的热量。

该一体化装置的主要特点是：

① 煤的热解和半焦气化两个反应在同一反应炉中的不同位置（空间）进行；

② 用气化炉的高温合成气对煤进行热解，能明显提高热解产物中焦油的收率。

煤热解与气基直接还原法炼铁耦合一体化工艺过程如图 1-5 所示。该耦合一体化工艺过程，使煤热解与炼铁两个不同领域的生产工艺耦合在一起，不仅产生相互利用和相互促进的作用，而且还能获得热解与炼铁的双重效益。该工艺过程具体如下：

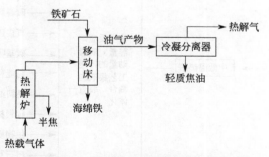

图 1-5　煤热解与气基直接还原法炼铁耦合一体化工艺过程

① 煤在热解炉（650℃）中生成的产品半焦供外售，其产物热解油气送入移动床；

② 在移动床（900℃）中，热解油气中的气相焦油在铁矿石的催化下进行轻质化反应，其中的氢气与铁矿石发生还原反应制得海绵铁；

③ 由移动床输出的油气产物经冷凝分离器制得热解气和轻质焦油，可供化工利用。

综上所述，煤热解的耦合一体化与煤热解多联产的内涵是不同的。煤热解多联产的内涵如图 1-6 所示。煤热解的多联产是以煤热解为龙头，将热解生成的半焦、焦油、热解煤气进一步综合利用，联产油、气、电、化工品等多种产品。

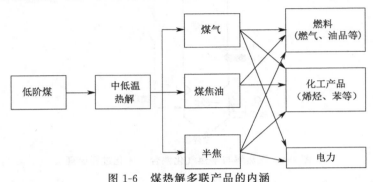

图 1-6　煤热解多联产品的内涵

煤热解的耦合技术一体化内涵如图 1-7 所示。由此可见，煤热解多联产只是以煤热解生成的产物为原料，进行的进一步加工和利用，如用煤气发电、焦油加氢制燃料油品、直接将半焦用于高炉喷吹料等。但煤热解的耦合技术一体化却是将煤热解与另一生产工艺（或另一领域的技术工艺）进行了优化集成，对化学反应、催化剂、传热、传质和动量传递等进行了耦合，并实现了装置的一体化，由此可研发出新技术、新装置和新工艺。

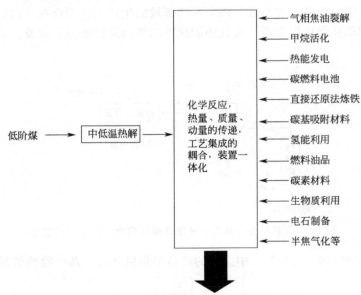

图 1-7　煤热解的耦合技术一体化内涵

## 1.2.2 主要特点

煤热解的耦合技术一体化主要特点是：①可以明显减少投资，降低生产成本；②可以实现原材料互补，提高资源利用率；③可以提高生产灵活性，增强产品市场竞争力；④可以实现产品多样化、高端化、高值化；⑤可以实现大型化、基地化和园区化。

煤热解的耦合技术一体化是一个非常复杂的系统工程，其实质是通过以煤热解技术为"龙头"的多种资源转化技术的优化集成，不仅可以实现煤炭资源价值提升、利用效率和经济效益的最大化，同时还能做到煤炭利用过程对环境最友好。

煤热解的耦合技术一体化绝不是多种转化技术的简单叠加，而是以煤炭资源价值的合理利用为前提、以满足国民经济可持续发展为目标、建立在相关技术发展水平基础之上，以价值提升、过程效率、经济效益以及环保特性为综合目标函数的多个子系统的优化集成。这其中包含几层含义：

① 发展前提是实现煤炭和相关资源宝贵价值的合理利用；具体方式是多种转化技术的优化集成；深刻内涵是资源价值的梯级利用。

② 各种目标产品的设置应以满足国民经济的快速、稳健发展为目标，而且也只有这样，才能实现产品适销对路，从而体现出经济效益的最大化。

③ 在发展过程中要受到相关技术发展水平的限制，也就是说，被优化集成到系统中的各单项转化技术必须成熟、可靠。

④ 资源转化系统集成优化的目标函数并非单个的，而是多个目标函数的综合平衡。显然，多个目标函数综合平衡的结果也应该随着社会、经济、技术等因素的发展变化而不断向更深的层次和更高的水平发展。

## 参 考 文 献

[1] 尚建选，马宝岐，张秋民，等. 低阶煤分质转化多联产技术 [M]. 北京：煤炭工业出版社，2013.
[2] 杜星星，陈奇瑶，张鹏. 我国石油化工一体化的发展 [J]. 当代化工，2012，41 (8)：828-829.
[3] 马宝岐，周秋成. 榆林市传统能化产业发展报告 [R]. 2019.
[4] 徐振刚. 多联产是煤化工的发展方向 [J]. 洁净煤技术，2002，8 (2)：5-7.
[5] 洪定一. 炼油化一体化——石油化工的战略选择 [J]. 中外能源，2007，12 (6)：62-67.
[6] 高瑞，代正华，黄波，等. 耦合热解-气化过程的两段气流床工艺模拟研究 [J]. 化学工程，2019，47 (4)：69-74.
[7] 李松庚，宋文立，郝丽，等. 固体燃料热解与铁矿石还原耦合的装置及方法：CN102888235B [P]. 2014-04-02.
[8] 贺璐. 煤热解与铁矿石还原耦合工艺的基础研究 [D]. 北京：中国科学院大学，2018.
[9] 苏鹏. 炼油一体化技术现状及经济性分析 [J]. 化工管理，2017 (8)：131.
[10] 瞿国华. 炼化一体化两个重要发展阶段及其产品特征 [J]. 当代石油石化，2008，16 (8)：9-14.
[11] 姚国欣. 世界炼化一体化的新进展及其对我国的启示 [J]. 国际石油经济，2009，17 (5)：11-19.

# 2

# 煤热解与半焦活化耦合一体化

半焦是煤热解的主要产品，以半焦为原料经活化后可制成活性半焦；活性半焦是一种性能优良的吸附材料，具有广泛的用途。通常是将煤热解与半焦活化分别在两个不同的装置（或工艺）中进行生产，由此不仅增加了设备投资，同时也提高了产品活性半焦的生产成本。经多年研究，现已实现煤热解与半焦活化装置一体化，即在一台煤热解炉中就可生产活性半焦，并已进行安全、稳定的工业化生产。

## 2.1 活性半焦的概述

活性半焦是一种低比表面积的活性材料，由微细的石墨状微晶和将它们连接在一起的碳氢化合物部分构成，并在固体部分之间的间隙形成。碳是活性半焦的骨架，多数活性半焦中 $80\% \sim 90\%$ 是由碳元素组成的；活性半焦中氧元素的含量为百分之几，其中一部分存在于灰分中，另一部分在碳的表面以表面氧化物的形态存在。由于这部分氧的存在，改变了活性半焦的表面极性，从而改变了活性半焦的性能。因此，活性半焦是一种吸附材料。

多年来，我国对半焦制备活性半焦进行了一系列研究，其制备方法主要是：物理活化法、化学活化法、催化活化法和组合活化法等。

以半焦为原料生产活性半焦，不仅原料来源丰富、价格低廉，而且生产工艺简单、投资低，具有良好的综合效益；同时也为半焦的高附加值利用开发了一个新的方向。

### 2.1.1 制备方法

原料半焦的表面含有羧基（—COOH）、内酯基（—COOR）、酚羟基（—OH）以及醚类（C—O—C）等官能团。半焦独特的表面性质和丰富的孔隙结构，含有丰富的含氧官能团，易于进行活化改性；并可负载各种各样的金属和金属氧化物，使其具有较强的机械强度。

### 2.1.1.1　物理活化性

物理活化法主要是利用水蒸气、空气、二氧化碳或其他气体与半焦进行反应。水蒸气与碳的反应式如下：

$$C + H_2O \rightleftharpoons CO + H_2 \qquad -122.9kJ（吸热）$$

$$C + 2H_2O \rightleftharpoons CO_2 + 2H_2 \qquad -79.4kJ（吸热）$$

邢德山等对两种工业半焦样品进行了水蒸气活化实验，并运用 PoreMaster-60 型孔隙度分析仪对样品活化前后的孔隙结构进行了分析。分析结果表明，工业半焦经过水蒸气活化之后孔隙进一步发展，结构趋于完善合理。两个样品的压汞法分析比表面积和注汞体积分别是活化前的 4 倍和 3 倍多；样品经过活化之后微孔容积和比表面积明显增大，孔半径小于 10nm 的注汞体积分数较活化前增大 1 倍多，显示出活化过程的造孔、通孔作用大于扩孔作用。活化样品在孔半径为 3nm 的附近形成孔的密集分布。通过对样品的分形维数进行计算分析，表明工业半焦活化前后均具有分形特征，活化样品的分形特征更为显著，分形维数进一步增大。

上官炬在煤半焦的水热活化改性反应中，对半焦样品表面酸碱性及官能团的种类、含量进行研究。研究发现原料半焦表面酸碱性官能团含量少，但碱性官能团的数量远大于酸性官能团，使其表面积总体呈碱性。通过水热活化法使原料半焦表面的酸碱性官能团含量发生变化，碱性官能团增加；酸性官能团数量也有所增加，但增幅较小；碱性官能团含量随温度的升高而增加。水蒸气在较大压力下使半焦产生新的微孔并扩展原有孔隙，官能团数量也随之增加；但在水热活化改性温度下，酸性官能团可能发生分解，导致了改性样品表面酸性官能团含量增幅较小。

王利斌等通过对神木煤组分不同温度（500℃，700℃）下热解得到的半焦和半焦 $CO_2$ 活化特性进行研究，发现富惰质组半焦比表面积和孔隙结构明显优于富镜质组半焦；热解半焦均存在较宽泛的中孔、大孔，从 500℃ 到 700℃，富镜质组半焦生成的微孔多于富惰质组半焦。在实验条件下，500℃ 和 700℃ 的半焦 $CO_2$ 活化性能均是富镜质组＞原煤＞富惰质组。热解从 500℃ 提高到 700℃，富镜质组半焦的 $CO_2$ 反应性明显提高。惰质组的结构疏松，在活化过程中容易造成孔壁塌陷，形成大孔，从而导致富惰质组半焦比表面积减小。

### 2.1.1.2　化学活化法

化学活化法指的是利用不同的化学试剂或溶液对半焦进行处理或浸渍，在一定温度下经过一定的反应时间对半焦进行表面改性。

（1）碱活化法　将半焦与 KOH 等碱性物质按照一定比例混合，再通过加热等方式进行活化，可制得吸附性能优良的活性半焦。

侯影飞等以半焦为原料，采用 KOH 活化的方法制备用于处理油田含油污水的吸附剂。通过静态吸附实验测定吸附剂的除油率，评价吸附剂性能；通过表面酸碱官能团含量和扫描电镜分析，对所制备的吸附剂物化性质进行表征。结果表明，以 KOH 活化法制备除油吸附剂的最佳条件是：KOH 与半焦质量比为 6∶1，浸渍时间 3h，焙烧温度 550℃，焙烧时间 1.5h；制得的吸附剂除油率可以达到 75.6%。经过 KOH 活化剂制备的吸附剂表面碱性亲油官能团明显增多，并且产生大量有利于吸附水中石油类物质的新孔结构，使其吸附除油性能得到明显提高。

杨巧文等选用内蒙古褐煤制得半焦，用 20% KOH（80℃）浸泡原料半焦后，继续用 17% HNO₃ 浸泡，灰分可以降低至 10% 以下。以 600℃ 半焦为例，灰分可由 23.76% 下降至 9.83%。KOH 的脱灰效果比 KNO₃ 的脱灰效果要好，先进行 KOH 脱灰有利于更好地脱灰。经脱灰处理后的原料半焦孔密度明显提高，孔径变大，比表面积和孔容积也明显增加。仍以 600℃ 半焦为例，比表面积由 2.10m²/g 增加到 27.69m²/g，孔容积由 0.0018cm³/g 增加到 0.0351cm³/g，平均孔径由 2.69nm 增加到 8.10nm，为后续工序的活化和利用提供了一定条件和孔隙结构。

史惠杰利用碱熔融法对半焦进行改性，通过改变粒度、反应温度、时间等来研究对半焦脱灰性能的影响。其研究结论是：粒径 75～109μm，灰分含量 1.12%，脱灰效果最好，达到 92.94%。而碱熔融状态处理，能进一步提高除灰性能，除灰率能达到 98.0%。

李玉洁等对半焦进行碱性表面处理，考察半焦对 CO 和 H₂ 反应生成 CH₄ 的作用。结果表明，对 CH₄ 气体分解反应不利；对半焦的表面预处理不影响在 800～1000℃ 内 CH₄ 的分解。

（2）酸活化法　酸具有浸蚀溶解一部分原料的作用。酸活化法是将粉碎的原料与酸溶液进行混合，在一定温度下进行活化，可提高半焦多孔性结构。

硝酸活化所生成的炭基本微晶比较小，可以促进多孔性结构的发展。上官炬等在硝酸质量分数分别为 25%、45% 和 65% 的条件下改性褐煤半焦，制备出了烟气二氧化硫吸附剂，并在固定床反应装置上模拟烟气组成进行了脱硫活性测试。结果表明，随着硝酸对褐煤半焦的改性，制备的改性半焦烟气脱硫剂脱硫活性有所提高；硝酸处理造成半焦挥发分即含氧基团和含氮基团增加，导致表面酸性上升；改性半焦表面积和孔容的增加是二氧化硫吸附剂硫容提高的主要原因。

胡龙军等以扎赉诺尔半焦为原料，采用硝酸活化、水热活化和浸渍活性组分等改性方法，制备了改性半焦脱硫剂，并用于脱除 FCC 汽油中的各种硫化物。结果表明，半焦经水热和硝酸活化，负载 0.5% 的氧化铜，于 700℃ 下焙烧制备的脱硫剂对 FCC 汽油脱硫效率可达 38.85%。齐欣等以经济廉价的煤制气副产褐煤半焦为原料，采用硝酸活化、水热活化和浸渍活性组分等改性方法，制备了改性半焦脱硫剂。结果表明，经过活化后的半焦制备的脱硫剂脱硫能力明显优于未经处理的半焦制备的脱硫剂。

齐欣等以褐煤半焦为原料，通过磷酸活化制得活性半焦脱硫剂，用于柴油吸附脱硫效果良好。实验得出最佳制备条件：浸渍比为 1.5∶1、浸渍时间为

20h、煅烧温度为700℃、煅烧时间为1.5h的载铜样品。并对此脱硫剂的脱硫活性进行验证,柴油和脱硫剂体积比为1:1时脱硫率高达57.7%。从脱硫前后柴油的对比色谱图可以看出,该实验制备的脱硫剂能有效脱除FCC柴油中的多种硫化物,尤其是苯并噻吩类化合物。对失活脱硫剂在350℃下进行了水蒸气再生,再生效果不明显,需要寻求其他再生法,例如,热再生或是溶剂再生。

### 2.1.1.3 催化活化法

在活性半焦制备过程中,普遍应用物理活化法和化学活化法,但是这两种方法都存在急需解决的问题。物理活化法所用的活化剂主要为水蒸气和$CO_2$;在适宜的活化温度下,其活化时间相当长。相关的过程动力学研究表明:活化气体在大孔和中孔中的扩散很快,在微孔系统内的扩散很慢;对于直径小于5Å的微孔或其入口,气体的扩散是一种活化过程。在温度低于1000℃和粒度小于2mm时,多数半焦的活化主要受化学反应控制;粒度对反应动力学的影响很小。但是,绝大多数制备活性半焦时的活化温度都低于1000℃;即使在研究活化条件时,活化温度的上限值也仅为950℃,一般取900℃,最佳温度在750~850℃之间。这样就存在一个活化温度与活化时间的矛盾。而解决这一问题的方法只有催化活化,即降低活化过程中化学反应的活化能,提高活化反应速度,降低活化的温度和时间。

化学活化法存在的问题,在很大程度上并不是由活化本身而是由活化工艺造成的。化学活化法能够制备出BET比表面积较大的活性半焦,但是活化剂的用量非常大;化学试剂用量大不仅提高了成本,而且在高温下对设备的腐蚀严重。

张香兰等对催化法制备活性半焦进行了一系列研究。

(1) 实验原料　实验所用原料煤的工业分析见表2-1。在原料煤中分别加入一定量的催化剂$K_2CO_3$、$ZnCl_2$和钾、铁、铜硝酸盐的混合物后,加焦油挤条成型,经炭化和活化,可制得活性半焦。

表 2-1　原料煤的工业分析结果(质量分数)　　　　　单位:%

| $M_{ad}$ | $A_{ad}$ | $A_d$ | $V_{daf}$ | $FC_{ad}$ | $FC_{daf}$ |
| --- | --- | --- | --- | --- | --- |
| 1.83 | 8.83 | 5.24 | 9.49 | 62.17 | 90.51 |

注:$M_{ad}$——空气干燥基水分质量分数;$A_{ad}$——空气干燥基灰分的质量分数;$A_d$——收到基灰分的质量分数;$V_{daf}$——干燥无灰基挥发分的质量分数;$FC_{ad}$——空气干燥基固定碳的质量分数;$FC_{daf}$——干燥无灰基固定碳的质量分数。

加入催化剂的量按照相应的盐占煤样的质量分数计算,以$K_2CO_3$和$ZnCl_2$添加比例分别为5%、10%、15%的三种样品进行试验,混合催化剂的加入量为煤样的5%,混合催化剂的组成为:1% $KNO_3$、47% $Fe(NO_3)_3$、52% $Cu(NO_3)_2$;炭化条件为:升温速度15℃/min,炭化温度650℃,炭化时间45min;活化温度为850℃,活化时间为30min,氮气的流量为0.16L/min。

(2) 实验结果　在活性半焦的制备过程中加入3种不同的催化剂,通过$SO_2$

吸附、$N_2$ 吸附、XRD（X-ray diffraction，X 射线衍射）和 IR（infrared radiation，红外吸收光谱）等分析方法对半焦的微晶结构以及活性半焦的硫容、比表面积、孔隙结构和脱硫前后表面官能团的变化进行了测试和表征。结果表明：3 种催化剂的加入都有利于减小表征半焦芳香结构层片大小的 $L_C$ 值；活性半焦的穿透硫容随 $L_C$ 的减小而增加，随平均孔径的减小而增加；催化法制备的活性半焦的穿透硫容为常规活性半焦穿透硫容的 2.4～7.4 倍；活性半焦上吸附的 $SO_2$ 主要以 $Ar\text{-}SO_3\text{-}H$ 的形式存在。

#### 2.1.1.4　组合活化法

上述方法各有利弊，如果将各种活化方法进行排列组合，就能综合其优点；多步组合改性综合了单一改性的特点，制备出表面含有大量官能团的活性半焦。上官炬将水热化学法与硝酸氧化法组合对煤半焦进行改性，水热化学法使半焦孔隙结构发生改变，吸附点增加；再经过硝酸氧化使碱性官能团含量相对减少，酸性官能团含量明显增加。实验结果与只用酸氧化法改性是相似的。若将半焦样品先进行硝酸氧化再对其进行高温热处理改性，则与只选用其中一种方法改性相比，半焦表面碱性官能团含量增加。经过酸氧化改性，半焦表面酸性官能团含量增加；再进行高温热处理反应，原有酸性官能团发生分解反应并转化为碱性官能团，半焦表面碱性进一步增强。

高健等人对半焦活化方法进行了进一步的改进，将高压水热法、酸活化、碱活化、煅烧法 4 种方法进行两两组合，进一步增加改性半焦的孔道结构。研究发现除高压水热法与煅烧法组合外，其他任意两种方法组合均可增加半焦比表面积、孔容和孔径。在不同的组合方法中，酸活化-煅烧法制得的改性半焦具有最大的比表面积。高温活化可促进半焦表面羰基的形成，因此，该方法最适宜作组合法的最后一步。

上官炬尝试采用三步法对半焦进行活化，依次对半焦进行水热化学、硝酸氧化和高温热处理 3 种活化方法。与单一方法改性的半焦相比，三步法可明显提高半焦表面碱性官能团、酸性官能团含量。高健提出过多的活化会破坏半焦孔结构，三步法对鄂尔多斯半焦进行活化时部分半焦样品的比表面积有所下降，其中酸活化-碱活化-煅烧法的组合使改性半焦的比表面积达到最大，高达 $400.3812\text{m}^2/\text{g}$。

### 2.1.2　基本特性

#### 2.1.2.1　性质研究

目前国内暂无活性半焦产品的质量技术指标或相关标准。在此，仅对采用不同活化方法研制的活性半焦的性能加以介绍。

史磊选取神木烟煤 510℃快速热解半焦和小龙潭褐煤 510℃快速热解半焦在活化炉中用 $CO_2$ 进行活化，工艺条件为：850℃、11mL/min、活化 120min。将由此制得的活性半焦与半焦的特性进行比较（表 2-2），由此可知，其比表面积、碘吸附值和苯吸附值都比半焦有显著提高。

**表 2-2　活性半焦性质**

| 样品 | | 比表面积/(m²/g) | 平均孔径/nm | 碘吸附值/(mg/g) | 苯吸附值/(mg/g) |
|---|---|---|---|---|---|
| 神木 | 510℃半焦 | 2.5 | 5 | 60 | 40 |
| | 活性半焦 | 512 | 6.54 | 650 | 510 |
| 小龙潭 | 510℃半焦 | 6.7 | 7.5 | 55 | 75 |
| | 活性半焦 | 601 | 8.54 | 689 | 568 |

戴和武等以云南先锋褐煤热解制得的半焦为原料,经活化后制成活性半焦;其活化条件和活性半焦的性质见表 2-3。表 2-4 为几种吸附剂的孔结构分析结果。由表 2-4 看出,活性半焦和半焦活性炭中孔($V_{10\sim40}$)特别发达,先锋活性半焦中孔值最高,可达 0.1808,半焦活性炭次之,为 0.1722,显著高于椰壳活性炭和无烟煤活性炭。电镜下观察先锋活性半焦的孔结构发现,活性半焦的孔壁较薄、孔与孔之间相互连通,形成吸附通道及网络,因而吸附性能好。对这几种吸附剂的保鲜效果加以比较发现,它们脱除 $CO_2$ 的效率大小按下列顺序排列:先锋活性半焦>半焦活性炭>美国椰壳活性炭>无烟煤活性炭;活性半焦脱除 $CO_2$ 的效果最佳,半焦活性炭次之。

**表 2-3　先锋半焦的活化条件和活性半焦的吸附性能**

| | | | | |
|---|---|---|---|---|
| 活化条件 | 半焦粒度/mm | — | 3~6 | — |
| | 活化温度/℃ | — | 850 | — |
| | 水蒸气量/(mL/min) | — | 7 | — |
| | 活化时间/min | 110 | 150 | 190 |
| | 烧失率/% | 43.3 | 51.2 | 55.3 |
| 活性半焦的吸附性能 | 碘值/(mg/g) | 1029 | 1071 | 1095 |
| | 亚甲基蓝值/(mg/g) | 5 | 7 | 8 |
| | 比表面积/(m²/g) | — | — | 905 |
| | 强度/% | — | — | 86.1 |

**表 2-4　几种吸附剂的孔结构分析结果**

| 指标 | 先锋活性半焦 | 半焦活性炭 | 美国椰壳活性炭 | 无烟煤活性炭 |
|---|---|---|---|---|
| $S/(m²/g)$ | 790.15 | 550.27 | 1087.65 | 986.84 |
| $V_t/(cm³/g)$ | 0.5921 | 0.7607 | 0.7472 | 0.5053 |
| $V_{10\sim40}/(cm³/g)$ | 0.1808 | 0.1722 | 0.1560 | 0.1550 |

注:$S$——吸附剂的比表面积;$V_t$——吸附剂的总孔容积;$V_{10\sim40}$——孔半径为 10~40Å 的孔容积。

苏燕等对采用不同活化方法制得的活性半焦进行研究,其性质见表 2-5 和表 2-6。由表 2-5 可知,半焦的比表面积为 103.21m²/g,经活化后半焦的比表面积均得到了一定程度的提高。$HNO_3$ 活化使半焦的比表面积增加了 1.3 倍，这是因为 $HNO_3$ 氧化性很强，同半焦反应产生丰富的微孔，故可使半焦比表面积增加；KOH 活化使半焦的比表面积增加了 1.5 倍，因 KOH 具有很强的刻蚀作用，能同半焦中的碳发生反应，产生 CO 和 $H_2$ 等，使半焦具有丰富的微孔，故可使半焦比表面积增加；$H_2O_2$ 活化使半焦的比表面积增加了 1.2 倍，可能是因为 $H_2O_2$ 水溶液作为温和的氧化剂，使半焦残存的焦油挥发、蒸发或溶于 $H_2O_2$ 水溶液中，解放出封闭的微孔，同时半焦表面新生了许多微孔；高温煅烧对半焦比表面积增加的幅度最大，增加了 2.5 倍，且可使半焦产生大量的微孔。各活化方法对半焦平均孔径的影响较小，都在 2.0nm 左右。随着半焦表面微孔所占比例的增大，基本呈现出比表面积增大、平均孔径减小的趋势。

**表 2-5　活化前后半焦的表面物性参数**

| 项目 | 半焦活化前 | 活化方法 | | | |
| --- | --- | --- | --- | --- | --- |
| | | $HNO_3$ 活化 | KOH 活化 | $H_2O_2$ 活化 | 高温煅烧 |
| 比表面积/$(m^2/g)$ | 103.21 | 239.39 | 239.39 | 226.37 | 361.21 |
| 孔容/$(m^3/g)$ | 0.0570 | 0.1227 | 0.1322 | 0.1182 | 0.1827 |
| 微孔孔容/$(m^3/g)$ | 0.0359 | 0.0817 | 0.0878 | 0.0776 | 0.1250 |
| 平均孔径/nm | 2.211 | 2.051 | 2.078 | 2.089 | 2.024 |

由表 2-6 可知，经 $HNO_3$ 活化后，半焦表面的酸性官能团含量显著增加，碱性官能团降低 67%，半焦表面呈酸性。这可能是因为 $NHO_3$ 易与质地疏松的褐煤半焦的碳发生氧化反应，生成新的酸性官能团。而 KOH 活化可同半焦表面的酸性官能团发生反应，所以半焦表面的酸性官能团含量降低；由于比表面积增加，因而使得半焦表面的碱性官能团和官能团总量增加。$H_2O_2$ 活化改变了半焦表面的酸、碱性官能团含量，表面总体呈碱性。其原理是通过加压水蒸气作用打开半焦存在的闭塞孔，此外通过 $H_2O_2$ 水溶液活化后，表面生成新的碱性官能团。同时加压水热活化会导致表面酸性官能团挥发，使得表面酸性官能团含量减少。半焦经高温煅烧后，表面的碱性官能团含量明显增加；因在高温热处理的作用下，半焦表面的酸性官能团分解，进而使半焦表面成碱性。因此，在 4 种活化方法中唯有 $HNO_3$ 活化法不能增加表面碱性官能团含量。

**表 2-6　活化前后半焦的表面化学性质**　　　　单位：mmol/g

| 项目 | 半焦活化前 | 活化方法 | | | |
| --- | --- | --- | --- | --- | --- |
| | | $HNO_3$ 活化 | KOH 活化 | $H_2O_2$ 活化 | 高温煅烧 |
| 酸性官能团 | 0.480 | 0.895 | 0.217 | 0.293 | 0.085 |
| 碱性官能团 | 0.506 | 0.162 | 1.382 | 0.658 | 1.296 |
| 净碱量 | 0.026 | 0.733 | 1.165 | 0.365 | 1.211 |
| 官能团总量 | 0.986 | 1.057 | 1.599 | 0.951 | 1.381 |

王睿等选用陕西榆林 4～10 目半焦，经硝酸活化及在氮气（携带少量水蒸气）保护下高温煅烧，得到改性的活性半焦。将定量的硝酸锌与硝酸铁溶液溶于适量去离子水中配成溶液，然后加入定量不同条件活化后的半焦，在超声波辅助下用氨水进行沉淀；当悬浊液的 pH 值达到 10 时反应终止，进行洗涤、抽滤、干燥和焙烧，即制成活性半焦负载铁酸锌脱硫剂。

研究结果表明：

① 通过硝酸和高温加湿处理相结合对半焦进行活化，进一步开孔和扩孔，其孔容比表面积大大增加，是理想载体；

② 在相同的活性组分含量下，添加助剂半焦的 $ZnFe_2O_4/AC$ 与 $ZnFe_2O_4$ 脱硫剂相比，前者硫容量比后者高 14%，是高活性的脱硫剂；

③ 半焦添加助剂有利于活性组分的高度分散，提高活性中心的转化率，而且活性半焦添加助剂使得该脱硫剂孔隙发达，表面积丰富，使 $ZnFe_2O_4/AC$ 脱硫剂具有高的吸附率和吸附速度。

朱永生等以陕西榆林的长焰煤半焦为原料，采用酸脱灰和高温水蒸气活化相结合的方法，制得活性半焦，研究结果如表 2-7 所示。

由表 2-7 可知，改性后的半焦具有较大的比表面积，利于活性组分的分散，是一种良好的脱硫剂载体。

表 2-7　半焦和改性后半焦

| 样品 | 孔容/($m^3/g$) | 比表面积/($m^2/g$) | 孔径/nm |
| --- | --- | --- | --- |
| 半焦 | 0.0233 | 42.2441 | 2.9944 |
| 改性后半焦 | 0.0768 | 186.0699 | 2.1946 |

## 2.1.2.2　化学结构

（1）活性半焦的化学组成　活性半焦的吸附和催化特性不仅取决于它的孔隙结构，而且还在于它的化学组成。高度有序的碳表面的吸附力中，起决定作用的力是范德华力中的弥散力。基本微晶结构如受到晶体不完整石墨层（一部分在活化中被汽化掉）的干扰，在其骨架中的电子云排列就会改变，出现不饱和价或不成对电子，从而影响活性半焦的吸附特性。另外，来自碳结构中的杂原子也会对基本微晶结构产生影响。

活性半焦中含有两种类型的物质，一种以化学结合的元素为代表，首先是氢和氧；另一种类型的杂质是灰分，这是活性半焦的非有机部分。通过工业分析、元素分析方法，可以得到活性半焦中这两种类型物质的含量以及碳的含量。

① 工业分析。活性半焦的工业分析与煤的工业分析相似，包括水分、灰分和挥发分。通常活性半焦是在比较高的温度下制成的，因而挥发分很少。炭化物的挥发分受炭化温度的影响很大，一般随着炭化温度的升高，挥发分含量减少。灰分随着炭化得率的降低而增加。原料中的无机成分在炭化过程中几乎全部残存在活性半焦中。在脱硫过程中，活性半焦中的碱性氧化物对脱硫是有利的；但是

由于其不可再生，因此对活性半焦的总硫容是不利的。

②元素分析。碳是活性半焦的骨架，多数活性半焦中 80％～90％ 是由碳元素组成的。活性半焦中氧元素的含量为百分之几，其中一部分存在于灰分中，另一部分在碳的表面以表面氧化物的形态存在；由于这部分氧的存在，改变了活性半焦的表面极性，从而改变了活性半焦的性能。氮元素在活性半焦中含量很少，但是对活性半焦的性能，特别是对 $SO_2$ 的吸附性能影响很大。煤中一般含有硫元素，在炭化和活化过程中，大部分硫可以挥发掉，只有微量残存在活性半焦中。

(2) 活性半焦的表面官能团　活性半焦中的杂原子对其性能影响很大。这些杂原子是结合在基本石墨微晶边缘和角上的碳原子上的，以及在晶格缺陷位置的碳原子上，如在扭曲或不完整碳六角体中的碳原子上，形成各种表面官能团。

在这些杂原子中氧是特别要引起注意的。在活性半焦的表面上有酸性和碱性两种类型的碳氧络合物，或称为含氧官能团。其中碱性氧化物最多只能覆盖表面的 2％，而酸性氧化物在表面的覆盖大概为 20％。活性半焦表面的酸性主要由羧基、酚羟基、醌型羰基、正内酯基、羧酐基、环形近氧基及荧光型内酯基等酸性含氧官能团决定（图 2-1）。活性半焦表面的酸碱性可简单地由相应溶液的 pH 值反映。

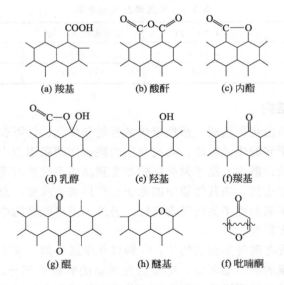

(a) 羧基　　(b) 酸酐　　(c) 内酯

(d) 乳醇　　(e) 羟基　　(f) 羰基

(g) 醌　　(h) 醚基　　(f) 吡喃酮

图 2-1　活性半焦表面含氧官能团类型

一般情况下，高温水蒸气或 $CO_2$ 活化得到的活性半焦表面呈碱性。

通过表面氧化处理可以改变活性半焦的表面性质。用氧化性溶液（硝酸、次氯酸钠、过氧化氢等）或氧化性气体（臭氧、一氧化二氮、氧化氮、二氧化碳等）氧化可以使活性半焦表面呈酸性。

## 2.1.3 主要用途

### 2.1.3.1 活性半焦净化废气

国内外对活性半焦处理烟气已进行了多年的研究和应用。

（1）处理 $SO_2$ 气体　目前活性半焦多用作脱硫剂处理烟道气中的二氧化硫，根据半焦改性方法的不同，其脱硫性能也各有不同。一般认为活性半焦脱除二氧化硫的机理为：

$$SO_2（气）\longrightarrow SO_2（吸附）$$
$$1/2O_2 \longrightarrow O（吸附）$$
$$H_2O（气）\longrightarrow H_2O（吸附）$$
$$SO_2（吸附）+O（吸附）\longrightarrow SO_3（吸附）$$
$$SO_3（吸附）+H_2O（吸附）\longrightarrow H_2SO_4（吸附）$$

其中，二氧化硫气体被活性半焦吸附这一步影响着活性半焦的脱硫活性；活性半焦表面碱性的提高加快了二氧化硫的吸附，最终表现为活性半焦脱硫效率和硫容的增加。

田芳等在高压釜中加入 6％的有机碱，对半焦进行加压水热化学活化与表面改性；改性后硫容为 5.11％，比改性前提高了 10 倍。随后，考察了在高压釜中，改性剂、压力对球化结构成型半焦表面性能及其脱硫性能的影响；重点进行了 $H_2O_2$ 两次分步改性半焦，制备 $SO_2$ 脱硫剂新工艺的研究。研究表明，在 1.25～5.60MPa 压力范围内，5％ $H_2O_2$ 一次改性半焦，随压力增大，半焦表面积显著增大，脱硫性能显著提高，且随压力增强呈抛物线变化；5％ $H_2O_2$ 两次氧化改性半焦，半焦表面极性基团酚羟基和醌型羰基的含量明显增大，改性半焦比表面积达到 $234.01m^2/g$，比原半焦提高了 15.6 倍。以 $SO_2$ 转化率大于 70％为标准，烟道气 $SO_2$ 体积分数为 1.5％左右时，穿透时间为 15h，硫容达到 7.69％，比原半焦提高 15 倍。

（2）处理 $NO_x$ 气体　煤燃烧过程中 NO 的形成机理极为复杂，既包括燃料氮（煤中氮）被氧气氧化生成 NO 的过程，又有 NO 被半焦、CO 等还原性物质还原生成 $N_2$ 的削减过程。一般认为，燃烧过程中半焦还原 NO 的反应对于 NO 的排放具有重要的影响。

半焦还原 NO 的机理为：

$$NO+2C+O_2 \longrightarrow 1/2N_2+CO+CO_2$$
$$NO+CO \longrightarrow CO_2+1/2N_2$$

高健等采用鄂尔多斯半焦作原料，用高压水热法、酸活化、碱活化和高温活化法 4 种方法的组合对半焦进行活化。研究结果表明，硝酸活化＋NaOH 活化＋水热活化组合方式得到的吸附剂氧化效果最好。由该法所得的活性半焦，在反应温度 70℃、空速 600h$^{-1}$、氧体积分数 5％、一氧化氮体积分数 $320×10^{-6}$ 时，穿透时间为 42.5h。进一步研究可知，半焦上的羰基官能团和碱性官能团共同作用于 NO 的吸附氧化过程，NO 在羰基上被吸附并氧化；碱性官能团则协助氧化

产物 $NO_2$ 迁移出羰基活性位，并将 $NO_2$ 储存在碱性官能团上，使羰基活性恢复。在该理论指导下制备的经过碱活化、高温活化的吸附剂硝容最大。

(3) 净化甲苯废气　李丽娟以陕西神木半焦和山西大同半焦为原料，采用硝酸活化、$H_2O_2$ 活化等多种活化方法制备活性半焦，通过对原料半焦的物性参数测定、对改性半焦进行活性评价，得出以下结论：

① 神木半焦原样的比表面积和孔容较小，大同半焦原样的比面积和孔容较大。改性前大同半焦对甲苯的吸附性能要远远好于神木半焦。

② $HNO_3$ 活化制备的活性半焦，表面以酸性基团为主；$H_2O_2$ 活化制备的活性半焦，表面呈碱性。

③ 原料是甲苯吸附剂好坏的决定因素，变质程度低、挥发分高的神木半焦不适宜制备有机废气吸附剂。

④ 大同半焦中，用 45％的硝酸在 80℃恒温水浴锅中浸泡 24h，水洗干燥后制备的活性半焦对甲苯的吸附效果最好；用 65％的硝酸在高温条件下浸泡或者在室温条件下振荡制得的活性半焦对甲苯的吸附效果次之。

⑤ 神木半焦中，用 45％的硝酸在高温条件下浸泡和用 65％的硝酸在室温下振荡制得的活性半焦对甲苯的吸附效果最好。

⑥ $H_2O_2$ 活化改性的大同半焦对甲苯的吸附活性好于神木半焦。高温浸泡改性的半焦对甲苯的吸附活性改善较好，故对半焦进行高温处理是提高其对甲苯吸附活性必不可少的步骤之一。

### 2.1.3.2　活性半焦处理工业废水

(1) 处理含油废水　近些年来，我国对活性半焦处理含油废水作了研究。苏燕等以内蒙古扎赉诺尔褐煤半焦为原料，采用 $HNO_3$ 活化、$H_2O_2$ 活化、KOH 活化、高温煅烧等方法对半焦进行活化处理，然后用制成的活性半焦吸附剂对含油废水进行处理。研究结果表明：

① 选取的 4 种活化方法均可使半焦的比表面积得到不同程度的增加，但对半焦的平均孔径影响较小。其中，高温煅烧对半焦比表面积增加的幅度最大，增加了 2.5 倍。

② 活性半焦吸附剂的表面碱性官能团含量越高，越有利于对有机物的吸附。半焦的表面基本呈中性，经 KOH 活化、$H_2O_2$ 活化和高温煅烧的半焦表面碱性官能团含量均有所增加。

③ 对活性半焦吸附剂处理含油废水的吸附等温线进行拟合，发现实验选取的含油废水在质量浓度范围 (20～30mg/L) 内与 Freundlich 吸附等温式吻合较好。其中，KOH 活化、$H_2O_2$ 活化均明显提高了半焦对含油废水的吸附能力，与活化前半焦相比，平衡吸附量提高了近 1 倍。随后的研究表明，用硝酸水溶液活化的半焦，对实际油田废水处理效果较好，平均除油率可达 90％以上，含油量达到了低渗透油田注水标准。

张建等以鄂尔多斯褐煤半焦为原料，采用高温焙烧活化、水蒸气活化、高压水热活化以及硝酸活化、氢氧化钾活化等方法对半焦进行活化处理，通过静态吸附实验测定除油率来评价活化效果，重点讨论了 KOH 活化条件下对除油效果的影响。结果表明，除油率可以达到 75.6%；活性半焦对油的吸附符合 Freundlich 吸附方程。利用酸碱滴定法对样品表面酸碱官能团进行分析，发现 KOH 活化后半焦产生大量有利于吸附的结构。

（2）处理焦化废水　王丽娜等以质优价廉的神木半焦为原料，采用水蒸气高温改性活化法，制得活性半焦；利用活性半焦静态吸附焦化废水生化出来的总有机碳（TOC），考察了吸附时间、pH 值、活性半焦用量、粒径等因素对处理效果的影响。结果表明，向废水（pH＝4）中投加 20g/L 活性半焦（粒径 1～2mm），室温下吸附 30min 后，对焦化废水生化出来的 TOC 去除率在 60% 以上，吸附后水样中的有机物浓度和种类都大幅下降。

杨勇贵考察了不同活化处理方法对半焦吸附性能的影响，并选取硝酸-高温氮气联用活化后的半焦作为吸附剂，通过静态正交吸附实验考察各种因素对活化半焦吸附处理对焦化废水色度去除率、浊度去除率和 COD（化学需氧量）影响。

经过几种活化技术改性的半焦其吸附性能都有不同程度的提高，而经过硝酸活化后的半焦其吸附性能有较大幅度的提高，尤其以硝酸-高温氮气联用活化最为显著，可使半焦比表面积增大约 7 倍。在焦化废水 COD 的去除率效果上原料半焦对焦化废水 COD 的去除率为 38.72%，硝酸活化半焦对焦化废水 COD 的去除率能够达到 54.36%，而经过硝酸和高温氮气联用活化的改性半焦其 COD 的去除率达到了 76.26%，是原料半焦的 2 倍。在焦化废水色度的去除率效果上原料半焦对焦化废水色度的去除率为 34.69%，经过硝酸活化的半焦其色度的去除率为 47.36%，高温氮气活化半焦的色度去除率为 51.29%，而经过这两种活化技术联用的活化半焦其色度的去除率能够达到 63.85%，达到了明显的脱色效果。在焦化废水浊度的去除率上原料半焦对焦化废水浊度的去除率为 43.81%，单一高温氮气活化能使半焦的去浊率达到 66.39%，而硝酸-高温氮气联用活化法能使半焦的去浊率达到 74.28%，氢氧化钾-高温氮气联用活化法能使半焦的去浊率达到 60.37%；单一水热活化半焦其去浊率只有 40.85%，相比原料半焦有小幅下降。

（3）处理染料废水　李迎春等分别采用酸、碱、盐和过氧化物对鄂尔多斯原料半焦进行浸渍活化改性制备高吸附活性半焦，再用活化后的半焦对工业染料废水进行静态吸附实验，考察活化溶液种类、活化温度、活化时间、吸附温度、吸附时间和吸附 pH 值等对半焦吸附废水化学需氧量（COD）脱除率的影响；得到活性半焦吸附处理工业有机废水 COD 的最佳工艺条件：温度 35℃，活性半焦投加量 500g/L，在保持工业有机废水原 pH 值（6.88）条件下静态吸附 3h。在最佳工艺条件下，活性半焦对工业有机废水的 COD 去除率达 88.9%，比原料半焦提高 24.7%。对活性半焦吸附工业有机废水的动力学行为进行拟合，结果表明，准二级动力学模型可以很好地描述该吸附过程。通过 SEM（扫描电子显微镜）、BET 测试和表征得出活性半焦表面微观结构与孔分布，发现质量分数 10% 的

HNO₃ 溶液对半焦表面有很好的刻蚀与扩孔作用。

翟群等为制备高效吸附材料，采用化学活化法对延安子长煤低温热解的半焦进行改性，并进行 XRD、$N_2$ 等温吸附、SEM 表征；以罗丹明 B、酸性品红模拟染料废水的吸附性能，探索了酸改性半焦对罗丹明 B、酸性品红的吸附动力学行为。结果表明，改性半焦对两种染料有良好的吸附性能，准二级动力学模型的相关系数在 0.999 以上，模型饱和吸附量与实验值相近，很好地描述了两种染料在酸改性半焦上的吸附行为。

### 2.1.3.3 活性半焦脱除汽、柴油中的硫化合物

汽、柴油作为一种重要的动力燃料，在各国的燃料结构中占有很高的份额。汽、柴油中含硫化合物燃烧后产生的 $SO_x$ 等废气是造成酸雨及其他众多环境污染的重要原因，因此降低燃料油中的硫含量，是减少大气污染的重要环节。世界各国相继制定并实施更加严格的限制汽、柴油硫含量的规定。

齐欣等以内蒙古扎赉诺尔褐煤半焦为原料，先将半焦破碎筛分为 20～40 目（记为 Z），经过加压水热活化、硝酸活化、700℃高温煅烧及 3 种方法的不同组合进行活化改性后，再用等体积浸渍法将 CuO 和 ZnO 负载其上，制得半焦脱硫剂。将制得的脱硫剂分别用 OH、HN、T 标记代表水热活化、硝酸活化和高温煅烧。例如：Z-OH-HN-T（700）-1.0CuO 代表半焦经过水热活化、硝酸活化、700℃高温煅烧，同时增湿，然后负载 1%的 CuO 制成。

将半焦脱硫剂各取 10mL 分别装入固定床活性评价装置，在柴油流量 0.3mL/min、床温度 120℃的条件下进行脱硫实验，测定油/剂体积比为 1 时反应器出口柴油的总硫含量，结果见表 2-8。由表 2-8 可知，活性半焦经过活化，脱硫能力大大增加，多步活化比单步活化效果好，最佳活化方法是水热活化-硝酸活化-高温煅烧同时增湿。负载金属氧化物也可以大大增强半焦的脱硫效果，CuO 最佳负载为 1%，ZnO 最佳负载量为 0.5%。

表 2-8  不同活化方法制备的半焦脱硫剂的脱硫率

| 脱硫剂试样 | 柴油含硫量/(μg/g) | 脱硫率/% |
|---|---|---|
| Z | 3690 | 0.8 |
| Z-OH | 3595 | 3.4 |
| Z-HN | 3420 | 8.1 |
| Z-OH-HN | 3940 | 8.8 |
| Z-HN-T(700) | 3240 | 12.9 |
| Z-OH-HN-T(700)-0.5CuO | 2750 | 26.1 |
| Z-OH-HN-T(700)-1.0CuO | 2437 | 34.5 |
| Z-OH-HN-T(700)-1.5CuO | 2832 | 23.8 |
| Z-OH-HN-T(700)-0.5ZnO | 2537 | 31.8 |
| Z-OH-HN-T(700)-1.0ZnO | 3087 | 17.0 |
| Z-OH-HN-T(700)-1.5CuO | 3190 | 14.2 |

注：FCC 柴油的总硫质量分数为 3720μg/g。

　　张丽等以半焦为载体经过多步活化改性后，对 FCC 汽油进行固定床吸附脱硫实验，分别考察了脱硫剂制备条件及固定床动态实验条件对脱硫剂吸附脱硫性能的影响。结果表明，半焦经过盐酸和氢氟酸脱灰、硝酸活化和高温增湿煅烧后脱硫率明显提高；活性组分 NiO 负载量为 1.0%、焙烧温度为 450℃、焙烧时间为 2h 制备的脱硫剂的吸附温度为 100℃，空速为 $3.0h^{-1}$、油剂比为 1.0 时，脱硫率可达 80.11%。

# 2.2　煤热解与半焦活化耦合一体化

　　煤热解与半焦活化耦合一体化的主要特点是：①将煤热解与半焦活化在同一立式炉内完成，可显著降低建设费用；②实现了一炉两用，可依据市场的需求，在不同时间生产不同的产品（半焦或活性半焦）；③能进一步提高产物（焦油和煤气）的产率和经济效果。目前已实现工业化生产的技术是煤先热解-半焦后活化一体炉技术。

## 2.2.1　耦合一体炉技术

　　世界上最早利用煤炭生产碳基吸附-催化剂（活性半焦）的是德国。其最初开发了一种以硬煤为原料的专用活性炭基吸附-催化剂，命名为 Activated Coke（活性半焦）；其做法是将有相当细度的硬煤氧化处理后与黏合材料混合、成型，再通过炭化和活化后制成硬煤活性半焦。1987 年 7 月，这种活性半焦被用于阿茨贝格（Arzberg）电厂 5#、7# 机组上（电功率分别为 107MW 和 130MW）的联合脱硫脱硝装置中。1990 年，又有 1 台安装了同样的联合脱硫脱硝装置的机组在 Hoechst3-4 电厂（电功率 70MW）投入运行。后来为了进一步降低成本，又尝试以莱茵褐煤为原料生产出了褐煤活性半焦。这种由莱茵褐煤制造的褐煤活性半焦被莱茵褐煤公司（Rheinhraun）称为 Herdofenkoks（HOK）。HOK 采用一步法（Ⅰ-stage）制焦工艺，在这种工艺中，是将煤干燥、热解、内燃烧、加蒸汽活化完成的，并在波兰煤化工研究院作了进一步试验。其试验结果如表 2-9 所示。

表 2-9　一步法的产品性能指标比较

| 比较项目 | 工艺 | |
| --- | --- | --- |
| | 波兰一步法 | 德国一步法 |
| 加热方式 | 固定床 | — |
| 挥发分/% | 7.7 | 20 |
| 灰分/% | 4.23 | 8.5 |
| 孔容/(cm³/g) | 0.66 | 0.54 |
| 碘值/(mg/g) | 440 | 500 |
| 亚甲基蓝值/(mg/g) | 5 | 8 |
| 产率/% | 23 | — |

北京国电富通科技发展有限责任公司已实现工业化生产的 GF 立式炉结构如图 2-2 所示。

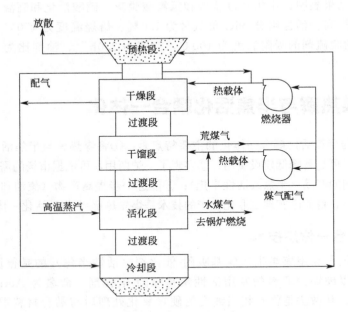

图 2-2　GF 立式炉结构

GF 立式炉采用外燃内热式气体热载体工艺，并实现炭化、活化连续运行。具体工艺流程：筛分后的褐煤经过输送带被送入煤斗，在重力作用下依次经过预热段、干燥段、干馏段、活化段和冷却段，最终活性半焦经刮板机排出炉外。在整个过程中，原料煤首先被来自冷却段的热烟气预热到 80℃，脱除部分水分；然后进入干燥段被热烟气加热到 170℃ 左右，脱除全部水分；干燥后的煤进入干馏段被热烟气与煤气的混合气体加热到 800℃ 左右，脱除大部分挥发分；完成干馏后的半焦进入活化段，与高温蒸汽发生活化反应，形成发达的孔隙结构，成为活性半焦；最后进入冷却段，被来自干燥段的净化烟气冷却到 100℃ 左右并排出炉外。在干燥段，出口烟气分成两部分，一部分作为配气重新被送入干燥段，用于调节干燥段热载体温度；另一部分经水洗净化后被送入冷却段吸收半焦中的热量。在干馏段，出口烟气分成三部分，一部分作为配气重新被送入干燥段，用于调节干燥段热载体温度；另两部分被分别送入干燥段和干馏段燃烧，提供所需热量。在活化段，出口水煤气经冷却后被送往锅炉燃烧。在冷却段，出口热烟气被送入预热段与原煤进行换热，实现半焦显热回收，提高 GF 立式炉热效率。

GF 立式炉有以下主要特点：①干燥段与干馏段独立设计，避免干燥过程产生的大量废气和煤尘进入煤气净化系统，提高了煤气热值，降低了焦油中的含尘量；②采用多层布气方式，降低了气体阻力，热载体流量大，保证大处理量对热量的需求；③炭化、活化连续运行，减少了热量损失，提高了活性半焦炉的热效率；④采用废烟气作为冷却介质冷却产品活性半焦，避免了水资源浪费；⑤没有转动部件，内部构件全部国产化，投资低，运行可靠。

生产原料来自内蒙古大唐国际锡林浩特矿业有限公司胜利东二号露天煤矿褐煤，原煤和产品性质如表 2-10 所示，生产系统的物料衡算见表 2-11。

表 2-10　原煤和产品的工业分析（质量分数）

| 样品 | $M_t/\%$ | $A_d/\%$ | $V_d/\%$ | $FC_d/\%$ | $Q_{net,ar}/(MJ/kg)$ |
|---|---|---|---|---|---|
| 原煤 | 38.25 | 10.45 | 35.10 | 56.20 | 14.56 |
| 800℃半焦 | 0 | 29.27 | 4.71 | 66.02 | 22.57 |
| 活性半焦 | 0 | 38.70 | 4.02 | 57.28 | 20.09 |

注：$M_t$——煤的全水分质量分数；$Q_{net,ar}$——收到基低位发热量。

表 2-11　系统物料平衡表

| 项目 | | 含量/(kg/t) | 百分比/% |
|---|---|---|---|
| 物料收入 | 干燥原煤 | 617.5 | 34.19 |
| | 外在水分 | 382.5 | 21.18 |
| | 空气 | 406 | 22.48 |
| | 水蒸气 | 400 | 22.15 |
| 物料支出 | 活性半焦 | 270 | 14.95 |
| | 水煤气 | 487 | 26.97 |
| | 排放烟气 | 539 | 29.84 |
| | 焦油 | 46.30 | 2.56 |
| | 干燥回收水 | 270.50 | 14.98 |
| | 随烟气排放 | 102 | 5.65 |
| | 酚水回收 | 55 | 3.05 |
| | 其他 | 36.20 | 2.00 |

生产实践表明，褐煤化学反应活性高，经过活化得到的活性半焦具有中孔发达、脱色能力强等特点。活性半焦由于灰分高，机械强度较差，对颗粒活性半焦的再生产生不利影响。经检测，其装填密度为 654g/L，强度值为 87%，比表面积和孔容积分别为 673m²/L 和 0.84cm³/g，碘吸附值为 325mg/g。

进行活性半焦吸附实验时，当吸附用水的 COD 为 3106mg/L 时，COD 去除量为 2183mg/L，单位活性半焦的吸附值为 32.75mg/g，脱色效果明显。褐煤价格低廉，生产的活性半焦用于废水吸附处理可以降低成本，具有较好的市场应用前景。

杨湛明等在专利 CN105776208A 中，公布了一种活性焦的生产方法，该专利技术已于 2018 年在府谷县三联煤电化工有限公司实现工业化生产。

目前生产中炭化和活化分别在各自专用炉型中进行，而该发明将炭化（热解）和活化在兰炭（半焦）直立炉中同时进行，简化了工艺流程，避免了原料冷却再加热的过程，降低了能耗，更降低了活性半焦生产成本，并且使兰炭直立炉一炉多用，扩大了兰炭直立炉的适用范围；通过该发明方法制备的活性半焦比表面积大、吸附能力强，具有较发达的大、中孔结构，适合污水处理中去吸附对应的大、中颗粒污染物，所得活性半焦挥发分由兰炭时的约10%降低至3%以下，碘吸附值由兰炭时的100mg/g升到现在的450mg/g以上，脱硫值达到6.7～18.05mg/g。该产品活性半焦，在排污水提标治理中市场潜力非常大。

该发明采用粒度为3～15mm的长焰煤煤粉，相对于煤块来说，其价格低廉，成本较低。

在生产过程中，将形成兰炭过程中产生的荒煤气和形成活化产物产生的水煤气混合，经煤气净化系统后得到煤焦油和净化煤气，不仅回收了化工产品，而且回用净化煤气，节约了大量能源。

该发明的生产工艺过程如图2-3所示。

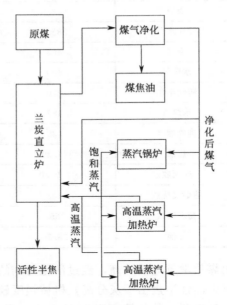

图2-3　活性半焦生产工艺过程

① 将粒度为3～15mm的长焰煤装入兰炭直立炉顶部煤槽，然后经放煤旋塞和辅助煤箱送入兰炭直立炉；根据生产工艺要求，每半小时打开放煤旋塞向兰炭直立炉加煤一次。

② 加入兰炭直立炉的原煤自上向下移动，与燃烧室送入兰炭直立炉的850～1000℃的高温气体逆向接触换热；兰炭直立炉的上部为预热段，中部为热解段，下部为活化段，煤在热解段被加热到750～850℃形成兰炭。

③ 兰炭继续向下移动进入高温蒸汽活化段，与输送至兰炭直立炉的 850～1000℃的高温蒸汽反应，得到活化产物；步骤②形成兰炭过程中产生的荒煤气和步骤③形成活化产物产生的水煤气混合后经上升管、耐高温煤气伞以及桥管进入集气槽，送至煤气净化系统后得到煤焦油和净化煤气。

④ 将活化产物冷却，即得到活性半焦，冷却后的活性半焦由排焦装置排出，经带式输送机运出炉区产品库；所产活性半焦的碘吸附值为 496～540mg/g，脱硫值为 16.7～18.05mg/g。

净化煤气第一部分进入燃烧室与空气混合燃烧形成 850～1000℃的高温气体；第二部分送入蒸汽锅炉与空气混合燃烧将水加热形成饱和蒸汽，饱和蒸汽经高温蒸汽加热炉换热后形成 850～1000℃的高温蒸汽。高温蒸汽加热炉为两台，当其中一台通入饱和蒸汽时，另一台进行蓄热，且高温蒸汽加热炉利用第三部分净化煤气燃烧进行蓄热；两台高温蒸汽加热炉每 2～3h 循环交换一次，目的是把蒸汽锅炉产生的饱和蒸汽换热到 850～1000℃的高温蒸汽，通过高温管道送进兰炭直立炉下部的高温蒸汽活化装置内，保证兰炭直立炉连续使用 850～1000℃的高温蒸汽。

## 2.2.2 耦合一体炉结构

在专利 CN205473585U 中，对粉煤干馏活化一体炉的结构和操作过程作了描述。该一体炉的结构见图 2-4。

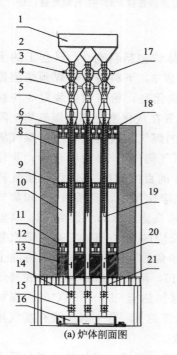

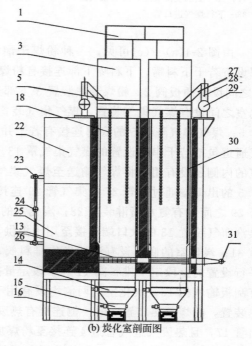

(a) 炉体剖面图　　　　　(b) 炭化室剖面图

图 2-4

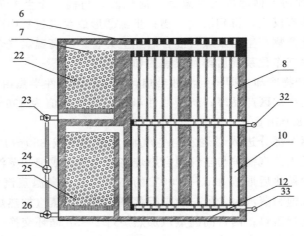

(c) 立火道剖面图

图 2-4　粉煤干馏活化一体炉结构

1—料仓；2—插板阀；3—粉煤预热装置；4—热废气进气管道；5—煤气集气阵伞；6—探火孔；7—上水平气道；8—空废气预热道；9—上行富煤气烧嘴；10—立火道；11—下行富煤气烧嘴；12—下水平气道；13—高温蒸汽布气装置；14—上段定量排料阀；15—下段定量排料阀；16—刮板输料机；17—废气排出管；18—煤气集气罩；19—干馏段；20—蒸汽活化段；21—冷却段；22—上蓄热室；23—上行空废气交换器；24—废气管道；25—下蓄热室；26—下行空废气交换器；27—桥管；28—氨水喷淋装置；29—集气管；30—百叶窗砖；31—高温蒸汽管道；32—上行煤气进口管；33—下行煤气进口管

　　由图 2-4(a)～(c)可见，一种粉煤干馏活化一体炉包括料仓 1，料仓 1 的下部设有若干下料嘴，下料嘴下部连接有粉煤预热装置 3，下料嘴与粉煤预热装置 3 之间设有插板阀 2；粉煤预热装置 3 下部连接至炭化室，粉煤预热装置 3 与炭化室之间设有煤气集气装置，煤气集气装置包括设置在炭化室上部的煤气集气阵伞 5；煤气集气阵伞 5 的底部连接有若干并列设置的煤气集气通道，所述煤气集气通道包括若干串联设置的煤气集气罩 18，所述煤气集气罩 18 为圆台形；炭化室的内侧还设有用于将煤气输送至煤气集气阵伞 5 的百叶窗砖 30；煤气集气阵伞 5 的出口端通过桥管 27 和集气管 29 连接至煤气净化系统，且桥管 27 和集气管 29 之间设有氨水喷淋装置 28；炭化室的下部设有高温蒸汽布气装置 13，高温蒸汽布气装置 13 的入口端连接至用于提供与粉煤反应的 850～100℃高温蒸汽管道 31；炭化室的底部设有活性半焦排料阀，活性半焦排料阀包括在竖直方向上平行设置的上段定量排料阀 14 和下段定量排料阀 15，活性半焦排料阀的底部设有刮板输料机 16；炭化室的两侧均设有用于将粉煤加热至 750～800℃的粉煤加热装置，粉煤预热装置 3 的一侧连接有热废气进气管道 4，另一侧连接有废气排出管 17，且热废气进气管道 4 连接至粉煤加热装置。

　　粉煤加热装置包括上行加热装置和下行加热装置，所述上行加热装置包括上蓄热室 22 以及与上蓄热室 22 并列设置的若干空废气预热道 8，上蓄热室 22 的上部设有连通空废气预热道 8 顶部的上水平气道 7，上蓄热室 22 的下部连接有上行空废气交换器 23；所述下行加热装置包括下蓄热室 25 以及与下蓄热室 25 并列设置的若干立火道 10，所述立火道 10 与空废预热道 8 上下对应设置，且上下对应的立火道 10 与空废气预热道 8 连通，下蓄热室 25 的上部设有连通立火道 10 底部的下水平气道 12，下蓄热室 25 的下部连接有下行空废气交换器 26；上行空废气交换器 23 与下行空废气交换器 26 之间连接有废气管道 24，所述废气管道与热废气进气管道 4 相连；立火道 10 的顶部设有能够将煤气从立火道 10 顶部通入的上行富煤气烧嘴 9，所述上行富煤气烧嘴 9 连接至上行煤气进口管 32，立火道 10 的底部设有能够将煤气从立火道 10 底部通入的下行富煤气烧嘴 11，所述下行富煤气烧嘴 11 连接至下行煤气进口管 33；上水平气道 7 的顶部设有用于对空废气预热道 8 与立火道 10 进行测温及检查的探火孔 6。

该一体炉的操作过程是：由备煤单元运来的粒度 0～25mm 粉煤首先装入炉顶最上部的料仓 1，然后打开插板阀 2 装入粉煤预热装置 3 进行预热脱水，煤在此段被加热到 80～250℃ 左右；粉煤继续缓慢向下移动进入炉内干馏段 19，煤通过此段被加热到 750℃，并炭化成兰炭；热量来自煤气在立火道 10 内燃烧产生的废气，热量通过炉墙传递至炭化室中。750～800℃ 的高温兰炭继续向下移动进入蒸汽活化段 20 与高温蒸汽布气装置 13 出来的 850～1000℃ 左右的高温蒸汽相遇，通过高温蒸汽管道 31 送进来的高温蒸汽，与高温兰炭进行化学反应。随着活化反应的进行，高温兰炭的碳原子不断与高温蒸汽反应，使得活化性半焦的产品堆积密度逐渐减小，同时产生比较多的微孔和中孔，因而产品碘吸附值≥650mg/g、强度≥96%；反应过程中产生的水煤气通过耐高温的煤气集气罩 18 及炭化室内侧的百叶窗砖 30 导出，进入煤气集气阵伞 5，再进入桥管 27，并通过氨水喷淋装置 28 降温除尘后进入集气管 29，送到煤气净化系统回收煤焦油和净化煤气。产生的活性半焦由上段定量排料阀 14 及下段定量排料阀 15 同时经刮板输料机 16 输送到炉区产品库。

该一体炉采用上下交换加热的方式对炭化室中的粉煤进行加热，每小时循环交换加热一次。上蓄热室 22 和下蓄热室 25 均采用蓄热体，蓄热体为高铝耐火格子砖，以拓展燃烧室高温区域，提高上下整体加热均匀性。设置上蓄热室 22 和下蓄热室 25 的目的为回收废气热量，因此热效率较高，加热强度高。

当上部加热时，从煤气净化系统送过来的煤气由上行煤气进口管 32 从干馏炉的炭化侧上部送入炉内，经上行富煤气烧嘴 9 进入各立火道 10；空气从上行空废气交换器 23 进入上蓄热室 22，经上蓄热室 22 高铝耐火格子砖预热后，再通过上水平气道 7 进入各空废气预热道 8 预热炉墙，再进入立火道 10；在立火道 10 上入口处，煤气与空气相遇燃烧。燃烧后的废气下行到下水平气道 12 汇集后，进入下蓄热室 25 与格子砖换热；然后经由下行空废气交换器 26、废气管道 24 送到炉顶热废气进气管道 4，进入粉煤预热装置 3 进行预热粉煤；预热后的废气经废气排出管 17 送到烟囱排入大气。

当下部加热时，从煤净化系统送过来的煤气由下行煤气进口管 33 从干馏炉的炭化侧下部送入炉内，经下行富煤气煤嘴 11 进入各立火道 10；空气从下行空废气交换器 26 进入下蓄热室 25，经下蓄热室 25 高铝耐火格子砖预热后，再通过下水平气道 12 进入立火道 10；在立火道 10 下入口处，煤气与空气相遇燃烧。燃烧后的废气上行到空废气预热段 8 加热炉墙，再经过上水平气道 7 汇集后，进入上蓄热室 22 与格子砖换热；然后经由上行空废气交换器 23、废气管道 24 送到炉顶热废气进气管道 4，进入粉煤预热装置 3 进行预热粉煤；预热后的废气经废气排出管 17 送到烟囱排入大气。

粉煤干馏活化一体炉炉体由炭化室、燃烧室、蓄热室等组成，燃烧室包括空废气预热道和立火道。炭化室与燃烧室占据炉体一侧，炭化室沿炉体纵向贯通，其两侧为燃烧室。蓄热室占据炉体另一侧，沿炉体竖向分成两个蓄热室，一端分别与燃烧室相通，另一端与废气开闭器相连。炭化室为双排布置，采用净化后的煤气加热。

# 参 考 文 献

[1] 罗雄威，马宝岐. 活性半焦的应用性研究 [J]. 煤炭加工与综合利用，2014 (6)：73-76.

[2] 马宝岐，张秋民. 半焦的利用 [M]. 北京：冶金工业出版社，2014.

[3] 吕东宸，高超，张鸿硕，等. 国内外褐煤半焦改性技术研究 [J]. 山东化工，2017，46 (21)：108-109.

[4] 邢德山，阎维平. 工业半焦水蒸气活化孔隙结构的变迁 [J]. 中国电机工程学报，2008，28 (2)：14-19.

[5] 上官炬. 改性半焦烟气脱硫剂的物理结构和表面化学特性变化机理 [D]. 太原：太原理工大学，2006.

[6] 王利斌，白效言，孙会青，等. 神木煤显微组分热解半焦 $CO_2$ 活化特性研究 [J]. 洁净煤技术，2011，17 (2)：46-50.

[7] 侯影飞，周洪洋，祝威，等. 褐煤半焦 KOH 活化制备含油污水除油吸附剂 [J]. 化工进展，2009，28 (增刊)：134-137.

[8] 杨巧文，任艳娇，赵璐炜，等. 内蒙半焦的脱灰工艺研究 [J]. 煤炭加工与综合利用，2014 (4)：67-69.

[9] 史惠杰. 碱熔融法对褐煤半焦脱灰的研究 [J]. 广州化工，2013，41 (14)：2-3.

[10] 上官炬，杨直，苗茂谦. 硝酸改性褐煤半焦制备烟气脱硫剂 [J]. 太原理工大学学报，2007，38 (3)：229-231.

[11] 胡龙军，李春虎，王琳学，等. 改性半焦脱除 FCC 汽油中含硫化合物的研究 [J]. 精细石油化工进展，2006，7 (10)：23-26.

[12] 齐欣，李春虎，高晶晶，等. 改性褐煤半焦用于柴油选择性吸附脱硫 [J]. 石油学报 (石油加工)，2007，23 (3)：41-46.

[13] 齐欣，李春虎，刘涛，等. 磷酸活化褐煤半焦用于柴油吸附脱硫的研究 [J]. 化学工程，2008，36 (11)：1-4.

[14] 张香兰，徐德平. 活性半焦的制备——性能与烟气脱硫机理 [M]. 北京：化学工业出版社，2012.

[15] 张香兰，刘详，张燕，等. 催化法制备活性半焦及其脱硫性能的研究 [J]. 中国矿业大学学报，2008，37 (3)：320-323.

[16] 吴建芝. 改性活性半焦脱除原料气中 $H_2S$ 的研究 [D]. 青岛：中国海洋大学，2007.

[17]　高健，李春虎，等 . 组合法改性对活性半焦催化氧化烟气中一氧化氮的影响 [J] . 化工进展，2009，28（增刊）：152-154.

[18]　戴和武，马国君 . 云南先锋褐煤半焦的潜在价值和利用前景 [J] . 煤炭科学技术，1992（11）：48-50.

[19]　苏燕，王铎，李春虎，等 . 活化半焦处理含油废水的性能研究 [J] . 环境防治，2008，30（9）：23-25，35.

[20]　王睿，米杰，张良 . 改性半焦负载铁酸锌脱除高温煤气中的 $H_2S$ [J] . 河南化工，2011，28（3下）：30-32.

[21]　朱永生，曹俊昌，郭婷，等 . 半焦的高温活化改性 [J] . 山西化工，2011，31（1）：7-9，45.

[22]　王树森，凌爱莲，王志忠，等 . 以煤为原料的脱硫剂对 $SO_2$ 的吸附特性 [J] . 北京工业大学学报，1987，13（3）：43-48.

[23]　王树森，王志忠，凌爱莲，等 . 脱硫剂制备中的活化反应机理 [J] . 北京工业大学学报，1989，15（4）：91-96.

[24]　王树森，凌爱莲，王志忠，等 . 煤制脱硫剂的微孔结构及其对 $SO_2/N_2$ 混合气的分离机理 [J] . 北京工业大学学报，1989，15（1）：75-79.

[25]　高继贤，刘静，曾艳，等 . 活性焦（炭）干法烧结烟气净化技术在钢铁行业的应用与分析（Ⅰ）——工艺与技术经济分析 [J] . 烧结球团，2012，37（1）：65-69.

[26]　高继贤，刘静，曾艳，等 . 活性焦（炭）干法烧结烟气净化技术在钢铁行业的应用与分析（Ⅱ）——工程应用 [J] . 烧结球团，2012，37（2）：61-66.

[27]　Shangguan J，Li C H，Li Y X，et al. Study on removal of sulfur dioxide in flue gas using activated semicoke [C] . 4th Korea-China Joint workshop on clean energy technology proceeding. Korea，2002.

[28]　田芳 . 活性半焦脱除烟道气中 $SO_2$ 的研究 [D] . 太原：太原理工大学，2000.

[29]　田芳，张永发，李春虎 . 高压水热反应改性球化结构型煤半焦脱硫工艺研究 [J] . 中国煤炭，2011，37（2）：77-80，103.

[30]　赵宗彬，李文，李保庆 . 氧气对半焦还原 NO 反应的作用机理研究 [J] . 中国矿业大学学报，2001，30（5）：484-491.

[31]　高健，李春虎，卞俊杰 . 活性半焦低温催化氧化 NO 的研究 [J] . 中国海洋大学学报，2011，41（3）：61-68.

[32]　李丽娟 . 活性半焦的制备及其净化甲苯废气的研究 [D] . 广州：广东工业大学，2007.

[33]　冯治宇 . 活性制备与应用技术 [M] . 大连：大连理工大学出版社，2007.

[34]　Wiebner A，Remmler M，Kuschk P，et al. The treatment of a deposited lignite pyrolysis wastewater by adsorption using activated carbon and activated coke [J] . Colloids and surfaces A：Physicochemical and engineering aspects，1998，139（1）：91-97.

[35]　张旭辉，白中华，张恒，等 . 褐煤基活性焦制备工艺研究 [J] . 洁净煤技术，2011，17（2）：54-56.

[36]　苏燕，王铎，于淑兰，等 . 改性半焦处理油田含油废水的研究 [J] . 水处理技术，2007，33（4）：54-56.

[37]　苏燕，王铎，李春虎，等 . 活化半焦处理含油废水的性能研究 [J] . 环境防治，2008，30（9）：23-25，35.

[38]　张建，侯影飞，周洪洋，等 . 活性半焦用于油田含油污水除油的研究 [J] . 环境工程学报，2010，4（2）：355-359.

[39]　张丽，李春虎，侯影飞，等 . 活性半焦吸附脱除 FCC 汽油中的硫的研究 [J] . 环境化学，2008，27（3）：301-304.

[40]　田陆峰 . 焦化废水处理技术的研究 [J] . 洁净煤技术，2013，19（4）：91-95，104.

[41] 罗志勇. 焦化废水的物化处理技术研究进展 [J]. 工业水处理, 2012, 32 (10)：4-9.

[42] 王丽娜, 刘尚超, 张垒, 等. 改性兰炭对焦化废水生化出水的吸附特性 [J]. 工业水处理, 2012, 32 (9)：49-51.

[43] 杨勇贵. 活化半焦吸附焦化废水性能研究 [D]. 太原：太原理工大学, 2013.

[44] 李迎春, 李春虎, 丁小惠, 等. 高吸附活性半焦的制备及其在工业有机废水处理方面的应用 [J]. 工业催化, 2018, 26 (11)：116-121.

[45] 翟祥, 高晓明, 宜沛沛, 等. 基于酸改性的半焦对染料废水的吸附性研究 [J]. 洁净煤技术, 2015, 21 (4)：107-111.

[46] 张培林, 吴鹏, 张旭辉. 生产褐煤性焦用立式炉的热工评价与分析 [J]. 洁净煤技术, 2015, 21 (5)：91-94.

[47] 邹炎, 李晓芸, 孟辉. 活性焦干法烟气污染控制技术与褐煤活性焦的开发 [J]. 华电技术, 2010, 32 (9)：78-82.

[48] 杨湛明, 续联江. 一种粉煤干馏活化一体炉：CN205473585U [P]. 2016-08-11.

[49] 杨湛明, 续联江. 一种活性焦的生产方法：CN105776208A [P]. 2016-07-20.

# 3

# 煤热解与半焦气化耦合一体化

目前在我国煤化工产业的生产中，基本都是以煤为原料经气化制取煤气或合成气，进而合成生产甲醇、烯烃、己二醇、乙醇等基础化工产品的。半焦与煤相比较，具有低灰、低挥发分和低硫的显著特点；以半焦为原料进行气化制取煤气或合成气，不仅可进一步促进煤化工的清洁化生产，同时也能不断提高企业的综合效益。

## 3.1 半焦气化的概述

半焦气化制合成气，是生产合成氨、甲醇、乙二醇、醋酸、低碳烯烃、燃料及燃料添加剂等的基础原料。半焦是一种洁净的气化原料，与低阶煤直接气化相比，半焦气化降低了合成气中的焦油含量，提高了有效气体成分的含量，减轻了气体净化单元的负担，物料不易黏结成块。多年来，国内外对半焦气化进行了系统研究和生产试验，为半焦的大规模利用，提供了巨大的潜力市场。

### 3.1.1 半焦气化原理

半焦气化是指半焦在一定的温度和压力下，在反应器中与气化剂发生各种均相和非均相反应生成煤气的过程。煤气中的有效成分有 $CO$、$H_2$ 和 $CH_4$ 等。煤气经过后续加工处理可用作工业燃气，也可以作为合成化工产品所需的合成气。半焦通过气化的方式产生煤气，使半焦中的碳得到更加充分的利用。相较于半焦的直接燃烧，半焦气化能够显著减少氮化物和硫化物的产生，实现半焦的清洁利用，对环境保护具有重要意义。

#### 3.1.1.1 反应机理

Koepsel 等提出活性位和相关活性位点面积的概念，即认为碳晶体结构的表面或者边缘存在着很多不饱和碳链，被称为"反应活性位"，用 $C_f$ 表示。在半焦的气化过程中，氧原子通常是被气化剂分子携带，到达半焦表面，与活性碳原子结合生成配合物的；配合物容易分解，脱离半焦表面，生成气化气。半焦与气化剂 $CO_2$、水蒸气和 $O_2$ 的气化机理如图 3-1 所示。

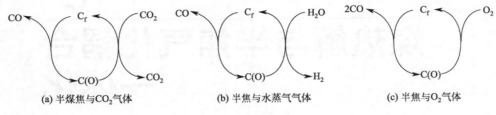

(a) 半煤焦与 $CO_2$ 气体　　(b) 半焦与水蒸气气体　　(c) 半焦与 $O_2$ 气体

图 3-1　半焦气化机理

### 3.1.1.2　化学反应

半焦在给料装置的输送下进入具有较高温度的气化炉中，发生的反应十分复杂，但概括起来也就是气体之间的反应和气固之间的反应两种。其中，固相指的是半焦，而气相包括气化剂和气体产物两种。表 3-1 给出了气化反应中的反应类型、化学方程式和对应的焓。

**表 3-1　气化过程碳的基本反应**

| 反应类型 | 化学反应 | 反应方程式 | $\Delta H_{298K,0.1MPa}$ /(kJ/mol) |
|---|---|---|---|
| 非均相反应<br>（气/固） | ①部分燃烧反应 | $C+1/2O_2 =\!=\!= CO$ | $-123$ |
| | ②燃烧试验 | $C+O_2 =\!=\!= CO_2$ | $-409$ |
| | ③碳与水蒸气反应 | $C+H_2O =\!=\!= CO+H_2$ | $+119$ |
| | ④Boudouard 反应 | $C+CO_2 =\!=\!= 2CO$ | $+162$ |
| | ⑤加氢反应 | $C+2H_2 =\!=\!= CH_4$ | $-87$ |
| 均相反应<br>（气/气） | ⑥氢气燃烧反应 | $H_2+1/2O_2 =\!=\!= H_2O$ | $-242.0$ |
| | ⑦CO 燃烧反应 | $CO+1/2O_2 =\!=\!= CO_2$ | $-283.2$ |
| | ⑧均相水煤气反应 | $CO+H_2O =\!=\!= H_2+CO_2$ | $-42$ |
| | ⑨甲烷化反应 | $CO+3H_2 =\!=\!= CH_4+H_2O$ | $-206$ |
| 热裂解反应 | ⑩焦油裂解反应 | $CH_xO_y =\!=\!= (1-y)$ $C+yCO+x/2H_2$ | — |
| | ⑪焦油裂解反应 | $CH_xO_y =\!=\!= (1-y-x/8)$ $C+yCO+x/4H_2+x/8CH_4$ | — |

### 3.1.1.3　影响因素

从微观物理结构分析，煤是由各种植物衍生而来的；对化学结构而言，煤包含有很多种聚合有机化合物和矿物结晶形式。因此，煤焦作为一种结构组成并不单一和所含成分难以得知的物质，在其气化过程中影响因素也会相当的多。总结起来，主要分为自身因素和外部条件两种。其中，自身因素是指煤自身结构或性质特点，往往能起到决定性的作用；外部条件又分为热解条件和气化条件两种。

热解条件主要是温度、压力和升温快慢等。它们之所以能够影响半焦的气化效果，主要是因为在不同的热解条件下，挥发分析出的情况不同，半焦的石墨化程度不同，所生成的半焦具有不同的空隙结构和气化能力。气化条件中，温度的升高往往能带来较快的反应速率；提升操作压力能增加气化剂在反应器中的停留时间，增大气化效率；催化剂能够对半焦起到开槽、侵蚀的作用。这些都是作为外部因素来影响煤焦的反应，有助于我们更好地利用煤焦。

（1）原煤自身因素对气化活性的影响

① 变质程度的影响。

煤阶是划分煤种的一种重要手段。不同煤阶的煤具有不一样的煤化程度，在结构和性质上自然会有很大的差别，能够在很大程度上影响煤焦的气化反应活性。目前，在关于这方面的研究中，并没有形成一个统一的结论，主要的结论分为两种：一种结论是煤化程度越高的煤，其气化反应性越低，也给出了相应的解释；他们认为煤化程度高的煤具有更大的微晶结构，有序化程度更大，所表现出来的气化活性自然较低。另外，随着煤化程度的增加，煤焦中的活性位会逐渐较少，随之而来的情形也是气化活性降低。另一种结论是并不能简单地认为煤化程度高的煤，其煤焦气化反应性就低，仍然存在特殊的情况，无法形成统一的结构。文芳、王鹏等选定粒径范围在 $180\sim380\mu m$ 的六种原煤，在加压热天平上进行煤焦与水蒸气气化反应研究；结果表明在各种煤阶的煤焦气化反应性中，普遍存在褐煤煤焦＞烟煤煤焦＞无烟煤煤焦这样的顺序，与目前大部分学者得出的结论一致。张林仙等考察了在水蒸气气氛下，无烟煤的煤化程度与其气化反应活性之间的对应关系，发现两者之间能够相互对应，且呈负线性关系；即煤化程度较高的无烟煤，其对应的水蒸气的气化反应活性就较低。在煤阶与气化反应性大小的关系上，与王鹏、文芳等得出的结论一致。

如前所述，煤焦作为一种结构并不单一和组成成分复杂的物质，能够影响其活性的因素太多。因此，一些研究者对上述结论持保守的态度。他们认为随着煤变质程度的加深，煤中的含氧基团会有所增加，灰分含量增加，煤的结构和性质会发生很大的改变，这些都是增加高阶煤焦气化活性的因素。除此之外，热解过程中含氧基团会被脱除，留下的物质更加容易与气化剂分子中的氧结合，有利于煤焦气化活性的增加；灰分含量中含有能够起到催化作用的金属催化剂，对煤焦气化活性也会有所帮助。

② 矿物质的影响。

无论哪一种类型的煤都会含有一定量的灰分。在对灰分进行成分分析时，发现灰分中 Si 和 Al 的氧化物含量较多，一些碱（土）金属元素（Na、K、Ca、Mg）和过渡金属（Fe）的氧化物含量较少。灰分对煤焦气化行为影响的情形主要有：一方面，在气化反应的过程中，碳逐渐消耗。同时，灰分中两种（Si 和Al）氧化物含量会进一步增加，并覆盖到半焦的表面和空隙结构中，气化剂与碳活性位点之间接触的难度就会加大，减弱了半焦的气化效果。另一方面，灰分中所含的具有催化效果的氧化物，能够一定程度地提高其气化效率。灰分往往通过以上两类氧化物对煤焦气化效率产生影响。由于煤中灰分组成比较复杂，因此实验中往往先将煤进行脱灰处理，然后通过浸渍的方式担载具有催化效果的金属元素的化合物，或者也可直接添加具有催化活性的矿物质进行研究。邢康等先对煤及其半焦进行脱灰处理，然后采用担载催化剂的方式，考察了催化剂对半焦气化活性的影响；发现在加入催化剂后，煤焦表面的活性位点有所增加，有效减少了热解过程中的热缩聚，提高了煤焦的气化反应性；发现加入 KOH 和 CaO 可以增大半焦中孔的大小，反应时间明显缩短，催化效果较好。Koepsel 等考察在 $CO_2$ 和水蒸气两种气氛下，褐煤在脱灰前后气化反应性的差别；发现灰分催化效果明显，气化活性提高近几十倍。在 $CO_2$ 的气氛下，提高更加明显。

半焦中灰分可以提高煤焦的气化效果，但在特定的情况下，比如灰分含量较高时，它的存在反而会起到反效果。主要表现在两个方面：一是在工业气化生产中，气化温度往往不会低于 900℃，局部温度可能会更高，在这种情况下，半焦中的灰分比较容易熔融，覆盖到半焦表面，失去催化效果；二是随着气化反应的不断进行，煤中灰分的含量会不断增加，这时灰分中的惰性组分就开始起到决定作用，大量的灰分覆盖在半焦的表面和孔道内，增加了气化剂进入孔道内与半焦反应的阻力。唐佳等以烟煤为原料，研究灰分对半焦气化的影响，发现煤中灰分能够显著提高半焦的气化效果；但在高温下，气化效果会有所降低，原因可能是高温下灰分发生了熔融，阻碍了气化剂的扩散。

③ 孔结构的影响。

煤在热解的过程中会不断释放挥发分，导致形成的煤焦往往拥有较多的孔道和较大的比表面积，同时能够使煤焦表面的活性位点增加。因此，作为煤焦和气化剂反应的环境，煤焦中分布越多的孔道越能提高其气化活性。

(2) 气化条件对煤焦气化活性的影响

① 温度的影响。

在煤焦气化过程中，气化反应速率主要有动力学控制和扩散控制两种。在动力学控制区，提高气化温度，能够增加气化剂与煤焦之间的有效碰撞，使更多的碳键发生断裂，提高煤焦的气化反应效率。房倚天等在小型循环流化床上，以西山焦煤和神木煤两种煤为原料，以二氧化碳和氧气的混合物为气化剂，考察了煤气化效率随气化温度的变化。结果表明，增加气化温度，尾气中有效气体组分的含量明显提高；在温度提高 50℃时，尾气中的 CO 含量增加近一倍，半焦中碳的利用率也明显增加。这与大部分研究者得出的结论相一致，也就是气化温度提高 20～50℃，煤焦气化效率能够提高接近一倍。但在扩散控制区，煤焦的气化反应性对温度并不是很敏感。

② 气化剂的影响。

一般工业生产中都是根据各自所需产品而采用不同类型的气化剂，主要包括：$O_2$、空气、$H_2O$、$CO_2$、$H_2$ 及它们的混合物。空气是目前最常见的气化剂，所生产的煤气热值较低，主要原因是煤气中含有大量的 $N_2$。因此，为了提高煤气热值，有必要除去煤气中的 $N_2$。富氧气化是指在空气中增加 $O_2$ 的含量，这样能有效降低煤气中 $N_2$ 的含量，减轻 $N_2$ 的稀释作用，生产富含 CO 和 $H_2$ 的煤气。但工业中富氧的生产成本较高，因此，找到最佳的氮气浓度就变得尤为重要。在水蒸气的气氛下，煤焦气化反应中重整反应得到加强，改善了煤气中的有效成分，以 $H_2$ 的含量增加最为明显。以富氧空气和水蒸气的混合物作为气化剂，其优势在于：一是能够有效解决以单纯空气作为气化剂时，气体组分较差的问题；二是以单纯水蒸气作为气化剂时，过多的水蒸气会导致炉内温度下降，气化效率偏低。其优势较为明显，也是未来煤焦气化研究的发展方向。

③ 压力的影响。

加压气化会延长气化剂在气化炉中的停留时间，有利于气化剂与煤焦之间的接触，提高煤焦的气化效率。并且高压气化能有效减小气化设备的大小，增加生产规模，使之成为现有气化工艺的发展趋势。

操作压力指热解压力和气化压力两种，两者都会对半焦的气化效果产生影响。其原因主要在于：一是增大热解压力可以改变煤焦的孔径，增大其空隙率和孔容，进而影响其气化反应性；二是在煤热解产生煤焦的过程中，增大压力会使半焦的石墨化程度加深，降低其气化反应性；三是在煤焦气化时，增加气化压力能够有效地改善煤焦的流化状态，增加了气化剂在炉内与煤焦的反应时间，强化了气化效果。徐朝芬等以不同升温速率热解淮北无烟煤制得的煤焦为原料，采用高温高压热重仪考察不同压力下煤焦-$CO_2$ 的气化反应性；发现增加反应压力有利于半焦表面的碳与氧结合，使其结构很不稳定，但活性较高的 C（O）配合物数量增加，促使煤焦气化反应能够更快地反应完全。李乾军等在空气和水蒸气的气氛中，进行了加压对烟煤部分气化行为的影响研究。结果表明：增加反应压力，可以明显降低气体在反应器中的速度，有效延长气化剂在反应器中的停留时间，使物料流化得更加均匀，最终实现较高的气化效果。

④ 催化剂的影响。

催化剂的类型共分为两种：一种是煤自身带有的灰分，其中含有一定量的碱（土）金属催化剂和过渡金属催化剂对半焦的气化具有一定的催化效果；另一种是在煤焦中人为添加具有催化效果的化合物，它们以不同的担载方式附着在煤焦表面。它们共同的催化原理是通过对煤焦进行侵蚀、开槽，增大比表面积，进而增加半焦的气化效果。

## 3.1.2 半焦气化技术

### 3.1.2.1 基础研究

早在 1960 年华东理工大学（原华东化工学院）就以元宝山褐煤半焦为原料，用空气和水蒸气气化，制备了合成氨原料气；气化温度为 620～630℃，煤气组成为 $CO_2$ 25%～27%、$O_2$ 0.4%～0.69%、CO 3.94%～7.05%、$CH_4$ 1.24%～2.24%、$H_2$ 4.95%～50.1%、$N_2$ 15.8%～16.8%、$H_2/N_2$ 2.95%～3.13%，蒸汽转化率为 13.1%～18.2%。1979 年，Moschitto 等在通电流化床反应器中，对

半焦和褐煤进行了气化试验研究，气化介质为过热水蒸气。

日本的本间等在流化床气化炉中，用空气和蒸汽对太平洋煤的半焦（500℃干馏）进行气化，部分试验结果数据如表 3-2 所示。

表 3-2　试验结果

| 试验号 | 温度/℃ | 压力/MPa | 半焦/(kg/h) | 空气/(kg/h) | 水蒸气/(kg/h) | 溢流带走粒子/(kg/h) | 溢流粒子/(kg/h) | 加入总炭量/(kg/h) | 产生的煤气量/(m³/h) | 发热量/(kJ/m³) | 气体分析（干基）/% | | | | |
|---|---|---|---|---|---|---|---|---|---|---|---|---|---|---|---|
| | | | | | | | | | | | N₂ | CO | CH₄ | H₂ | CO₂ |
| 11 | 880 | 0.7 | 4.0 | 9.9 | 3.8 | 1.58 | 1.20 | 2.59 | 11.9 | 4972 | 48.3 | 12.4 | 1.8 | 21.3 | 16.2 |
| 12 | 880 | 0.5 | 2.7 | 7.9 | 2.8 | 0.99 | 0.78 | 1.75 | 8.1 | 4598 | 52.0 | 11.6 | 1.7 | 19.4 | 15.3 |
| 13 | 880 | 0.3 | 1.9 | 4.9 | 0.8 | 0.48 | 0.41 | 1.23 | 6.5 | 4347 | 55.6 | 14.7 | 1.3 | 15.6 | 12.9 |
| 14 | 950 | 0.5 | 1.7 | 6.5 | 1.5 | 0.28 | 0.14 | 1.10 | 7.6 | 4180 | 55.5 | 13.9 | 1.4 | 15.8 | 13.6 |
| 16 | 950 | 0.5 | 2.8 | 8.9 | 4.7 | 0.72 | 0.25 | 1.81 | 11.0 | 4431 | 51.5 | 12.0 | 1.1 | 19.7 | 15.8 |

王同华等在常压热天平上，以水蒸气为气化剂，研究了三种褐煤及一种焰煤快速热解半焦的气化活性。结果表明，半焦具有较高的气化反应活性，是良好的气化原料。煤中内在的无机矿物质对气化反应表现出良好的催化作用。在快速热解过程中引入水蒸气介质能使半焦活化，提高其气化反应活性，适宜的活化温度为 800~900℃。由半焦气化得到的产品气体是良好的合成原料气。动力学考察表明，半焦与水蒸气反应为一级反应，煤中内在无机矿物质的催化作用能显著降低反应活化能与指前因子。

余建立等使用等温热重法，对鞍山钢铁公司高炉喷吹用的城子河烟煤制得的半焦气化动力学特性作了研究，并与焦炭的反应性作了比较。研究表明，半焦的反应性优于焦炭，半焦的气化反应是由气体的内扩散控制的，相应的表观内扩散活化能为 136.83kJ/mol；并得出了半焦气化的动力学模型，模型预测值与实测值有很好的一致性（表 3-3）。

表 3-3　半焦气化反应的活化能值

| 序号 | 活化能/(kJ/mol) | 温度/K | 备注 |
|---|---|---|---|
| 1 | 136.83 | 1333~1526 | 内扩散控制 |
| 2 | 121 | 803~893 | 化学反应控制 |
| 3 | 228~260 | 973~1800 | 化学反应+内扩散控制 |
| 4 | 140 | 1073~1273 | 内扩散控制 |
| 5 | 145~237 | 1340~1520 | 内扩散控制 |
| 6 | 96~109 | 1460~1751 | 内扩散控制 |

刘旭光等用热重法对大同煤及其在不同温度下所得的半焦在空气气氛中的气化行为进行了考察，并用分布活化能模型（DAEM）对气化过程的动力学进行了解析。通过不同煤种的对比气化试验，由 DAEM 模型所得的活化能分布曲线表明，当煤或半焦中挥发分量较高时，反应初期的活化能值变化规律不同于挥发

含量很少的半焦，挥发分含量越高，反应初期活化能的下降幅度越大（表3-4）。

**表 3-4　不同样品高温区气化反应活化能**

| 试样 | 大同煤 | 758K 半焦 | 863K 半焦 | 1037K 半焦 | 1193K 半焦 |
|---|---|---|---|---|---|
| 活化能/(kJ/mol) | 141.41 | 139.72 | 143.56 | 144.14 | 135.74 |

刘旭光等通过对分布活化能模型所做的理论分析，给出了失重过程中活化能的解析表达式，阐明了失重试验中升温速率影响失重曲线的基本原理。按照在研究中给出的活化能求解方法，对大同煤半焦的空气气化动力学和煤焦油馏分的模拟蒸馏过程进行了分析，得到了半焦气化过程和模拟蒸馏过程中的活化能变化曲线；与常规动力学分析结果的对比表明，新的 DAEM 方法能够很好地应用于简单反应体系。

孙庆雷在高压热天平上考察了神木煤显微组分半焦在不同温度和压力下的气化行为，利用 DAEM（分布活化能模型）研究了显微组分半焦的气化动力学。结果表明，在相同条件下，镜质组半焦比丝质组半焦有较高的气化反应性；随气化温度和压力升高，镜质组和丝质组半焦的气化反应性都增加。利用 DAEM 模型对镜质组和丝质组半焦的气化活化能进行计算，结果表明：显微组半焦气化的活化能随反应的进行逐渐升高，镜质组半焦的气化速率高于丝质组半焦，气化活化能较低。

人们一般认为，煤的灰分在气化过程中形成了一个不稳定的中间过渡物质，定义为表面复合物；为了正确理解气化的机理，必须对煤半焦气化过程中表面复合物的形成进行深入的考察。多年来，许多学者使用各种技术对其进行了测量和表征。1985 年，Freund 采用瞬间切换反应气氛的办法测定了煤半焦的活性点；朱子彬等用同样的方法测定了 9 种煤半焦的活性点，得出了含活性点的统一的气化速率方程式；Adschiri 等和 Radovic 的 TK（transient kinetics）研究结果表明，表面复合物的数量是一个预测半焦气化反应性很好的参数；Causton、Suzuki 等用 TPD（temperature programmed desorption）法对气化过程中形成的各种表面复合物的能量分布和数量进行了测定，大量的试验结果说明，表面复合物的形成与气化过程中氧的传递过程有关，可以发生氧传递的点是气化反应的活性点。

牛宇岚在上述工作的基础上，使用 TPD 技术，对平朔煤半焦含灰和酸洗样形成表面复合物的能力及其与气化反应的关系进行了探讨。研究结果认为，平朔煤中的灰分，在煤半焦的气化过程中可以起催化作用，灰中的多金属物可能是在气化中起催化作用的活性物种。在气化中，灰分中的金属氧化物与煤半焦在 730℃ 可以发生反应生成 CO，同时金属氧化物被还原；在该温度范围内，被还原的金属氧化物又可在 $CO_2$ 气氛中被氧化。上述过程构成了催化气化的循环过程，酸洗过程可以破坏煤中含有的金属氧化物，造成催化活性组分的损失，是使煤半焦的反应性降低的原因。

杨帆等采用高温微量热天平和自制水蒸气发生装置进行神府煤焦与水蒸气和 $CO_2$ 的气化试验，考察热解速率、不同气化剂（$CO_2$ 和水蒸气）以及温度对气化反应的影响。用扫描电镜和吸附仪测定煤焦的初始结构，两种煤焦孔径为 $2\sim170nm$ 的孔占总孔容的 90% 以上。神府快速热解煤焦（FP）与水蒸气的气化活性比慢速热解煤焦（SP）高 4.16 倍，FP 比 SP 挥发分脱除快，破坏其孔结构，减少缔合机会和二次反应。SP 的 BET 比表面积为 $1.0777m^2/g$，FP 的 BET 比表面积为 $1.8939m^2/g$；SP 与水蒸气的气化活性是 $CO_2$ 的 9.94 倍，FP 与水蒸气的气化活性是 $CO_2$ 的 7.15 倍，水蒸气比 $CO_2$ 气化时进入的孔径范围广及水蒸气比 $CO_2$ 更容易脱离。同种煤焦与水蒸气和 $CO_2$ 气化时的气化速率与转化率之间的趋势相近。用随机孔模型拟合并求取反应动力学参数，温度对 SP 与水蒸气、$CO_2$ 的反应速率以及 FP 与水蒸气反应速率影响相似，而对 FP 和 $CO_2$ 的反应速率影响明显比前三个反应要小。

赵红涛等以 $K_2CO_3$、$Na_2CO_3$、KOH 和 CaO 为催化剂，$CO_2$ 为气化剂，使用热重分析仪研究了伊宁长焰煤半焦的催化气化。结果表明：①添加 10% $K_2CO_3$ 使气化时间缩短了 9.2min，相应的气化温度降低了 184℃；②$Na_2CO_3$ 的最佳添加量为 5%；③这几种催化剂的催化活性大小顺序依次为 $K_2CO_3 >$ KOH $> Na_2CO_3 >$ CaO。

孙德财等利用可模拟真实粉煤气化条件的平流火焰反应器制取了同一煤种的两种不同平均粒径的半焦，并对其进行了物理表征和气化反应动力学研究；其物理表征显示，小颗粒半焦的平均比表面积远小于大颗粒半焦；半焦的 $CO_2$ 气化试验表明，含很多小孔的大颗粒半焦的气化反应受内扩散影响显著，比表面积较小的小颗粒半焦具有更高的气化反应速率。利用随机孔模型导出了反应速率 $R_i$，半焦 $CO_2$ 气化本征反应速率表达式为：

$$R_i = 1.243 \times 10^3 \exp(-19243.5/T) [g/(m^2 \cdot min)]$$

沈强华等以 $O_2$/水蒸气为气化剂，对褐煤半焦气化过程进行试验研究。结果表明，随着气化温度的提高，在生成的煤气组成中 CO 和 $H_2$ 含量增加，而 $CO_2$ 和 $CH_4$ 含量减少，煤气热值和合成气产率均增加；在温度一定时，随着氧气流量的增加，煤气中 CO 含量和 $H_2$ 含量先增加然后逐渐减少，$CO_2$ 含量增加，$CH_4$ 含量减少，煤气热值和合成气产率均存在一个最大值。

林善俊等基于滴管炉制备内蒙古褐煤快速热解半焦，借助高频炉开展快速热解半焦与 $CO_2$ 的气化试验，考察了半焦气化过程的结构演变特性。结果表明，随着反应的进行，气化半焦的石墨化程度不断增加，但未达到天然石墨的有序化程度；比表面积先增大后减小，而平均孔径总体呈相反的变化趋势，气化半焦的粒径在反应前期逐渐减小，当转化率大于 74% 时，半焦粒径逐渐增大，归因于气化后期部分颗粒的黏结。

高冰等通过实验室模拟高炉反应条件，对高温下冶金焦炭、半焦与 $CO_2$ 气化反应的特性进行研究，并结合半焦微观结构分析了其反应机理。结果表明，半焦起始反应温度低，气化反应速率远高于冶金焦炭，并且随着温度升高而迅速增加；富碱后，碱金属可以分布到半焦内部，使半焦在较长时间内保持较高的反应速率。冶金焦炭结构致密，镶嵌组织含量高；半焦结构呈层片状，比表面积大，各向同性组织含量高，易与 $CO_2$ 发生反应。

方顺利等采用不同热解参数制备了 4 种乌拉盖褐煤半焦样品，并利用气体吸附法对其进行了比表面积及孔径结构的测定；利用热重分析法进行半焦样品 $CO_2$ 气化反应活性的测定；利用管式炉对半焦样品进行气化并测量了 CO 体积分数随温度的变化情况。试验结果表明，较快的升温速率、较短的热解时间有助于提高乌拉盖褐煤半焦的孔隙率及孔容积；热解终温为 700℃的乌拉盖褐煤半焦比表面积大于热解终温为 520℃时的比表面积，但气化反应活性却相对较低；各半焦样品气化反应速率最高时对应的温度为 850℃左右；根据乌拉盖褐煤半焦的孔径结构、气化反应活性、煤质特性以及各气化炉的工艺特点，推荐乌拉盖褐煤热解过程采取低温、快速升温、快速热解的工艺，其气化过程采用气流床气化技术。

季颖等制备了在液氮中急速冷却和在氩气中自然冷却的两种半焦，采用 SEM、$N_2$ 吸附仪、FTIR（红外光谱分析仪）、XRD 等方法系统比较了两种半焦的结构，并利用中国科学院过程工程研究所研发的微型流化床等温反应分析仪（MFBRA）研究包括动力学在内的水蒸气气化反应特性。研究发现，急速冷却半焦（Char-Q）具有更大的比表面积和更小的平均孔径，而自然冷却半焦（Char-S）的石墨化程度更高。在 MFBRA 中进行的气化反应结果揭示了 Char-Q 具有更快的反应速率；且比较通过等转化率法算出的活化能发现，Char-S 水蒸气气化反应的活化能更大。利用 MFBRA 不仅求得了半焦水蒸气气化的总 C 转化的反应活化能（总体动力学），而且获得了生成各气体组分的反应（实际上为多个反应构成的体系）的活化能，实现了半焦水蒸气气化反应分析。因此，选择 Char-Q 作为分析试样更能反映真实热态半焦的气化行为，而 MFBRA 为深入研究涉及水蒸气参与的微分反应特性提供了有效的仪器与方法。

王芳等利用微型流化床反应分析仪研究最小化扩散影响条件下的半焦与水蒸气等温气化反应特性及动力学，在试验温度为 750～1100℃时，缩核模型能很好地描述半焦的气化行为，但低温段（750～950℃）和高温段（950～1100℃）具有明显不同的反应速率-转化率曲线形状和动力学数据，前者受反应控制，其反应速率在初始反应段有最大值，活化能为 172kJ/mol；后者受反应和扩散共同控制，反应速率在转化率为 15％时达最大值，活化能为 82kJ/mol。试验还考察了水蒸气分压对气化反应的影响，并通过 $n$ 级速率方程求取水蒸气分压的平均反应级数为 0.28。在此基础上，进一步得到低温区和高温区的气化反应速率方程。

### 3.1.2.2　生产实例

陕西神木银丰陶瓷有限责任公司以神木兰炭（半焦）为气化原料，使用兰炭固定床连续气化炉生产清洁燃料气的示范项目，于 2016 年初动工，2016 年 11 月 1 日完成建设，同年 11 月开始调试运行，之后历经 3 个阶段的调试和优化，于 2017 年 7 月 30 日实现了满负荷、连续、稳定运行，并于 2017 年 7 月实现了变负荷条件下连续稳定运行至今。该项目设计了 1 套 $\phi$3600mm 的兰炭固定床连续气化制气装置，标准状态下生产煤气 1000m³/h（0.7 亿立方米每年），气化装置项目总投资约为 1000 万元。

固定床低压连续气化的工艺过程是，兰炭由焦仓进入自动加焦机，自动定时、定量加料。制气用空气来自工艺空气鼓风机，入炉压力约 10kPa。气化用蒸汽为自产蒸汽，水蒸气与空气经混合罐混合均匀后进入煤气发生炉中央风箱，经过气化炉各层与气化焦进行氧化、还原反应，连续生产煤气。在煤气发生炉内，气化剂经过炉算均匀分布后穿过灰渣层，在冷却灰渣的同时自身被预热；气化剂中的氧气进入氧化层与高温原料产生氧化放热反应，入炉的水蒸气也在高温条件下发生碳转化反应，生产出一氧化碳和氢气；氧化层中产生的二氧化碳穿过还原层时，其中一部分还原生成一氧化碳。炉煤气再依次经过干馏区、干燥区与原料兰炭换热而逐步降低温度，干馏过程是原料中挥发分热解失重的过程，在此原料的物理性质产生变化，原料在干燥过程中解析出附着水、化合水、焦油。气化炉出口煤气温度约 450～550℃，经过 $\phi$1000mm 的平行管道送入旋风分离器初步除尘，高效旋风分离器除尘效率≥90%，初步除尘后的煤气再进入风冷器冷却；经过风冷器冷却后，煤气温度大约降至 200℃，再进入脉冲布袋式除尘器进一步除尘，使煤气中的粉尘浓度（标态）进一步降至≤50mg/m³。经过两次除尘和风冷后，煤气再进入间冷器用冷却水进一步冷却，间冷器冷却水来自造气循环水系统，用量约 90m³/h，冷却后的煤气温度≤45℃；水冷后的煤气进入电捕焦油器脱除煤气中的焦油和少量粉尘，煤气出电捕焦油器压力为 -5kPa，进入煤气增压机增压至 12kPa 后送入煤气总管。工艺流程见图 3-2。

该生产装置设计入炉兰炭煤质应符合行业关于兰炭的有关标准，为确保干兰炭入炉，粒度范围应达到 15～25mm、25～50mm，含末率小于 2%。主要指标见表 3-5。

表 3-5  设计入炉兰炭质量要求（质量分数）                    单位：%

| 名称 | $FC_{ad}$ | $V_{ad}$ | $A_{ad}$ | $S_{t,ad}$ | $M_t$ |
|------|-----------|----------|----------|------------|-------|
| 指标 | >82 | <4 | <6 | 0.3 | <10 |

单位炉膛面积可产煤气量为 1000～1200m³/m²；煤气热值≥5000kJ/m³。主要产品方案见表 3-6。

表 3-6  主要产品方案

| 序号 | 产品 | 产品方案 |
|------|------|----------|
| 一 | 主产品 | |
| 1.1 | 煤气（标态）/(m³/h) | 10000 |
| | 年产量（标态）/(m³/a) | $7\times10^7$ |
| 二 | 副产品 | |
| 2.1 | 蒸汽/(t/h) | 2～3.5 |

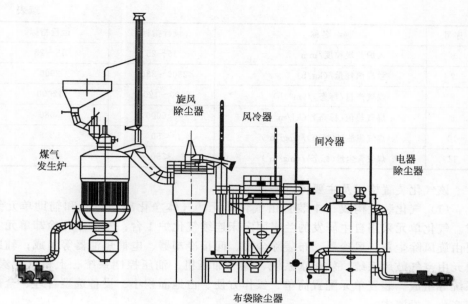

图 3-2　气化工艺流程

装置主要设备见表 3-7。

表 3-7　装置主要设备

| 序号 | 设备名称 | 单台处理能力(标态)/(m³/h) | 数量/台(套) |
|---|---|---|---|
| 1 | 兰炭固定床连续气化炉 | 10000 | 1 |
| 2 | 旋风除尘器 | 15000 | 1 |
| 3 | 风冷器 | 12000 | 1 |
| 4 | 布袋除尘器 | 12000 | 1 |
| 5 | 间接冷却器 | 12000 | 1 |
| 6 | 电捕焦油器 | 12000 | 1 |
| 7 | 空气鼓风机 | 9000 | 2 |

固定床低压连续气化炉主要设计参数和运行指标见表 3-8。

表 3-8　兰炭固定床连续气化炉主要参数和运行指标

| 序号 | 名称 | 设计指标 | 运行指标 |
|---|---|---|---|
| 1 | 气化炉水夹套蒸汽压力/kPa | 201 | 201 |
| 2 | 汽包副产蒸汽量/(kg/h) | 2000~3500 | 3000 |
| 3 | 最大风压/Pa | 10000 | 4500 |
| 4 | 煤气出口压力/Pa | 5000 | 2200 |
| 5 | 煤气出口温度/℃ | 350~550 | 450 |

| 序号 | 名称 | 设计指标 | 运行指标 |
|------|------|----------|----------|
| 6 | 入炉兰炭粒度/mm | 15~25 | 15~25 |
| 7 | 兰炭消耗量/(kg/h) | 2300~3300 | 2900 |
| 8 | 煤气产量(标态)/(m³/h) | 8000~12000 | 12000 |
| 9 | 煤气热值(标态)/(kJ/m³) | >5000 | 5680 |
| 10 | 煤气焦油量(标态)/(mg/m³) | <50 | 52.5 |
| 11 | 煤气含尘量(标态)/(mg/m³) | <50 | 52.5 |

该气化装置构成及主要特点是：

(1) 气化装置构成　本装置由气化单元、气体净化冷却单元和辅助单元组成。气化单元采用自主研发的兰炭固定床连续气化炉 1 台；气体净化冷却单元主要由旋风除尘器、风冷器、布袋除尘器、间接冷却器、电捕焦油器等组成；辅助单元由空气鼓风系统、软化水系统、煤气加压机、油压控制系统、上料（兰炭）系统等组成。装置单元配置简单、操作方便、占地面积小、设备选型合理、全部国产化、投资省。

(2) 气化工艺主要特点

① 工艺可靠性好。

项目选用 1 台 $\phi$3600mm 兰炭固定床低压连续气化炉，气化炉出煤气产能（标态）$\geqslant$10000m³/h，最高煤气产能（标态）$\geqslant$12000m³/h，连续运行 2400h，共生产清洁燃料气（标态）2400×10⁴ m³。

② 关键设备设计合理。

核心设备气化炉直径为 $\phi$3600mm，炉膛横断面积 10.17m²，水夹套受热面积 40m²，夹套内蒸汽压力 201kPa。炉箅采用 9 层平面塔式层流辐射布风式结构，优化了气化剂分布，炉内设计有刮灰刀。通过面积大，阻力小，除灰及破渣能力强，灰渣外排顺利，降低了炉箅运行时的阻力。炉箅采用液压驱动，动作平稳、调速方便、结构简单。气化炉还可根据灰分含量及炉负荷调节炉条机的快慢，炉渣残炭量$\leqslant$8%，提高了碳转化率。

③ 自动化程度高及环保效果好。

全自动炉内加料及料层测量：每次加料前自动试焦器先测量炉内料层厚度，然后开始加料，加完后再测量一次，若达不到设定料层厚度将继续重复循环直至加到设置位置。采用炉料锁、灰锁进行自动上料与除渣，干法除尘降温用脉冲布袋除尘与间接煤气冷却，使得整个煤气没有与水接触，污水产生量小，具有较好的环保效果和一定的创新点。

山西潞安煤基合成油有限公司气化车间有鲁奇气化炉 6 台，分别为 1# ～6# 气化炉，通常生产情况下五开一备。为确保试烧过程顺利进行和数据的多样性、可靠性，该厂选用工况较好的气化炉进行试烧；分别在 2# 和 4# 炉上进行 30% 兰炭掺烧，在 6# 炉上进行 30% 兰炭过渡到 100% 兰灰试烧。

气化原料兰炭（半焦）的工业分析结果见表 3-9。其试烧结果如表 3-10～表 3-12 所示。

**表 3-9 兰炭煤质分析结果（质量分数）** 单位：%

| 煤种 | $M_{t,ad}$ | $M_{inh}$ | $A_{ad}$ | $V_{ad}$ | $FC_{ad}$ | 灰熔点/℃ |
|------|-----------|-----------|----------|----------|-----------|----------|
| 兰炭 | 13.50 | 4.16 | 29.55 | 6.30 | 59.90 | 1450 |

表 3-10 为 4# 炉试烧所产粗煤气的全分析结果，从表中可看出粗煤气的有效成分为 63.1%。

**表 3-10 4# 炉产粗煤气全分析结果（体积分数）**

| 粗煤气全分析结果 | CO/% | CH₄/% | CO₂/% | H₂/% | H/C |
|----------------|------|-------|-------|------|-----|
| 4# | 22.55 | 8.58 | 27.71 | 40.55 | 1.79 |

灰锁温度得到了有效控制，基本上在 370℃ 左右维持运行；出口温度偶尔波动，最高波动至 645℃，但在可控范围之内。从运行数据来看，产气量有明显提高，工况比较稳定。

表 3-11 为 2# 炉试烧所产粗煤气的全分析结果，从表中可看出粗煤气的有效成分为 61.51%，与 4# 炉试烧所得结果相近，说明了试烧数据的可靠性。试烧过程中，工况基本稳定，各工艺指标均在正常范围，2# 炉出口保持在 490～550℃；相比上一次 4# 炉试烧兰炭，本次 2# 炉试烧工况有明显提高。从最后结果看，本次试烧气氧比进一步优化，粗煤气的其他有效成分有所改善。

**表 3-11 2# 炉产粗煤气全分析结果（体积分数）**

| 粗煤气全分析结果 | CO/% | CH₄/% | CO₂% | H₂/% | H/C |
|----------------|------|-------|------|------|-----|
| 2# | 22.63 | 8.54 | 27.97 | 39.88 | 1.76 |

表 3-12 为 6# 炉试烧所产粗煤气的全分析结果，从表中可看出粗煤气的有效成分为 64.49%。相比公司之前所用的全地煤，有效成分产量略占优势。同时证明气化炉在兰炭 100% 条件下可以正常运行，且兰炭反应活性高；兰炭 100% 时，粗煤气 CO 含量较高；气化炉夹套耗水量明显降低；同负荷条件下，兰炭耗量增加，灰中残炭量基本持平。

**表 3-12 6# 炉产粗煤气全分析结果（体积分数）**

| 粗煤气全分析结果 | CO/% | CH₄/% | CO₂% | H₂/% | H/C |
|----------------|------|-------|------|------|-----|
| 6# | 24.27 | 7.07 | 27.54 | 40.22 | 1.66 |

从工艺运行来看，无论是掺烧还是 100% 兰炭都适应鲁奇炉用煤，且在氧负荷 6000m³/h 以下时工况基本稳定；出口温度基本稳定保持在 450～500℃，平均比烧常村煤气化炉低 70℃、夹套耗水量平均比烧常村煤气化炉降低 3.29m³/h，甲烷含量降低，CO 含量高，氢碳比更适宜费托反应。但当 100% 兰炭、氧负荷

（标态）6000m³/h 以上时，因其固定碳含量低、灰分含量高造成加煤排灰次数频繁，不易操作。

# 3.2　耦合装置一体化

装置一体化是指将煤的热解与半焦气化反应在同一装置内进行，具有装置结构紧凑、高效、节能的显著特点。

### 3.2.1　中间试验

早在 20 世纪 90 年代，日本就开发了一种独具特色的煤炭快速热解技术，并先后建立了原料煤处理量分别为 7t/d 和 100t/d 的工艺开发和中间试验装置。

（1）反应器结构　日本煤炭快速热解技术采用的反应器为两段气流床形式，上段用于煤粉热解，下段用于半焦气化。下部半焦气化段的作用主要有二：一是为上部煤粉热解段提供热量；二是分离和排出半焦中的灰（试验表明，半焦中 83.4％的灰从气化段底部以液态形式排出，其余部分的灰随煤气带走）。图 3-3 为该两段气流床反应器的结构示意图。

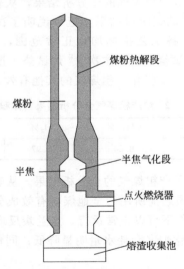

煤粉热解段

煤粉

半焦

半焦气化段

点火燃烧器

熔渣收集池

图 3-3　日本煤炭快速热解反应器结构示意图

（2）工艺流程　图 3-4 为日本煤炭快速热解技术的工艺过程。原料煤经干燥并被磨细到有 80％小于 0.074mm 后，用氮气或热解产生的气体密相输送，经加料器喷入反应器的热解段；然后被来自下段半焦气化产生的高温气体快速加热，在 600～950℃和 0.3MPa 下，于几秒内快速热解，产生气态和液态产物以及固体半焦。在热解段内，气态和固态产物同时向上流动。固体半焦经高温旋风分离器从气体中分离出来后，一部分返回反应器的气化段与氧气和水蒸气在 1500～1650℃和 0.3MPa 下发生气化反应，由此为上段的热解反应提供热量；其余半焦经换热器回收余热后，作为固体半焦产品。从高温旋风分离器出来的高温气体中含有气态和液态产物，经过一个间接式换热器回收余热，然后再经脱苯、脱硫、脱氨以及其他净化处理后，作为气态产品。间接式换热器采用油作为换热介质，从煤气中回收的余热用来产生蒸汽。煤气冷却过程中产生的焦油和净化过程中产生的苯类作为主要液态产品。

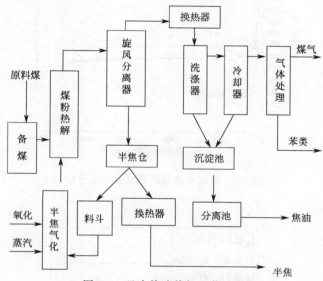

图 3-4　日本快速热解工艺过程

（3）工艺开发　在工艺开发研究阶段，首先建立了一套原料煤处理量为 7t/d 的试验装置。其中，热解段的几何尺寸为 $\phi280\text{mm} \times 4000\text{mm}$，煤粉处理能力为 300kg/h；气化段的几何尺寸为 $\phi500\text{mm} \times 600\text{mm}$，半焦生产能力为 100kg/h。该装置的用途主要有两个：一是验证煤炭快速热解工艺在技术上的可行性；二是用其进行该工艺中的关键技术开发。

表 3-13 给出了在该工艺开发装置上试验所用的两种原料煤的煤质分析结果。

表 3-13　原料煤的煤质分析结果（质量分数）　　　　单位：%

| 煤样 | 工业分析结果 | | 元素分析结果 | | | | |
|------|------|------|------|------|------|------|------|
| | $A_d$ | $V_d$ | $C_d$ | $H_d$ | $N_d$ | $S_d$ | $O_d$ |
| 煤 A | 4.70 | 42.92 | 76.26 | 5.29 | 1.68 | 0.57 | 11.50 |
| 煤 B | 9.54 | 35.61 | 74.72 | 4.78 | 1.30 | 0.46 | 9.20 |

工艺开发阶段的主要研究结果见图 3-5 和图 3-6。其中，图 3-5 为沿煤粉热解段高度上的温度分布情况，图 3-6 为热解温度对苯类产率的影响。

然后，又建立了一套放大 3 倍的半焦气化反应器，对应的煤粉热解段的处理能力为 20t/d。在该试验装置上获得了中间试验装置所需的设计和操作参数。

（4）中间试验研究　在中间试验研究阶段，建立了一套原料煤处理量为

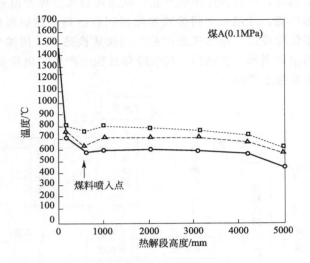

图 3-5　沿煤粉热解段高度的温度分析

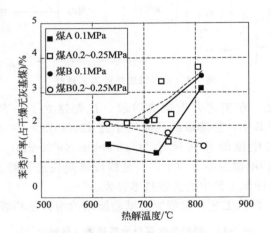

图 3-6　热解温度对苯类产率的影响

100t/d 的中试装置。中间试验研究所用的原料煤与工艺研究阶段用煤相同。中间试验研究的目的是评价该快速热解工艺的运行特性，同时获得商业化生产装置设计所需的必要参数。

截至 2000 年 3 月，中间试验装置的累计运行时间为：半焦气化段 186.6h，煤粉热解段 146.0h，最长整体连续稳定运转时间为 50h。图 3-7 给出了中间试验获得的各种热解产物的产率及其与工艺开发试验数据的对比情况。

（5）商业生产装置物料衡算　以上述研究结果为基础，针对以煤 A 为原料、处理量为 1000t/d 的大规模商业化生产装置所作的物料衡算结果如图 3-8 所示。

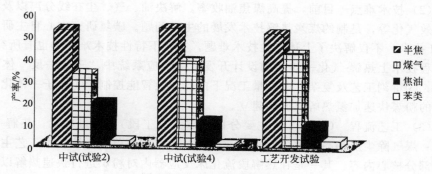

图 3-7　各种热解产物的产率

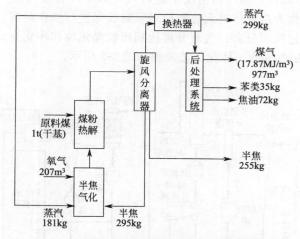

图 3-8　1000t/d 规模商业化生产装置的物料衡算

### 3.2.2　工业试验

陕西延长石油（集团）有限责任公司碳氢高效利用技术研究中心自主研发了万吨级粉煤加压热解-气化一体化技术（CCSI），将粉煤热解与半焦气化结合在一个反应器内，实现了粉煤热解、半焦气化的分级转化和优化集成，并富产高品质煤焦油和合成气。

（1）工艺原理　CCSI 反应器由热解段和气化段两部分组成，属循环流化床气化结构。在反应器热解段，粉煤进行快速热解提取煤焦油，热解所需的热量来自气化段上升的高温气化粗煤气和携带的固体热载体；热解产生的半焦经反应器内循环、外循环返回气化段，在气化剂（氧气/蒸汽）作用下气化生成粗煤气。CCSI 反应系统内部形成自热平衡体系，特殊结构的反应器使原煤热解所需的热量全部来自半焦气化产生的显热；反应器热解温度 550～650℃，气化段气化温度 1000～1100℃。低温热解条件下，CCSI 反应器能够将煤焦油的产率提高至煤格金产率的 150% 以上。

（2）技术难点    目前，提高煤焦油收率，解决油、气、尘在线分离以及半焦的高效气化等，是制约煤炭热解技术发展的主要问题。碳氢研究中心自主研发的CCSI技术，不仅解决了上述共性技术难题，在以下特性技术难题中也有所突破：①工程技术上热解-气化一体化的设计开发；②反应系统中"三传一反"体系的构建；③苛刻工艺及复杂、多变量工况下的操作及智能控制；④基于一体化反应体系的粉煤快速加氢热解模型的建立。

（3）工艺流程    CCSI工艺主要分四个单元（工段）：备煤单元；热解-气化单元；煤气除尘及油品回收单元；尾油回收及废水处理单元。该技术工艺主要涉及两部分核心内容：其一是在热解段流化床反应器内对粉煤进行快速热解以制取煤焦油；其二是将热解产生的高温半焦经由工艺循环送至气化段流化床反应器，在气化剂（氧气/蒸汽）参与的情况下进行气化以生产合成气，产生的高温合成气携带部分焦粉作为热载体进入热解段对原料粉煤进行快速热解。热解后的油气以及半焦颗粒经过气固分离、气液分离达到回收煤焦油和净化合成气的目的。

CCSI工艺热解-气化一体化工艺流程如图3-9所示。

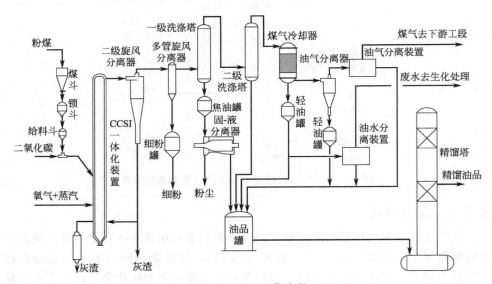

图3-9    CCSI工艺流程

（4）工艺特点

① 原料优势。CCSI技术以粉煤为原料，解决了煤炭开采过程中产生的约70%的粉煤资源化综合利用问题。

② 加氢、快速热解。粉煤进行快速加氢热解，降低二次反应强度，提高了煤焦油产率。

③ 独创"一器三区"煤热解-气化一体化反应器。该反应器由上部恒温热解区、中部过渡区、下部流化床气化区以及内外置分离器、内外置多路径循环返料通道组成，热解与气化耦合组成循环封闭体系，保证半焦的合理利用，提高资源

利用率。

④ 工艺过程高能效。合成气潜热为热解提供能量，减少高温合成气的显热损失，提高能源转化效率。

⑤ 单炉处理能力高。采用高固体循环倍率的流化床反应器，可以大幅度提高单炉的处理能力。

⑥ 多技术衔接，解决焦油品质问题。通过高效的气-固分离和气-液分离系统，保证煤焦油、合成气的收率和品质。

⑦ 工艺环保。不产生半焦，焦油回收过程以油洗代替水洗，废水排放量少。

(5) 工业试验

① 工艺研究。

CCSI 装置 72h 现场标定时，进煤负荷与热解温度、气化温度的关系见图 3-10。

由图 3-10 可知，在投煤负荷大于 80%条件下的粉煤进料稳定，热解段温度 550℃～600℃，气化段温度 950℃～1000℃；说明在反应器中完成了气化段半焦的高效气化与热解段煤粉的快速热解，两者耦合组成一个循环封闭体系，物料和热能相互利用，

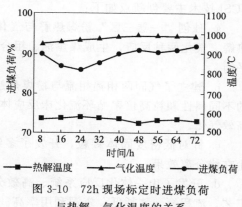

图 3-10　72h 现场标定时进煤负荷与热解、气化温度的关系

反应体系达到自热平衡，且运行稳定。采用自主研发的适用于高温、高压、高粉尘通量的气固分离新工艺，在保证焦油高收率和品质的基础上，可实现不同属性颗粒的高效在线分离，以满足装置长周期稳定运行的要求。

CCSI 工艺过程低碳节能，不产生污染性烟气和半焦；以油洗代替水洗回收焦油，废水量少。废气送火炬燃烧排放；废水送至废水处理单元，深度处理后循环利用；灰渣送至渣场统一处理或返回至反应器燃烧掉。

② 现场标定。

2016 年 12 月 3 日至 2016 年 12 月 5 日，中国石油和化学工业联合会组织专家对 CCSI 工业试验装置进行了 72h 连续运行考核和标定，结果见表 3-14。

表 3-14　CCSI 工业试验装置 72h 连续运行考核和标定结果

| 项目 | 焦油产率(无水无灰)/% | | | 有效气(CO+$H_2$+烃类)体积分数(空气气化)/% | 煤气热值(空气气化)/($kJ/m^3$) | 能源转化效率/% |
| --- | --- | --- | --- | --- | --- | --- |
| | 现场取样 | 物料衡算 | 差减法 | | | |
| 第 1 天 | 15.91 | 16.83 | 16.76 | 35.36 | 5199.14(1237.89kcal/$m^3$) | 81.97 |
| 第 2 天 | 18.14 | 19.57 | 18.56 | 34.78 | 5326.23(1268.15kcal/$m^3$) | 83.41 |
| 第 3 天 | 17.42 | 16.10 | 14.90 | 35.17 | 5267.46(1254.13kcal/$m^3$) | 82.88 |
| 平均值 | 17.16 | 17.50 | 16.74 | 35.10 | 5013.56(1253.39kcal/$m^3$) | 82.75 |

由表 3-14 可知，在标定过程中，装置运行稳定，计量、分析化验准确，各项指标计算方法有效，满足标定要求；空气气化条件下的平均负荷在 85％以上，焦油产率 17.12％（平均值），有效气（CO＋H$_2$＋烃类）体积分数 35.10％，煤气热值 5013.56kJ/m$^3$，能源转化效率 82.75％。

③ 技术鉴定。

2017 年 4 月 23 日，中国石油和化学工业联合会在北京组织召开"粉煤热解-气化一体化技术（CCSI）"科技成果鉴定会，认为该技术成果具有原创性和自主知识产权，整体技术处于国际领先水平，建议加快产业化示范和商业化推广。CCSI 技术主要创新点如下：

a. 独创"一器三区"粉煤热解与气化一体化反应器。在同一反应器内完成热解、气化两种反应，生成煤焦油、粗合成气两种产物，实现物料互供、热量自平衡。

b. 建立了气固两相稀相流与粉煤热解反应相耦合的模型。根据该模型设计的不同属性颗粒高倍率循环流化床反应体系，实现了煤焦油的高收率和半焦粉的高效气化。

c. 针对低密度固体颗粒，开发了多级气-固分离系统，取得较好的油、气、尘在线分离效果。

d. 开发了由一体化反应系统、高效分离系统、油气回收系统耦合集成的新工艺，流程短、能耗低、资源利用率高。

e. 开发了系统智能控制模块，实现了安全有效控制。

杨会民等的研究分析表明，CCSI 技术气化段以半焦为原料，主要表现为异相反应，较传统的流化床技术，CCSI 氧煤比和蒸汽煤比均较低；CCSI 技术操作压力灵活，氧气气化的 H$_2$/CO 为 0.8～1.25，在化工产品领域具有一定的优势；CCSI 技术兼具湍流床和输运床的特点，能量利用效率较传统的气化技术高，真正意义上实现了煤炭的分级转化、分质利用。在研究中对不同气化技术的参数进行了对比，对 CCSI 技术的产业化开发及操作具有重要的指导意义。表 3-15 列举了不同煤气化技术的气化指标，表 3-16 为不同气化技术的煤气组成对比，可以得出以下结论。

表 3-15　国内外不同气化技术的气化参数对比

| 项目 | 固定床 | 流化床 | | 气流床 | | 新型流化床 |
|---|---|---|---|---|---|---|
| | Lurgi | HTW | CAGG | GE | Shell | CCSI |
| | 加压固态排渣鲁奇炉 | 高温温克勒加压鼓泡床 | 灰融聚循环流化床粉煤气化 | 水煤浆 | 干煤粉 | 粉煤加压热解-气化一体化 |
| 气化温度/℃ | 800～900 | 900～1050 | 1050～1150 | 1300～1400 | 1400～1600 | 950～1100 |
| 气化压力/MPa | 2.5～4.0 | 1.0～3.0 | 0.03～0.08 | 3.0～8.5 | 2.0～4.0 | 0.6～4.0 |
| 炉型尺寸/m | $\phi 4$ | $\phi 3.7$ | $\phi 3$ | $\phi 3.2$ | $\phi 4.5$ | $\phi 3～8$ |
| 处理量/(t/d) | 1200 | 3800 | 200～300 | 2000 | 2000 | 3600～5000 |

续表

| 项目 | 固定床 | 流化床 | | 气流床 | | 新型流化床 |
| | Lurgi | HTW | CAGG | GE | Shell | CCSI |
| | 加压固态排渣鲁奇炉 | 高温温克勒加压鼓泡床 | 灰融聚循环流化床粉煤气化 | 水煤浆 | 干煤粉 | 粉煤加压热解-气化一体化 |
|---|---|---|---|---|---|---|
| 碳转化率/% | 95 | 95 | >90 | >96 | 99 | >96 |
| 冷煤气效率/% | 80 | 82 | — | 70~76 | 78~83 | >80 |
| 氧煤比(标态)/(m³/kg) | 0.34 | 0.462 | 0.408 | 0.628 | | 0.35~0.45 |
| 蒸汽煤比/(m³/kg) | 1.65 | — | 0.830 | | 0.15~0.2 | 0.536 |
| 比氧耗(标态)/(m³/km³) | 283 | 300 | 300~350 | 410~430 | 380~430 | 387.4 |
| 比煤耗(标态)/(kg/km³) | 830 | 650 | 650~700 | 685 | 550~700 | 650~800 |
| 比蒸汽耗(标态)/(kg/km³) | 1375 | — | 540~590 | — | 164 | 476.8 |

**表 3-16　Lurgi、Shell、GE、CCSI 煤气组成对比**

| 技术 | 粗合成气组成(摩尔分数) | | | | | | | |
| | $H_2$/% | $CH_4$/% | CO/% | $CO_2$/% | $C_mH_n$/% | $N_2+Ar$/% | $H_2S$/COS | $NH_3$/HCN |
|---|---|---|---|---|---|---|---|---|
| Lurgi | 35~40 | 8~12 | 15~21 | 25~32 | 0.2~0.8 | 1.2~1.5 | 0.1~0.3 | <0.001 |
| Shell | 20.02 | 0.02 | 70.62 | 7.02 | | 1.44 | 0.85 | 0.03 |
| GE | 36.08 | 0.10 | 39.28 | 23.43 | | 0.43 | 0.67 | 0.01 |
| CCSI | 25~35 | 4~8 | 25~35 | 28~32 | 0.2~1.0 | 0.2~0.5 | 0.04~0.1 | <0.001 |

① 流化床要求煤灰熔点大于气化操作温度 200~300℃，气化温度低(≤1100℃)，气流床(水煤浆/干煤粉)要求煤灰熔点低于 1300℃，煤的灰含量低 10%~15%(质量分数)；因此，流化床特别适应于劣质、高灰、高灰熔点、高挥发分等煤质，单位投煤量大，气化强度高；以产焦油和煤气为主的 CCSI 技术，操作压力灵活，同时兼具湍流床和输运床的特点，更易于工程放大，具有规模化效应和优势，单炉规模可以达到 5000t/d。

② 流化床的氧煤比、蒸汽煤比均较低。流化床较水煤浆气化可减少氧耗 20%~25%，较干法排灰的移动床减少蒸汽 50%以上。CCSI 技术较传统的流化床，氧煤比和蒸汽煤比均较低，但比氧耗、比煤耗较高，主要是因为单位质量煤炭产生的有效气量较低，CCSI 特殊反应器结构回收利用了粗煤气(1100℃降低至 600℃)的全部显热，能量利用效率较传统的气化技术高；更多的挥发分直接转化为煤焦油，而不是传统气化的合成气，真正意义上实现了低阶煤的分级转化、分质利用。

③ 流化床较气流床的冷煤气效率高。气流床操作温度高，煤转化为热能，而不是化学能，但在高温环境下，气流床的碳转化率较高；与气流床相比，流化床在确定的操作温度范围内，碳转化率主要受反应时间的影响，CCSI 循环倍率高达 100~300 倍，高浓度的物料含碳量及还原性气氛，保证了气化炉产气效率

和气体品质。

④ 氢碳比 $H_2/CO$ 是衡量合成气质量的重要指标，其值越高，合成甲醇时能耗和投资越低。CCSI 技术氧气化的 $H_2/CO$ 为 0.8～1.25，Lurgi 技术的 $H_2/CO$ 大于 1.0，Shell、GE 技术的 $H_2/CO$ 分别为 0.28、0.92；CCSI 氧气气化技术的煤气组分更接近于 Lurgi 技术，在合成化工产品领域内具有一定的优势，合成气的适用性更广。

### 3.2.3　一体化炉

肖廷文和李保顺等对高压多级流化热解-加氢-气化一体化工艺技术 HYGAS 的研发背景、历程及理论依据、技术工艺以及核心设备一体化炉运转流程等进行了论述。

#### 3.2.3.1　研发背景及历程

高压多级流化床热解-加氢-气化一体化工艺技术（high-pressure hydrogenation pyrolysis gasification，HYGAS）是美国燃气技术研究院研发的煤及生物质气化技术，是美国能源部（DOE）重点投入资金，以高硫/高灰/高内水/高灰熔融性温度的不同煤种为原料，实现油气联产的国家能源战略储备技术。

（1）试验室开发阶段（1941～1964 年）　1941 年，美国燃气技术研究院（GTI）开始煤气化及其煤制天然气技术的研究，并获得美国气体学会（AGA）研发资金的资助，先后建立试验级的试验平台和单炉小型试验装置，完成试验室规模的理论和冷模试验的研究及试验平台的搭建工作。随后，GTI 开展试验并进行煤气化及合成气甲烷化反应动力学、工艺产品收率等物料平衡和蒸汽及热动力利用平衡的研究计算，工艺技术和气化炉设计的创新研发工作。气化试验在试验室装置和连续试验装置（投煤量 51～101lb/h，换算为 2.27～4.53kg/h）上完成，并以此开展更加深入的理论、技术和工程可行性方面的研究。

（2）工艺装置研发和半工业化试验工厂阶段（1964～1971 年）　1964 年，美国燃气技术研究院获得美国能源部专项研发资金，在试验室研究成果的基础上，研发建成了密相流化床气化炉。该气化炉内径 4in（101.6mm）、温度 2000°F（1093℃）、压力 2000psi（13.79MPa）、投煤量 2400lb/d（1.09t/d）。

在该气化炉对褐煤、次烟煤、烟煤、无烟煤等十几种煤种进行了试烧，依据所获得的试烧数据、设备及系统的工程设计经验，对半工业化试验工厂进行了原理设计和基础设计。GTI 与美国 UOP 公司合作，在美国芝加哥建成了一座从煤储运、破碎、干燥、黏结性烟煤预处理、气化、净化、甲烷化到产品天然气直接送往商业管网完整生产系统的半工业化试验工厂。该工厂气化炉内径为 56in（1.42m）、投煤量为 72t/d、气化压力为 1050psi（7.24MPa）。

（3）半工业化试验工厂运行阶段（1971～1980 年）　示范试验工厂以不同的褐煤、烟煤、次烟煤、无烟煤等原煤和洗煤为原料，进行了长达 10 年（共10963h 左右）、投煤量 25963t 的运行试验。GTI 芝加哥半工业化工厂运行长达

10 多年，多煤种的 87 组运行记录表明：HYGAS 气化炉气化室内的固体流均匀稳定，碳的转化率超过 90%（不含未参加循环气化的半焦）；运行过程中，全系统在相当长的时间内，都能保持良好的运行状态，物料和能量平衡的运行数据与计算模型模拟结果保持在 5% 以内的差异。

### 3.2.3.2　HYGAS 一体化炉的工艺原理

HYGAS 一体化炉由干燥热解、低温加氢裂解、高温加氢裂解、纯氧气化 4 个功能构成，大体结构及各功能段的主要化学反应见图 3-11。

① 褐煤、烟煤、次烟煤、半焦等原料煤破碎成 <6mm 的碎煤（褐煤等低阶煤需经预处理脱除外水）后，配制成油煤浆。

② 煤浆用泵送入气化炉干燥热解段，在 260～360℃ 左右进行低温干燥热解，脱除内水，脱出的内水以水蒸气形式随粗煤气排出。

③ 干燥热解段的低温干燥热解半焦沿输送管道进入气化炉低温加氢裂解段，在 550～650℃ 进行中低温加氢裂解，生成热解气和芳烃产品。

④ 低温加氢裂解段的半焦沿输送管道进入气化炉高温加氢裂解段，在 800～950℃ 进行中高温加氢裂解，同时发生部分甲烷化反应。

⑤ 高温加氢裂解段生成的半焦沿输送管道进入气化炉纯氧气化段，在 900～1050℃ 进行纯氧气化反应（欠氧反应）。

⑥ 纯氧气化段生成的合成气为第 2、3 段反应提供氢源和热量，最后在第 1 段与粗煤气一起排出，去往净化工段。

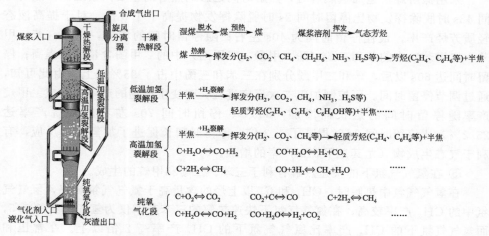

图 3-11　HYGAS 多级高压一体化炉工艺原理

### 3.2.3.3　HYGAS 一体化炉的理论依据

① 较低的热解温度有利于提高焦油产率。

最终热解温度是影响热解产物产率和性质的主要因素。一般来讲，温度越高，低阶煤裂解的程度越大，总挥发物产率越高，热解后固体产物（半焦）越少。

② 快速加氢热解，增加产物的收率和挥发分的产率，产物芳香度高。

加氢热分解时，煤的加热速度越快，碳的转化率越高，即相应所得气态和液态的产率越大。与慢速热解（加热速度3℃/min）的焦油组成进行比较，在辐射炉进行快速热解（700℃下），快速热解产物趋于低沸点和高沸点两端分布；而慢速热解产物的化学组成从低沸点到高沸点组分的含量趋于均匀分布；而且快速热解的产物芳香度高、苯含量高、简单酚含量高、杂酚少、萘系芳烃含量高，慢速热解产物中苯含量低、杂酚多、萘系芳烃少。造成这种差别的主要原因是快速热解时，焦油的二次裂解程度较大。

③ 煤加氢裂解时，氢压增加，产物产率直线增加。

在氢气气氛下，随着压力的增加，芳烃和甲烷均呈显著上升趋势；氢压越高，气、液生成物产率越大。在6.0MPa、700℃时，氢气气氛下芳烃产率是氮气气氛下芳烃产率的17倍，而甲烷产率也提高了5.3倍。6.0MPa、700℃下氢气气氛中50%以上的碳转化成气、液产物，在氮气气氛仅10%左右的碳转化成气、液产物。由此可见，较高氢压下的快速加氢热解十分有利于气态烃和液态轻质芳烃的获取。

④ 采用快速热解时，通过控制热解时间，可以控制生成物的产率和挥发物的脱除时间。

采用快速热解，温度越低，挥发物完全脱除需要的时间越长；而在较高的温度下，完成脱除挥发物所需的时间短。

采用低阶煤快速加氢热解时，热解时间是影响热解的重要因素之一，热解时间42s时脱除挥发物比停留时间2s时脱除挥发物提高了1.6倍。对于提高液态轻质芳烃产率，最佳停留时间为40s左右；随停留时间的增加，三苯（苯、甲苯、二甲苯）中的苯和三酚（酚、甲酚、二甲酚）中的二甲酚含量逐渐提高；停留时间达60s以后，苯和二甲酚分别在三苯和三酚中占了95%以上。由此可知，通过调节停留时间，可控制加氢二次反应进程，改变生成物的产率和组成。甲烷产率随停留时间的延长而增加，800℃、停留时间70s左右的甲烷产率达25.2%，比停留时间2s时提高了1.3倍。停留时间长促进了加氢二次反应，有利于气态生成物（尤其是甲烷）产率的增加。

⑤ 在氢气气氛下的快速热解有利于三苯、三酚和甲烷的生成。

在氢气气氛中热解时，$CH_4$ 和 $C_2$ 以上烃的含量高于氮气气氛热解，氢气气氛中的 $CH_4$ 产率较高；在氮气气氛下快速热解的三苯产率仅为氢气气氛的1/5，而氢气气氛下的 $CH_4$ 产率比氮气气氛下的 $CH_4$ 产率高2倍以上。在常压和500℃～800℃温度下，对低阶煤进行了快速热解气氛影响的研究。在700℃时，氢气气氛的轻质芳烃产率达2.6%，比氮气中提高了80%；在800℃时，氢气气氛中的甲烷产率比氮气气氛中的甲烷产率提高了2.5倍。结果表明，在氢气气氛下的快速热解有利于三苯、三酚和甲烷的生成。

### 3.2.3.4　HYGAS 一体化炉的主要特点

（1）热效率高，投资省　开发应用分段富氢热解多联产技术，符合国家低阶煤提质示范技术及能源利用政策。多级流化床一体化炉技术热解后的产物半焦无需出炉降温，直接炉内气化，与常规半焦出炉降温后再升温的气化技术相比，降低了能耗，热效率为68%~72%；杜绝了半焦出炉造成粉尘污染；设备投资较其他工艺技术也相应减少，节省投资15%~25%。

（2）氧耗、水耗低　气化炉采用固态排渣，气化（氧化段）可以采用较低的温度，降低了比氧耗，产生的废水量大幅下降。HYGAS气化氧耗仅为气流床的35%~40%，固定床的80%；耗水为气流床的40%~50%；耗蒸汽量仅为固定床的30%，并且能利用生产过程产生的废水，实现有机废水零排放。

（3）产品附加值高　在热解段加氢，低阶煤中的挥发分经过高压快速加氢热解，可最大限度地生成轻质芳烃。轻质芳烃的附加值高，有利于提高项目经济效益。

（4）压力高　采用油煤浆入料，气化压力可提高到8.5MPa，缩小了设备体积，提高了单台炉的煤处理量。煤加氢裂解段，氢压增加，有利于提高轻油、甲烷产率。

（5）粉煤给料　一体化炉进煤粒度控制在3mm以下，可实现快速热解，提高芳烃的产率；同时可降低粉尘夹带，有利于系统的连续稳定运行。

（6）单炉处理量大　采用该技术已完成了日处理3000t，年处理量可达$100×10^4$t低阶煤的工艺包设计，达到《能源技术革命创新行动计划（2016—2030年）》百万吨低阶煤热解、油化电联产等示范工程标准。

现阶段国内低阶煤的分质利用基本上都是以低阶煤热解为源头，把低阶煤中的有机质通过干燥干馏，得到气、固、液产品。干馏产出的中低温焦油经过加氢，可提高产品的附加值；产出的热解煤气用于燃料或生产附加值高的产品；产出的半焦（兰炭），可作为燃料直接民用或发电，也可作为气化原料，生产合成氨、甲醇、SNG、LNG、乙醇、乙二醇等高附加值的产品。但由于热解工艺的局限性，产出的焦油需要加氢，才能提高品位。

而采用HYGAS高压多级流化床热解-加氢-气化一体化炉能彻底地将低阶煤一次性转化，既能产出高附加值的苯、甲苯等，省去了焦油加氢工序；又能将热解产物半焦不出炉直接气化，得到富含甲烷的合成气。该工艺既降低了能耗，又节省了投资，使项目具有较强的竞争力。

## 3.2.4 技术研究

龙东生研究提出了一种双塔结构的低阶粉煤低温热解-气化一体化装置，其主要内容如下：

（1）装置结构　粉煤低温热解-气化一体装置结构如图3-12所示。该装置为双塔结构，由主塔和副塔组成。主塔自上而下由3部分组成（给料段、热解段和气化炉）；副塔自上而下由3部分组成（给料段、热解段和冷焦段）。主、副塔给料段位于装置上部，由气化煤气仓、气固分离仓、料仓、给料器等组成，气化煤气仓、气固分离仓相互连接。主、副塔热解段位于主、副塔中部，由热解器、热

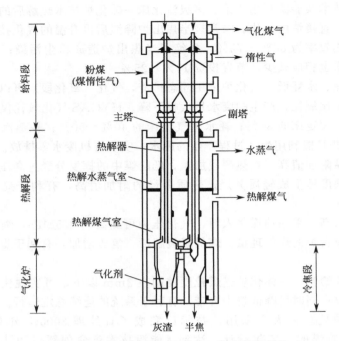

图 3-12 粉煤低温热解-气化一体化装置结构

解水蒸气室、热解煤气室组成。热解器采用外热式结构垂直布置，从上至下垂直穿过热解水蒸气室和热解煤气室。主塔下部设气化炉，上口与热解器下口连接；副塔下部设冷焦器，上口与热解器下口连接。

热解器的工作原理为，热解耗热由气化炉反应产生的高温气化气从热解器底部进入导气管，通过导气管器壁传给粉煤；粉煤与气化煤气不接触，逆向运动，吸收气化煤气显热，完成干燥、热解，产生半焦；热解过程产生的水蒸气、热解煤气通过热解器外壁气孔，分阶段导出至热解水蒸气室、热解煤气室；高温气化煤气经热解器降温后，由主、副塔给料段上端的气化煤气仓导出；主塔热半焦落入气化炉作为气化炉原料，副塔热半焦经冷焦器冷却为半焦产品；热半焦从气化炉顶部进入气化炉，由于热半焦温度较高，因此减少了反应时间和反应能耗。

（2）装置流程

① 装置原料供给。采用气力输送供料，粉煤用惰性气体密相气流输送进入主、副塔气固分离仓，分别落于主、副塔料仓，物料下落进入推进器，推进器将粉煤向下推进到热解器，在热解器内进行物料的干燥和热解。半焦进入气化炉与气化剂反应生产气化煤气，高温气化煤气通过热解器内管进入装置顶部的气化煤气仓。

② 煤气产出。粉煤干燥、热解过程中产生的水蒸气、低温干馏煤气通过外管壳导气孔导出，分别进入热解水蒸气室、低温热解煤气室。气化煤气仓、热解水蒸气室、低温热解煤气室与外部系统连接。

（3）装置特点

①物料走向由上至下，符合流程需要，相互连接上游为下游提供原料，减少输送能耗；②下游给上游提供反应热量，回收气化煤气显热，降低气化气出口温度，实现热能梯级利用，㶲损失小，达到节能目的；③装置间可实现模块组合，调整灵活，可根据产品需要调配主、副塔设备的配置数量；④结构紧凑，空间布置合理，占地少；⑤分质产品，实现在同一个装置连续生产出两种不同品质的煤气（热解煤气、发生炉煤气）、半焦、水蒸气和排渣，为后期的分质利用或多联产做准备。

在专利 CN206887041U 中，公开了粉煤热解气化一体化反应器，见图 3-13。粉煤（<10mm）送入热解室 2，热解温度为 550～900℃；生成的半焦进入气化室，气化温度为 1100～1400℃，气化剂可选择氧气、空气、二氧化碳和水蒸气中的一种或多种；气化生成的高温合成气直接进入热解室，为粉煤的热解提供热量，最后与热解生成的热解气混合，由合成气出口 10 送出，供化工利用。在热解室 2 内设置多层蓄热式辐射管 3，用以补充煤热解的热量。辐射管由外供燃料（如合成气）燃烧加热，所产生的烟气排出。原料褐煤和合成气的组成如表 3-17 和表 3-18 所示。

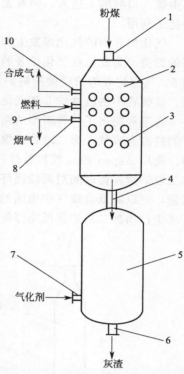

图 3-13　粉煤热解气化一体化反应器
1—粉煤入口；2—热解室；3—辐射管；
4—半焦下料口；5—气化室；6—灰渣
出口；7—气化剂入口；8—烟气出口；
9—燃料入口；10—合成气出口

表 3-17　褐煤工业分析（质量分数）　　　　单位：%

| $M_{ad}$ | $V_{ad}$ | $A_{ad}$ | $FC_{ad}$ |
|---|---|---|---|
| 13.29 | 32.21 | 15.82 | 38.68 |

表 3-18　合成气组成（体积分数）　　　　单位：%

| $CH_4$ | $H_2$ | $CO$ | $CO_2$ | 其他 |
|---|---|---|---|---|
| 7.80 | 42.10 | 39.50 | 10.02 | 5.98 |

在专利 CN102939361B 中，提供了一种煤的热解-气化装置，如图 3-14 所示。该装置的主要特点是，将改性炉（热解反应室）与气化炉组成一体化装置。

其操作方法是：气化炉 8 以氧与水蒸气为气化剂，对由气化烧嘴 5 喷入的气化煤进行气化，气化温度为 1300～1700℃，压力为 0.1～0.2MPa；产生的高温气化气体通过喉管 4 进入改性炉 2，为改性煤热解提供热量，改性炉 2 内的改性煤由煤入口喷嘴 3 送入，热解温度为 500～800℃；热解产物由产物出口 1 输出，供化工利用。

气化炉 8 内的气化煤发生部分氧化而成为高温，其中含有的灰分形成熔融状态的炉渣。为此，在气化炉 8 的下部设置能够排出炉渣的出渣口和收集炉渣的水槽 6。气化炉 8 的炉壁使用锅炉管 7，以使该炉壁附着熔融状态的炉渣来保护壁面。该装置中的改性炉 2 和气化炉 8 均属气流层反应器。

高瑞等提出了一种新型的两段循环气流床工艺，其一段炉内煤焦充分气化生产的高温合成气，为二段炉内煤的热解供热，二段炉内产生的煤焦循环再回一段炉。使用 Aspen Plus 模拟软件开发了两段气流床气化模型，考察了一段给氧量和二段炉膛停留时间对两段循环气流床工艺和焦油质量分数的影响。提高一段给氧量，可以降低合成气中焦油的质量分数，但是系统冷煤气效率及甲烷的产量也有减少；增加二段炉膛反应停留时间，能够有效降低合成气中焦油的质量分数。

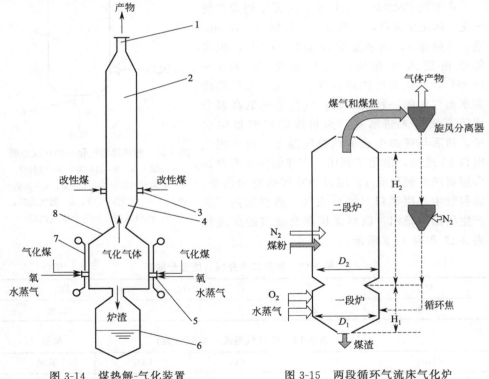

图 3-14    煤热解-气化装置
1—产物出口；2—改性炉（热解反应室）；
3—煤入口喷嘴；4—喉管；5—气化烧嘴；
6—水槽；7—锅炉管；8—气化炉

图 3-15    两段循环气流床气化炉

两段循环气流床气化炉如图 3-15 所示。煤粉（平均粒径 $100\mu m$）经过密相气力输送（$N_2$）进入二段炉，与来自一段气化炉的高温合成气（含 CO、$H_2$）混合传热，迅速升温，在还原性气氛条件下进行快速热解过程，形成煤焦、焦油、$CH_4$、$C_2H_6$、CO、$CO_2$、$H_2$、$H_2O$ 等产物；上述热解产物进一步二次气化，最终产物经过冷却降温、气固分离（旋风分离器等），固态产物（煤焦和煤灰等）通过 $N_2$ 载气循环回一段炉内气化，产生的高温合成气为二段热解过程提供所需的热量。

研究结果为：

① 随着一段给氧量的增加，两段循环气流床气化系统中的两段炉温都呈线性增加，其中一段炉温远高于二段炉温，焦油的质量浓度持续降低。系统的冷煤气效率随着一段给氧量的增加持续降低。因此，提高给氧量可以有效降低合成气中焦油的质量浓度，但不利于提高系统冷煤气效率以及合成气中甲烷的摩尔分数。

② 随着二段炉膛停留时间的增加，不同一段炉温下，焦油的产率均呈递减趋势。当一段炉温控制在1400℃时，调节二段炉膛反应停留时间在4s以上，合成气中焦油的质量浓度可降至300mg/m³以下。

③ 对两段循环气流床系统进行优化，调节一段炉温为1400℃，二段炉膛停留时间为6s，此时系统内焦油的质量分数降至 $93.21 \times 10^{-3}$ mg/m³，满足限度要求；系统的冷煤气产率可达86.21%，甲烷的产率可达 $76.80 \times 10^{-3}$ m³/kg。

许修强等在自制两段新型固定床反应器上进行了褐煤热解及"热"半焦的原位气化反应研究。在高纯氩气、400℃/600℃/800℃的条件下，对褐煤热解5s后，立刻将反应器移到气化段，同时切换气氛为15%水蒸气对"热"半焦进行原位气化反应（900℃、2～30min），制得原位气化半焦。利用 TGA 和 Raman 光谱仪，对原位气化半焦进行反应性和微观结构表征。结果表明，原位气化半焦产率及反应性在气化10min内降低幅度相对较大，10～30min内降低相对缓慢。大部分的含氧官能团在气化2min内被释放，气化2min后含氧官能团变得非常少。半焦中小的芳环与大环体系之比在气化2min内急剧降低，2～30min内降低较为缓慢。半焦的微观结构对其反应性有一定的影响，随着气化反应的不断进行，半焦中无定形结构、小的缩合芳环等活性基团逐渐减少，反应性相应降低。

该研究的试验方案是：将干燥后的样品先在一定温度下进行热解5s（第一段反应），热解完成在制焦温度（400℃/600℃/800℃）下立刻由热解段移到气化段（900℃）进行原位气化反应（第二段反应）。将只进行第一段反应得到的半焦称为热解半焦，进行热解和原位气化两段反应所得的半焦称为原位气化半焦。

试验所用反应器由内外两个反应器组合而成，内反应器可以根据需要在试验过程中顺利上下移动。内反应器顶部有3个支管，其中，两个侧管分别作为热电偶的插入孔和氩气及水蒸气的进口，立管作为煤粉进料口；内反应器底部设置烧结石英筛板，以阻止半焦样品随气流排出反应器。两段反应所需的热量由电加热炉持续提供，电加热炉由上下两段组成，段间由保温材料隔开，以保证两段加热温度不同。试验进行时首先将内反应器下端的筛板置于第一段加热炉中间位置，调节热解段及气化段温度，待反应器温度在热解段达到需要的温度（400℃/600℃/800℃）时，通入 1L/min 的高纯氩气 30min 以充分排净空气，之后打开煤粉进料阀，约 1.5g 煤粉全部瞬间进入反应器进行热解处理，热解 5s 后立刻将反应器筛板处向下移动至温度已达 900℃的第二段气化加热炉中间位置，进行"热"焦与水蒸气的原位气化反应 0～30min（取热解半焦时，热解完毕迅速终止反应）。试验完毕后立刻切断水蒸气，然后迅速将内反应器提升出加热炉，持续通入氩气至反应器温度降至室温，并在空气中平衡一定时间后进行称量，收集半焦并表征。

在专利 CN208087556U 中，公布了一种煤高压气化-热解一体化装置，如图 3-16 所示。该粉煤高压-气化热解一体化装置，通过将干煤粉气流床上行气化炉与下行气流床快速热解器相结合，实现了粉煤高压快速热解与半焦高压气化耦合一体化多联产。该装置具有粉煤处理量大、操作成熟稳定、富氢快速热解、焦油产率高、轻油含量高等特点，特别是能利用热解产生的高温半焦进行气化反应生成高温高压合成气，而该合成气的热量又能作为低阶煤热解反应的热源，能量直接合理利用，消耗低。

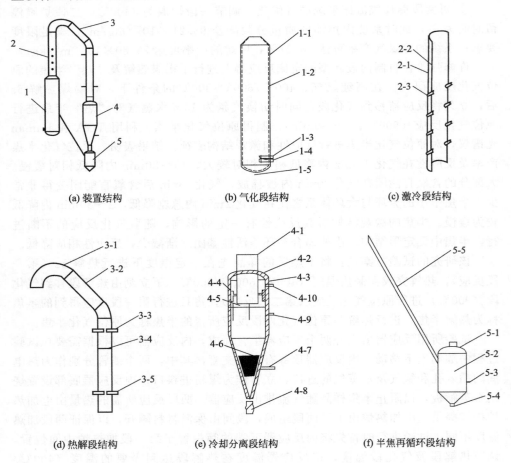

(a) 装置结构    (b) 气化段结构    (c) 激冷段结构

(d) 热解段结构    (e) 冷却分离段结构    (f) 半焦再循环段结构

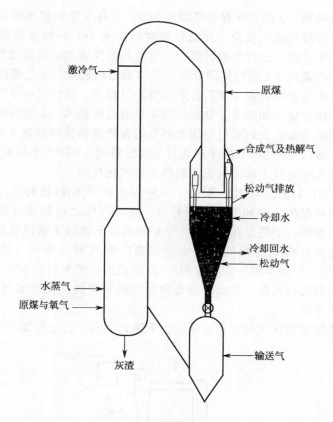

(g) 工作原理

图 3-16　粉煤高压气化-热解一体化装置

1—气化段；2—激冷段；3—热解段；4—冷却分离段；5—半焦再循环段；1-1—气化段壳体；
1-2—气化段耐火料；1-3—水蒸气喷嘴；1-4—原煤烧嘴；1-5—灰渣出口；2-1—激冷段壳体；
2-2—激冷段耐火料；2-3—激冷气喷嘴；3-1—热解段壳体；3-2—热解段耐火料；3-3—一段原煤烧嘴；
3-4—热解段内构件；3-5—二段氢气喷嘴；4-1—内筒；4-2—承压壳体；4-3—冷却分离段耐火料；
4-4—内旋风；4-5—隔板；4-6—盘管或排管冷却器；4-7—松动气入口；4-8—半焦卸料阀；
4-9—松动气出口；4-10—气体出口；5-1—半焦入口；5-2—半焦发送罐；
5-3—输送气入口；5-4—半焦应急卸料口；5-5—半焦输送管

　　粉煤高压气化-热解一体化装置的工作原理 [图 3-16(g)] 是：原煤和氧气通过气化段 1 侧壁的多个原煤烧嘴 1-4 进入到气化段 1 内发生高温燃烧，从而为装置提供热源；而后未反应的原煤以及来自半焦输送管 5-5 的半焦和水蒸气发生气化反应，生成高温合成气，主要成分为 CO 和 $H_2$，整体反应在压力 4MPa、温度 1100～1400℃条件下进行；气化反应中产生的渣以液态形式向下自底部出口 5-4 排出，1300℃左右的高温合成气向上进入激冷段 2。进入激冷段 2 的高温合成气通过与来自多个激冷气喷嘴 2-3 的 200℃左右的激冷气进行混合逐步降温至 800℃左右，通过顶部弯管后进入热解段 3。在热解段 3 的 800℃左右的合成气通过与一段原煤喷嘴 3-3 的原煤混合降温至 500℃ 左右发生快速热解反应，热解反应为气固下行并流气流床反应，反应停留时间约为 4s；同时在热解段 3 通过高温氢气发生加氢反应，进行焦油轻质化。反应后的气体和半焦通过与热解段 3 下端相连的多个内旋风 4-4 进行气固分离，气体通过内旋风 4-4 上部的气体出口汇集到冷却分离段 4 上部的集气室后自产品气出口排出，进行进一步气固分离和焦油冷却获得干净合成气和焦油。分离出的半焦通过内旋风 4-4 的料腿排入冷却分离段 4 下部的集尘室，而后通过与埋入料仓的盘管或排管冷却器 4-6 发生间接换热进行冷却；冷却至约 300℃ 的半焦通过半焦卸料阀 4-8 卸入半焦发送罐 5-2，通过输送气输送入气化段 1 作为气化原料煤进行气化反应。

在专利 CN101781588B 中，提供了一种煤热解-气化高值利用的方法及其装置。其方法是将煤的热解和气化过程分离，在煤气化之前先进行部分或全部热解，包括以下步骤：①将煤在 300～1100℃ 的温度下进行无氧或贫氧热解，生成的混合物经分离后得到热解气体产物［包括热解气和热解油（热解温度低于 800℃ 时会产生）］和半焦；②将煤和/或步骤①生成的半焦在 500～1200℃ 的温度下通入气化剂进行气化，生成的混合物经分离后得到气化生成气、热灰和/或未完全气化的半焦。

该装置的稀相输送床与密相流化床上下耦合，其工艺过程如图 3-17 所示。

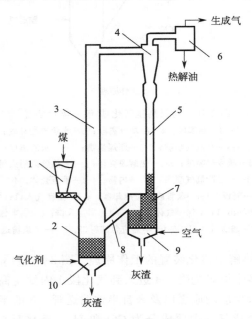

图 3-17　煤热解-气化耦合工艺过程

1—进料系统；2—密相流化床；3—稀相输送床；4—旋风分离器；5—下行立管；
6—热解油分离器；7—返料阀；8—溢流管；9—返料阀风室；10—密相流化床风室

在该工艺过程中，原煤通过第一进料系统 1 从稀相输送床 3 下部送入，原煤中粒径为 3～25mm 的大粒径煤向下进入位于稀相输送床 3 下方的密相流化床 2 中，在密相流化床风室 10 中送入的空气、氧气、水蒸气、含氧的二氧化碳和甲烷中的一种或几种气体作用下发生部分燃烧气化，依靠部分煤燃烧产生的热量在 500～1200℃ 范围内气化，气化过程得到的气化生成气向上进入稀相输送床 3 中，而产生的灰渣则从密相流化床 2 底部排出；原煤中粒径为 0～3mm 的小粒径煤在下部密相流化床 2 中产生的高温气化生成气携带下沿稀相输送床 3 向上流动，并在高温气化生成气的加热下在 300～1100℃ 温度范围内热解；稀相输送床 3 中的气固混合物随后进入旋风分离器 4 中进行气固分离，分离得到的半焦从旋风分离器 4 下方通过下行立管 5 进入返料阀 7 中，半焦在返料阀风室 9 中送入的流化风作用下从返料阀溢流管 8 进入到密相流化床 2 中进行气化。从旋风分离器 4 中分离得到的热解气体产物［包括热解气和热解油（热解温度低于 800℃ 时会产生）］与气化生成气的混合气进入低温时产生热解油的分离器 6 中进行气液分离，分别得到低温时产生的热解油和富含甲烷、一氧化碳、氢气、二氧化碳等的由热解气和气化生成气组成的生成气。低温时产生的热解油可以被用于加工富含芳环的化学品，而由热解气和气化生成气组成的生成气可以被用于工业生产和民用。

## 3.3　耦合系统一体化

系统一体化是指将煤热解与半焦气化两个反应装置系统进行优化组合，具有工艺过程合理、高效、易于实现大规模工业化的优点。

### 3.3.1　中间试验

孙延林等为验证流化床两段气化工艺制备清洁燃气的可行性和技术特色，在煤处理量为 100kg/h 的中试平台上考察了内蒙古胜利褐煤气化特性，对比了典型操作条件下装置的运行情况和产物品质。试验结果表明，当热解器和气化炉温度分别控制在 840℃ 和 1000℃ 时，热解器和气化炉出口处气体中的焦油含量（标态）分别为 1127mg/m³ 和 365mg/m³。在稳定条件下气化气组分中 CO、$H_2$、$CH_4$ 和 $CO_2$ 的体积分数分别为 13.9%、7.9%、3.9% 和 10.9%，热值（标态）维持在 4605kJ/m³ 左右。与热解气中焦油组分相比，气化气中所含焦油组分中重质组分显著减少，而轻质组分增多，表明输送床反应器内的高温有氧环境及半焦床层的催化重整作用具有良好的焦油脱除效果。

#### 3.3.1.1　原料与装置

选用内蒙古胜利褐煤为原料，其工业分析、元素分析以及灰的 X 射线荧光光谱分析结果见表 3-19。使用前，煤经过机械破碎和筛分处理，选用粒径为 0.5～3.5mm 的颗粒为原料，其平均粒径为 1.6mm。试验用热载体为石英砂，其粒径为 0.5～1.0mm。流化床两段气化中试系统主要包括：供气系统、加料系统、流化床两段反应器、换热系统、除尘系统、引风机、控制系统等，其工艺流程如图 3-18 所示，装置的设计处理量为 100kg/h。试验用流化床热解器为长方体结构，横截面积为 $0.15m^2$，高度约为 1m。输送床气化炉为圆柱结构，横截面积为 $0.1m^2$，高度约为 13m。热解器和气化炉之间通过溢流管连接。供气系统通过 3 台罗茨风机分别对热解器、气化炉和返料阀进行供风，其流量可以通过流量计进行测量。加料和除尘单元分别采用双螺旋加料机和布袋除尘工艺。温度和压力通过热电偶和压力传感器进行实时监测。

表 3-19　煤的特性（质量分数）　　　　　　　　　单位：%

| 工业分析结果 | | | | 元素分析结果 | | | | | $Q_{net,ar}$ |
|---|---|---|---|---|---|---|---|---|---|
| $M_{ad}$ | $A_{ad}$ | $V_{ad}$ | $FC_{ad}$ | $C_{daf}$ | $H_{daf}$ | $S_{daf}$ | $O_{daf}$ | $N_{daf}$ | /(MJ/kg) |
| 12.3 | 11.3 | 34.6 | 41.8 | 64.9 | 5.0 | 0.9 | 28.0 | 1.2 | 20.0037 |
| 灰分分析结果 | | | | | | | | | |
| CaO | $SO_3$ | $SiO_2$ | $Al_2O_3$ | MgO | $Fe_2O_3$ | $Na_2O$ | $P_2O_5$ | $TiO_2$ | |
| 26.8 | 22.8 | 25.8 | 11.6 | 2.7 | 4.9 | 0.6 | 1.0 | 2.5 | |

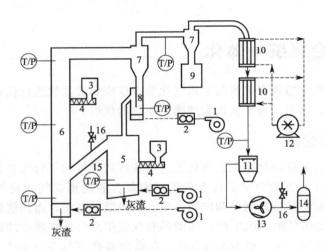

图 3-18　中试装置流程

1—风机；2—流量计；3—料仓；4—螺旋加料器；5—流化床热解器；
6—输送床气化炉；7—旋风分离器；8—返料阀；9—灰斗；10—换热器；
11—除尘装置；12—水泵；13—引风机；14—燃烧塔；
15—溢流管；16—采样品

### 3.3.1.2　结果与讨论

（1）反应器内的温度和压力　表 3-20 为两次典型中试试验的操作条件。热解器所用载气和气化炉所用气化剂均为空气，其温度约为 10℃。稳定运行阶段，两次试验的加料速率均控制在 94kg/h 左右。试验 1 中热解器和气化炉的当量空气系统分别为 0.14 和 0.17。与试验 1 相比，试验 2 对应反应器中的当量空气系数较大，分别为 0.17 和 0.21。两次试验操作条件的差异将导致煤热解和气化特性的不同。

表 3-20　试验操作条件

| 操作条件 | 试验 1 | 试验 2 |
| --- | --- | --- |
| 煤加料速率/(kg/h) | 94 | 94 |
| 煤含水量/% | 12.3 | 12.3 |
| 进入热解器空气温度/℃ | 10 | 10 |
| 进入气化炉空气温度/℃ | 10 | 10 |
| 热解器当量空气系统 | 0.14 | 0.17 |
| 气化炉当量空气系统 | 0.19 | 0.21 |

图 3-19 为两次典型试验过程中热解器和气化炉稳定段的温度变化曲线，其对应的温度测点分别位于热解器和气化炉风帽上沿 0.1m 和 0.3m 处。在试验过程中，热解器和气化炉的温度曲线变化相对平滑，操作状态比较稳定。试验 1 和 2 中热解器的温度分别维持在 760℃ 和 840℃ 左右，而对应的气化炉温度分别维持在 940℃ 和 1000℃ 左右。试验 2 较高的反应温度与其较大的当量空气系数有关。一般而言，气化剂供应量大，煤和半焦的氧化程度高，碳转化率大，释放更多的热量。

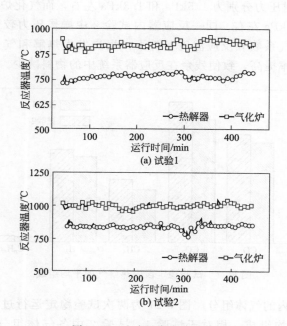

(a) 试验1

(b) 试验2

图 3-19　试验温度变化曲线

图 3-20 为热解器和气化炉稳定段内对应温度下的压力变化曲线。

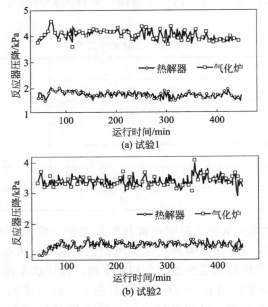

图 3-20  试验压力变化曲线

试验过程中，压力变化趋势平稳，说明反应器内煤颗粒流化正常。试验 1 和 2 中热解器的相对压力分别为 1.5kPa 和 1.3kPa 左右，而气化炉的相对压力分别为 3.9kPa 和 3.5kPa 左右。同一反应器内试验 2 中操作压力较低，主要是因为在较高的当量空气系数和反应温度条件下，煤炭发生热解和气化反应的速率增大，进而碳转化率提高，致使残余在反应器系统中的物料减少。

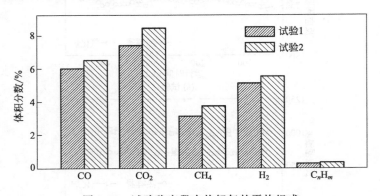

图 3-21  试验稳定段内热解气的平均组成

（2）反应器内的气体组分　图 3-21 为两次试验稳定运行过程中热解器内生成气体组分的平均组成。相对于试验 1，试验 2 中各气体组分均有明显升高，$H_2$、CO、$CO_2$ 和 $CH_4$ 的体积分数分别从 5.2%、6.0%、7.5% 和 3.2% 提高到 5.6%、6.5%、8.5% 和 3.7%。这是试验 2 热解器内采取较大的当量空气系数和较高的反应温度所产生的结果，在上述条件下，煤的热解反应进行得更加充分，挥发分得到充分脱除。同时，较大的当量空气系数也导致煤颗粒发生部分气化反应的程度增大，在得到更多有效气体组分的同时不可避免地发生燃烧反应，生成较多的 $CO_2$。

　　两次典型试验稳定运行过程中，气化炉出口处气体组分的变化趋势如图 3-22 所示。试验过程中，试验 1 和试验 2 中有效气体组分 $H_2$、$CO$、$CH_4$、$C_nH_m$ 的体积分数变化平稳，气体热值波动较小，分别保持在 3768kJ 和 4605kJ 左右，说明系统的稳定性较好。氧气的体积分数很低，约在 0.5% 以下，气化炉内反应比较完全。

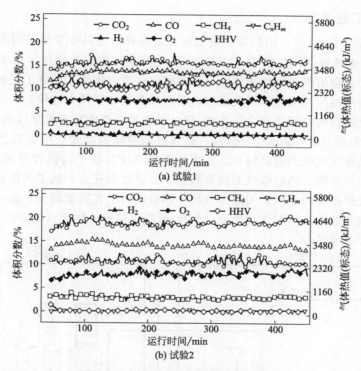

图 3-22　气化炉生成气体的组成和热值

　　图 3-23 比较了两次典型试验过程中稳定段气化炉出口处的气体组分及热值。检测结果显示，相对于试验 1，试验 2 中有效气体组分 $H_2$、$CO$ 和 $CH_4$ 的体积分数明显提高，分别从 7.5%、13.5%、2.5% 提高到 8.0%、14.2%、3.9%，而 $CO_2$ 的体积分数则较低。水煤气反应是气化过程中的主要反应，是典型的吸热反应，升高反应温度有利于气化反应的进行，生成更多的 $H_2$ 和 $CO$，同时也使得更多的 $CO_2$ 参与反应。此外，在高温条件下，焦油的热裂解反应和半焦对焦油的催化重整反应也明显增强，生成更多的有效气体组分。因此，试验 2 中气体的热值高于试验 1 中气体的热值，约为 4605kJ/m³。

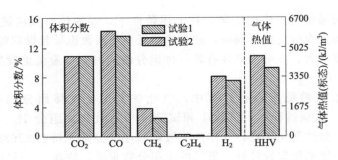

图 3-23　稳定段气化炉出口处的气体组分及其热值

### 3.3.2　工业试验

　　2015 年 7 月 12 日，由陕煤化集团和北京柯林斯达科技发展公司共同研发的"气化-低阶煤热解一体化技术（CGPS）工业试验"在北京通过了由中国石油和化学工业联合会组织的科技成果鉴定。专家组认定，该技术推进了低阶煤定向热解制高品质焦油与煤气技术研发进程，属国际首创，居领先地位。

　　该工业试验的处理能力为 1 万吨/年，以榆林市红柳林矿长焰煤的粒煤（3～25mm）和粉煤（0～3mm）为原料，是通过低阶煤的带式炉中低温分级热解和粉焦或粉煤常压气化的有机耦合，在中低温条件下将煤中有机挥发组提取出来，制备煤焦油、半焦、热解煤气的成套新技术。该技术充分利用了气化的显热，将其作为带式炉热解的热源，实现煤气化、热解两种工艺高效耦合，进一步提高整个系统的能源效率，热解气品质高。气化-低阶煤热解一体化（CGPS）技术工艺流程如图 3-24 所示。

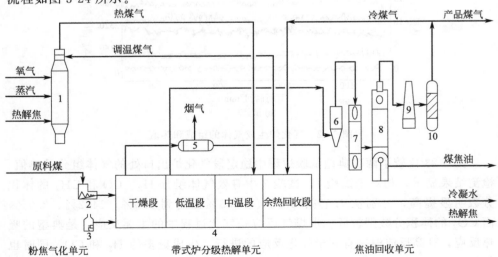

图 3-24　气化-低阶煤热解一体化（CGPS）技术工艺流程
1—气化炉；2—分级布料器；3—热风炉；4—带式炉；5—冷凝水回收系统；6—油洗喷淋塔；
7—油洗间冷塔；8—电捕焦油器；9—终冷器；10—除雾器

由备煤系统输送而来的原料煤经分级布料进入带式热解炉，依次经过干燥段、低温热解段、中温热解段和余热回收段得到清洁燃料半焦；干燥段湿烟气经冷凝水回收装置净化回收其中的水分后外排；带式热解炉热源来自粉焦常压气化高温合成气的显热；热解段煤层经气体热载体穿层热解产生荒煤气，荒煤气经焦油回收系统净化回收焦油后得到产品煤气；部分产品煤气返回带式炉余热回收，对炽热半焦进行冷却并回收其显热，随后进入气化炉与高温气化气调湿后一起作为带式炉热解单元的气体热载体（工艺条件见表3-21）。

**表3-21　工艺条件**

| 项　目 | 参　数 | 项　目 | 参　数 |
|---|---|---|---|
| 气化温度/℃ | 1300~1400 | 煤气出口温度/℃ | <60 |
| 热解温度/℃ | 600~650 | 焦油出口温度/℃ | <90 |
| 半焦出炉温度/℃ | <80 | | |

试验结果表明，在气化-低阶煤热解一体化工业试验装置运行期间，装置运行稳定、可靠，各工况切换自如。历经9个月的调试和系统优化，打通了工艺流程，并通过了72h运行考核。该项目先后试验运行10余次，累计运行时间约900h，热解产物半焦产率57.45%，煤气产量313.84m³/t煤（有效气成分含量80%以上），干基焦油产率9.08%（煤焦油收率为同基准格金焦油收率的92.6%）。

技术鉴定标定数据见表3-22~表3-27。

（1）原煤性质

**表3-22　原煤性质（质量分数）**　　　　　　单位：%

| 工业分析结果 | | | | | | 格金干馏（收到基） | | | |
|---|---|---|---|---|---|---|---|---|---|
| $M_t$ | $M_{ad}$ | $A_d$ | $V_d$ | $V_{daf}$ | $FC_d$ | 半焦 | 煤焦油 | 热解水 | 煤气+损失 |
| 13.3 | 4.3 | 9.2 | 33.3 | 36.6 | 57.5 | 66.3 | 8.5 | 5.2 | 6.7 |

（2）半焦性质

**表3-23　半焦性质（质量分数）**　　　　　　单位：%

| $M_t$ | $M_a$ | $A_d$ | $V_d$ | $V_{daf}$ | $FC_d$ |
|---|---|---|---|---|---|
| 0.93 | 0.68 | 12.50 | 8.29 | 9.47 | 79.22 |

**表3-24　焦油性质**

| 项目 | 数值 | 项目 | 数值 |
|---|---|---|---|
| 水分（质量分数）/% | 0.1 | 馏程（体积分数）/% | |
| 灰分（质量分数）/% | 0.12 | 初馏点 IBP/℃ | 201 |
| 甲苯不溶物（干基,质量分数）/% | 2.62 | <300℃ | 19 |

续表

| 项目 | | 数值 | 项目 | 数值 |
|---|---|---|---|---|
| 黏度(80℃)/mPa·s | | 17.98 | <360℃ | 45 |
| 元素分析结果<br>（质量分数）/% | C | 84.74 | <400℃ | 60 |
| | H | 10.20 | <450℃ | 80 |
| | N | 0.51 | <510℃ | 95 |
| | S | 0.11 | — | — |
| | O | 3.99 | — | — |
| 密度(20℃)/(kg/m³) | | 1015.7 | — | — |
| 族组成（质量分数）/% | | 饱和烃 | 芳香烃 | 胶质 | 沥青质 |
| | | 15 | 18 | 45 | 21 |

表 3-25　煤气成分（体积分数）　　　　单位：%

| CO | $CO_2$ | $CH_4$ | $H_2$ | $O_2$ | $H_2S$ | $C_mH_n$ | 其他 | 合计 |
|---|---|---|---|---|---|---|---|---|
| 40.91 | 11.14 | 8.86 | 30.95 | 0.01 | 0.12 | 1.01 | 7.00 | 100.00 |

表 3-26　物料平衡

| 输入 | | | 输出 | | |
|---|---|---|---|---|---|
| 序号 | 反应物 | 质量/(kg/h) | 序号 | 生成物 | 质量/(kg/h) |
| 1 | 原煤 | 1251.67 | 1 | 半焦 | 719.17 |
| 2 | 纯氧 | 92.61 | 2 | 焦油 | 98.08 |
| 3 | 水蒸气 | 45.62 | 3 | 煤气 | 355.85 |
| | | | 4 | 干燥冷凝水 | 62.81 |
| | | | 5 | 热解冷凝水 | 40.96 |
| | | | 6 | 烟气含水量 | 84.79 |
| | | | 7 | 气化残渣 | 11.96 |
| | | | 8 | 其他气体+损失 | 14.61 |
| 共计 | | 1389.90 | 共计 | | 1388.23 |
| | | | 偏差 | | 0.12% |

表 3-27　能量平衡

| 热输入 | | | | | 热输出 | | | |
|---|---|---|---|---|---|---|---|---|
| 序号 | 反应物 | 质量/<br>(kg/h) | 热值/<br>(kJ/kg) | 热量/MJ | 序号 | 生成物 | 质量/<br>(kg/h) | 热值/<br>(kJ/kg) | 热量/MJ |
| 1 | 原煤 | 1251.7 | 23848.80 | 29850.83 | 1 | 半焦 | 719.17 | 29112.75 | 20937.02 |
| 2 | 液化石油气 | 10.93 | 50120 | 547.95 | 2 | 焦油 | 98.08 | 33903.95 | 3325.30 |
| 3 | 纯氧 | 92.61 | 8192.8 | 758.76 | 3 | 煤气 | 355.85 | 13413.904 | 4773.34 |

续表

| | 热输入 | | | | 热输出 | | | |
|---|---|---|---|---|---|---|---|---|
| 序号 | 反应物 | 质量/<br>(kg/h) | 热值/<br>(kJ/kg) | 热量/MJ | 序号 | 生成物 | 质量/<br>(kg/h) | 热值/<br>(kJ/kg) | 热量/MJ |
| 4 | 水蒸气 | 45.62 | 2311.54 | 105.45 | 4 | 干燥冷凝水 | 62.81 | | |
| 5 | 电耗/<br>(kW·h/h) | 33 | 3600 | 118.80 | 5 | 热解冷凝水 | 40.96 | | |
| | | | | | 6 | 烟气 | 286.46 | | |
| | | | | | 7 | 气化残渣 | 11.96 | | |
| | | | | | 8 | 损失 | | | 2346.13 |
| 共计 | | | | 31381.79 | 共计 | | | | 31381.79 |
| 总输入能量 | | 31381.79MJ | | | 产品能量 | | 29035.66MJ | | |
| 能效 | | 92.52% | | | 能耗 | | 0.0643tce | | |

### 3.3.3　基础研究

王勇对煤热解-半焦气化耦合工艺作了较系统的研究,其工艺方案如图 3-25 所示。

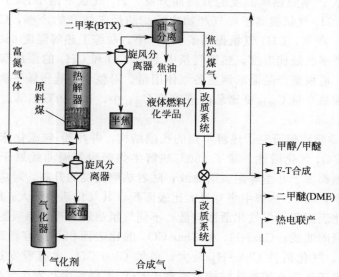

图 3-25　煤热解-半焦气化耦合工艺方案

（1）煤的特性　采用府谷县长焰煤为原料,其特征见表 3-28～表 3-30。

**表 3-28　煤的工业分析结果和元素分析结果（质量分数）**　　单位:%

| | 工业分析结果 | | | | 元素分析结果 | | | |
|---|---|---|---|---|---|---|---|---|
| $M_{ad}$ | $A_{ad}$ | $V_{ad}$ | $FC_{ad}$ | $C_{daf}$ | $H_{daf}$ | $O_{daf}$ | $N_{daf}$ | $S_{daf}$ |
| 4.12 | 4.99 | 29.70 | 61.19 | 84.87 | 4.57 | 9.00 | 1.20 | 0.35 |

表 3-29　煤的灰分分析结果（质量分数）　　　　单位：%

| SiO$_2$ | Fe$_2$O$_3$ | Al$_2$O$_3$ | CaO | MgO | TiO$_2$ | SO$_3$ | K$_2$O | Na$_2$O | P$_2$O$_5$ |
|---|---|---|---|---|---|---|---|---|---|
| 54.42 | 11.43 | 16.93 | 8.86 | 2.47 | 1.31 | 1.60 | 0.97 | 1.18 | 0.26 |

表 3-30　煤的颗粒粒径分布

| 粒径/μm | 40～60 | 60～80 | 80～100 |
|---|---|---|---|
| 比例/% | 48.6 | 20.9 | 30.5 |

　　煤的格金干馏分析结果表明：府谷煤大部分热解产物都集中在半焦中，半焦产率为 72.41%（ad），焦油产率可达到 7.5%，热解水的产率为 8.24%。

　　(2) 研究结果

　　① 利用粉-粒流化床考察了府谷煤在不同热解温度及不同热解气氛下的热解产物分布及其性质。随着热解温度的提高，热解产品中，半焦产率从 80.45%（ad）降到 59.34%，煤气产率单调增加，焦油产率先增后减，在 650℃时有最大焦油产率 12.09%（daf）；H$_2$ 气氛下热解焦油产率达到 16.67%（daf），并促进了其向轻质化发展，CO$_2$ 气氛下明显降低了焦油的产率，但提高了煤气中 CO 的产率；BTX 产率随热解温度的升高而升高，H$_2$ 气氛下的 BTX 产率较 N$_2$ 气氛明显提高。H$_2$ 气氛提高了煤气产物中的脂肪烃气体产物产率，CO 气氛提高了 H$_2$ 和 CO$_2$ 产率，CH$_4$ 气氛提高了 H$_2$ 产率；故综上热解温度 650℃为提高高附加值焦油产率的最佳温度，热解气氛中 H$_2$、CO 和 CH$_4$ 的添加都有利于热解过程的进行，可根据产品需求调整各气体用量。对整个过程做碳平衡发现，产物收集下来的碳总含量 C$_{收集}$ 要比总的进碳量 C$_{进料}$ 小，以 650℃热解过程为例，碳的损失率为 15.55%。

　　② 用自动吸附仪研究了热解半焦的孔隙结构，并用粉-粒流化床研究了热解所得半焦的 CO$_2$ 气化活性。除了 550℃热解半焦吸附等温曲线属于Ⅲ型，其他温度热解半焦都属于Ⅱ型等温吸附曲线；随着热解温度的升高，对应半焦微孔数先增大后减小，650℃热解半焦有最大比表面积，其气化活性最大；850℃热解半焦也有较大比表面积，但气化活性较低；不同气氛热解所得半焦吸附等温曲线属于Ⅱ型等温吸附曲线；Char-H$_2$ 和 Char-CO$_2$ 的比表面积和孔容积都要比 Char-N$_2$ 的大许多，气化活性 Char-H$_2$ 最大，虽然 Char-CO$_2$ 也有着发达的孔结构，但其主要集中于比较小的微孔结构，不利于 CO$_2$ 扩散到微孔发生气化反应。

　　③ 用粉-粒流化床考察了操作条件对半焦气化的影响。半焦水蒸气气化过程中，随着气化温度的升高煤气产率增大；随着水蒸气流量的增加煤气产率同步提高，当水焦比达到 0.3mL/g 时增幅很小；当氧焦比为 200mL/g 时有着最佳煤气热值及最大 CO 和 H$_2$ 产率；CO$_2$ 的添加有利于 CO 和 H$_2$ 产率的提高，当 CO$_2$/Char 大于 500mL/g 之后增幅不明显，并明显降低产物中的 CO 和 H$_2$ 的比例。所以，以气化气体产物中的 CO 和 H$_2$ 含量为指标，选取的最佳气化条件为：气化温度 1100℃，气化剂为 H$_2$O/O$_2$/CO$_2$，其中，水/焦为 0.3mL/g，氧/

焦为 0.2L/g，并选择合适的 $CO_2$ 用量调配 $H_2$ 和 CO 的比例，为热解过程提供合适的热解气氛。

邹亮等采用固定流化床反应器研究了 3 种低阶煤的常压热解及其热解半焦的气化特征，探究了样品粒度、反应温度、反应时间及流化气中 $O_2$ 含量对上述过程的影响，确定了循环流化床热解-气化耦合工艺适宜的反应条件。

(1) **煤的特性** 选用内蒙古鄂尔多斯的补连塔煤（BLT）、内蒙古呼伦贝尔的东明煤（DM）和内蒙古锡林郭勒的胜利煤（SL）为试验样品，原煤破碎后筛分为不同粒度的样品，真空 80℃ 干燥后备用。3 种煤的工业分析和元素分析结果见表 3-31，灰熔融性分析结果见表 3-32。为保证试验过程中无结渣，反应温度均维持在 1000℃ 以下。

**表 3-31 煤的工业分析结果和元素分析结果（质量分数）**     单位：%

| 样品 | 工业分析结果 | | | 元素分析结果 | | | | |
|---|---|---|---|---|---|---|---|---|
| | $M_{ad}$ | $A_{ad}$ | $V_{ad}$ | $C_{daf}$ | $H_{daf}$ | $N_{daf}$ | $S_{daf}$ | $O_{daf}$ |
| BLT | 0.65 | 11.03 | 36.56 | 79.89 | 4.47 | 1.07 | 1.18 | 13.39 |
| DM | 8.04 | 11.64 | 37.72 | 72.83 | 4.40 | 0.98 | 0.58 | 21.21 |
| SL | 5.83 | 11.47 | 43.37 | 71.47 | 4.29 | 1.10 | 1.39 | 21.75 |

**表 3-32 煤的灰熔融性分析结果**     单位：℃

| 样品 | 变形温度 | 软化温度 | 半球温度 | 流动温度 |
|---|---|---|---|---|
| BLT | 1126 | 1152 | 1174 | 1243 |
| DM | 1080 | 1110 | 1116 | 1118 |
| SL | 1118 | 1144 | 1152 | 1218 |

(2) **系统流程** 固定流化床反应系统流程示意见图 3-26。$N_2$ 及 $O_2$ 经过气体预热器预热、水经汽化器汽化后，由流化床底部加入；样品经料仓，由顶部加入流化床反应器；热解产物依次经空气冷凝器、水冷凝器以及低温冷凝器后收集热解水及焦油，最终经碱洗后通过湿式流量计计量热解气体积；气化产物依次经空气冷凝器和水冷凝器后收集废液，最终经碱洗后通过湿式流量计计量合成气体积。

(3) **研究结论**

① 煤炭的粒度基本不会影响热解产物的产率，只影响固定流化床的操作条件，粒度越小，对水资源的消耗越低；水蒸气气氛下，温度越高，半焦产率越低，热解气产率越高；煤种不同，最高焦油产率温度不同，BLT 和 DM 在 600℃ 时焦油产率最高，SL 在 550℃ 时焦油产率最高，但与 600℃ 时相差不大；高于 600℃ 时，热解过程 $CO_2$ 产率迅速增加，不利于煤中碳的有效利用；延长热解时间，热解气产率逐渐增加，但其生成速率迅速降低；综合考虑，热解温度 600℃、热解时间 20min 为循环流化床热解-气化耦合工艺中热解床合适的反应

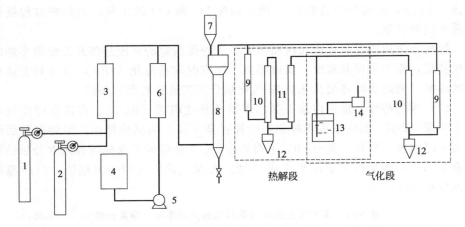

图 3-26 固定流化床反应系统流程
1—N₂ 瓶；2—O₂ 瓶；3—气体预热器；4—水槽；5—计量泵；6—汽化器；7—料仓；
8—流化床反应器；9—空气冷凝器；10—水冷凝器；11—低温冷凝器；12—液体收集器；
13—碱液洗槽；14—湿式流量计

条件。

② 循环流化床热解-气化耦合工艺的碳转化率高于原煤流化床气化，同时能副产煤焦油；原煤直接气化 $CO_2$ 产率较高，不利于煤中碳的有效利用；提高气化温度，碳转化率逐渐升高，合成气中的 $H_2$ 和 CO 产率均不断升高，$CH_4$ 产率基本不变，$CO_2$ 产率呈现先升高后降低的趋势；相对于气化温度，$O_2$ 含量对气化反应的影响较小，随着 $O_2$ 含量的提高，合成气产率略有升高，有效气（$H_2$＋CO）产率基本不变，但可以调节 $H_2$ 和 CO 的相对含量，$O_2$ 体积分数高于 20％时气体组分产率变化量明显降低；延长气化时间，合成气产率提高，但合成气生成速率迅速降低，气化 15min 后合成气生成速率基本不变；综合考虑，气化温度 900℃、$O_2$ 体积分数 20％、气化时间 15min 为耦合工艺中气化床合适的反应条件。

### 3.3.4 专利技术

李生忠等在专利 CN107858177A 中，公布了一种煤快速热解及气化的一体化系统及方法，其一体化系统如图 3-27 所示。

煤粉经粉碎粒径范围在 10mm 以下，将煤粉由煤仓 1 经进料阀 2 送入快速热解反应器 3 中，从上往下经多层辐射管加热，在 800℃的炉内温度下发生热解反应产生热解气和热解半焦。其中，热解气通过热解气出口进入热解气高温旋风分离器 4 进行初步的净化，然后输出到下游工艺，可燃气（初步净化后的热解气）的一部分送入煤热解反应器的辐射管中，作为燃气使用；另一部分送入燃气净化变换单元，生产天然气，或直接送至工业用户。

800～950℃热解高温半焦从反应器 3 的底部排出，经过 U 形阀送至气化炉

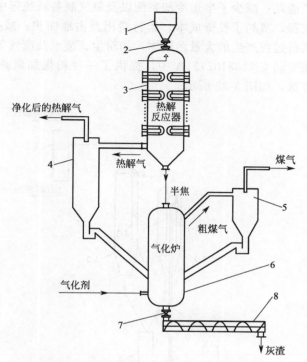

图 3-27 煤快速热解及气化的一体化系统

1—煤仓；2—进料阀；3—快速热解反应器；4—热解气旋风分离器；
5—煤气旋风分离器；6—气化炉；7—高温卸料阀；8—螺旋出料机

6；从热解反应器半焦出口输出的高温半焦通过输送系统进入气化炉 6 中均匀分布，气化炉 6 采用鼓泡式循环流化床，气化剂主要是蒸汽以及少量的氧气（蒸汽 75%，氧气 25%）；气化剂通过预热器预热到 650℃的温度，然后经过蒸汽喷嘴从气化炉 6 的底部进入，与炽热的半焦发生水煤气反应产生以一氧化碳和氢气为主要组分的粗煤气；粗煤气从气化炉顶部出来进入煤气高温旋风分离器 5，在旋风分离器 5 里面大部分的粉尘被收集下来通过回料阀送回气化炉 6 进行下一次的气化反应，粉尘反复参与气化反应，直至粗煤气中的碳反应完全；从高温旋风分离器中出来的煤气输入下游换热净化工艺流程，颗粒流回气化炉；气化炉产生的灰渣通过高温卸料阀 7 进入螺旋出料机 8，然后经过螺旋出料机排出，每段输出产品的显热可以通过预热回收系统进行余热的回收利用。

　　该煤快速热解及气化的一体化系统，将快速热解反应器与气化炉联合使用，由于快速热解反应器加热采取蓄热式辐射管，不需要提供热载体，热解反应器与气化炉相对独立，因此在与气化炉联用时，使用简单的方式就能将二者联用，克服了现有设备工艺复杂等缺点；并调整热解产物生产天然气，实现煤制气不同热值煤气的工艺，降低环境污染和生产成本，将热半焦送入气化炉，半焦的大量显热得到了有效的利用，实现了能量梯级利用，提高了气化系统的能量利用率，节约了能源降低了能耗；减少了半焦冷却系统以及氧气制备系统等中间环节，大大地简化了工艺流程，节约了投资成本、运行费用及占地面积；减少了中间环节，从而减少了其运行过程产生的大量污染物，如粉尘、废水及废气等。

荣先奎等在专利 CN108102721A 中，提供了一种粉煤加氢热解与气化一体化系统及处理方法，如图 3-28 所示。

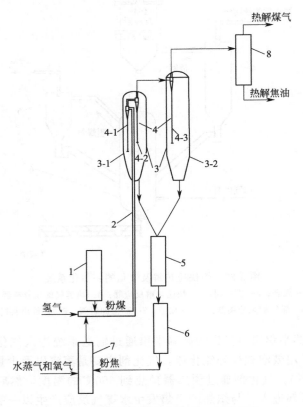

图 3-28　粉煤加氢热解与气化一体化系统
1—粉煤进料器；2—提升管反应器；3—沉降器；3-1——级沉降器；3-2—二级沉降器；
4—旋风分离器；4-1——级旋风分离器；4-2—二级旋风分离器；4-3—三级旋风分离器；
5—粉焦冷却器；6—粉焦进料器；7—气化炉；8—油气分离装置

实施例 A：

a. 将粒径为 0.8mm 的粉煤、合成气和氢气混合后在提升管反应器 2 内进行热解反应，反应温度为 950℃，反应压力为 9.0MPa，反应时间为 1s，得到热解产物；

b. 将步骤 a. 得到的热解产物分别在一级沉降器 3-1 和二级沉降器 3-2 内进行气固分离，所得气相产物在油气分离装置 8 内进行油气分离，得到热解焦油和热解煤气；

c. 将步骤 b. 气固分离得到的粉焦先在粉焦冷却器 5 内冷却处理，冷却处理温度为450℃，再进入气化炉7与水蒸气和氧气发生气化反应，反应温度为1650℃，反应压力为9.5MPa，得到的合成气进入提升管反应器2。

粉煤加氢热解与气化处理后，旋风分离器4的总分离效率为99.99%，热解焦油的产率为32%，热解煤气的产率为15%。

实施例B：

a. 将粒径为0.1mm的粉煤、合成气和氢气混合在提升反应器2内进行热解反应，反应温度为650℃，反应压力为3.0MPa，反应时间为5s，得到热解产物；

b. 将步骤a. 得到的热解产物在沉降器3内进行气固分离，所得气相产物在油气分离装置8内进行油气分离，得到热解焦油和热解煤气；

c. 将步骤b. 气固分离得到的粉焦先在粉焦冷却器5内冷却处理，冷却处理温度为300℃，再进入气化炉7与水蒸气和氧气发生气化反应，反应温度为1200℃，反应压力为3.3MPa，得到的合成气进入提升管反应器2。

粉煤加氢热解与气化处理后，旋风分离器的总分离效率为75.2%，热解焦油的产率为24%，热解煤气的产率为12.5%。

苗青等在专利CN203238224U中，提供了一种原煤多粒径分级热解气化一体化系统，如图3-29所示。

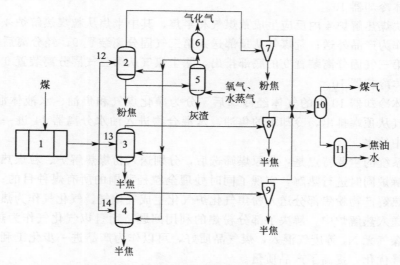

图3-29　原煤多粒径分级热解气化一体化系统

1—煤炭洗选筛分装置；2—粉煤热解炉；3—粒煤热解炉；4—块煤热解炉；
5—粉焦气化炉；6—气体洗涤净化装置；7—第一气固分离装置；8—第二气固分离装置；
9—第三气固分离装置；10—气体冷却器；11—油水分离器；12—<6mm的粉煤；
13—6~20mm的粒煤；14—20~80mm的块煤

该发明采用粉煤热解炉、粒煤热解炉和块煤热解炉3个热解炉，可以根据煤粒径和煤种类选择与之匹配的热解装置，可以解决所有煤种、全粒径煤的利用问题；结构简单，使用灵活，提高了能源利用效率，节约成本。

该系统的具体操作方法是：将原煤送入煤炭洗选筛分装置 1，经洗选筛分装置 1 洗选筛分后将煤分为粒径为＜6mm 的粉煤 12、6～20mm 的粒煤 13 和 20～80mm 的块煤 14；将粉煤 12、粒煤 13、块煤 14 分别送入粉煤热解炉 2、粒煤热解炉 3 和块煤热解炉 4，分别在 500～800℃下热解。

在粉煤热解炉 2 内反应生成荒煤气和粉焦，粉焦从粉煤热解炉 2 的底部排出分为两路，一路作为产品外送；另一路送入粉焦气化炉 5，在 950～1400℃的条件下气化，生成气化气和灰渣。其中灰渣从粉焦气化炉 5 的底部排渣口排出，气化气由顶端排出分为两路，一路作为热解载体分为 3 路分别送入粉煤热解炉 2、粒煤热解炉 3 和块煤热解炉 4，为热解提供热量；另一路作为气化气送入气体洗涤净化装置 6，经洗涤后从洗涤净化装置 6 的顶端排出，作为产品外排。热解炉 2 产生的荒煤气从其顶部排出送入第一气固分离装置，经分离后其中携带的粉焦从第一气固分离装置 7 的底部排出，除尘煤气从顶部排出进入气体冷却器 10。

在粒煤热解炉 3 内反应生成荒煤气和半焦，其中半焦从粒煤热解炉 3 的底部排出，作为产品外送；荒煤气从顶部送入第二气固分离装置 8，经分离后携带的半焦从第二气固分离装置 8 的底部排出，除尘煤气由第二气固分离装置 8 的顶端送入气体冷却器 10。

在块煤热解炉 4 内反应生成荒煤气和半焦，其中半焦从粒煤热解炉 4 的底部排出，作为产品外送；荒煤气从顶部送入第三气固分离装置 9，经分离后携带的半焦从第三气固分离装置 9 的底部排出，除尘煤气从第三气固分离装置 9 的顶端送入气体冷却器 10。

气体冷却器 10 内的气体经冷却后，分为净化煤气和焦油、水液体混合物；净化煤气从顶端排出，冷却下的焦油、水混合物进入油水分离器 11 进一步分离出焦油中的水。

该系统的主要特点是：将原煤筛选后，分别送入粉煤热解炉、粒煤热解炉和块煤热解炉同时进行热解，实现了同时处理全粒径范围的所有煤种目的；同时，将粉煤热解产物粉焦部分送入粉焦气化炉气化生成气化气，气化气作为热解热载体再次送入热解炉中，解决了部分粉焦的利用问题，而且以气化气作为热载体，产生的煤气无 $N_2$ 等废气混入，煤气品质好，可以作为产品进一步化工利用，实现了能量优化，提高了产品质量。

吴治国等在专利 CN105441138 中，公布了一种煤热解与气化的联合生产方法，其工艺流程如图 3-30 所示。

煤热解与气化联合生产的方法是：将原料煤经磨煤机磨后筛分，得到粒度为 0.15～3mm 的粗煤粉和粒度小于 0.15mm 的细煤粉。将粗煤粉以 30kg/h 送入流化床热解炉 1 中进行热解，操作温度为 550℃，操作压力为 0.1MPa。热解炉所需热量主要来自流化床气化炉 2 的高温半焦（950℃），且将来自流化床气化炉 2 的产物气体（950℃）部分送入热解炉 1 以使热解炉 1 实现流态化操作。热解炉出口温度为 450℃，其中携带的煤焦油经水洗冷却后与热解气体

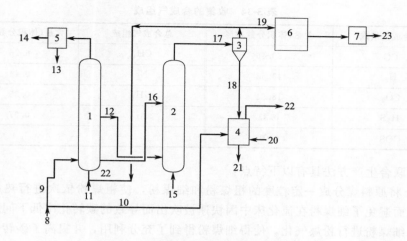

图 3-30　煤热解与气化联合生产工艺流程

1—热解炉；2—流化床气化炉；3—旋风分离器；4—粉煤气化炉；5—煤焦油处理系统；
6—换热器；7—合成气处理系统；8—原料煤；9—粗煤粉；10—细煤粉；11—过热水蒸气；
12—高温半焦；13—热解焦油；14—热解煤气；15，20—气化介质；16—半焦；
17—气体物流；18—固体颗粒；19，22—产物气体；21—灰渣；23—合成气

分离。热解炉出口固体（即半焦）进入流化床气化炉 2，流化床气化炉 2 采用的气化介质为水蒸气与氧气的混合气体（水蒸气与氧气的体积比为 7.1 : 1），操作温度为 1000℃，操作压力为 0.1MPa。气化炉出口气体携带的细的固体颗粒经旋风分离器 3 分离后进入粉煤气化炉 4，同时将上述细煤粉送入粉煤熔渣气化炉，在作为气化介质的富氧气体（氧气含量的体积分数约为 25%）作用下进行粉煤气化，操作温度为 1350℃，操作压力为 0.1MPa。其中，气化炉 4 采用熔融液态排渣，且两个气化炉产生的高温产物气体汇合后经冷却、除尘和净化进入合成器处理系统，收集合成气。其中，各段的物料流量如表 3-33 所示，收集的合成气组成如表 3-34 所示，并且通过计算得知原料煤的碳转化率为 99.2%。

表 3-33　各段的物料流量

| 物料名称 | 物料流量/(kg/h) |
| --- | --- |
| 热解炉 1 中粗煤粉进料 | 30 |
| 热解焦油 | 1.5 |
| 热解煤气 | 3.5 |
| 热解炉 1 去向流化床气化炉 2 的半焦 | 68.5 |
| 流化床气化炉 2 返回热解炉 1 的高温半焦 | 44.8 |
| 旋风分离器 3 去往换热器 6 的产物气体 | 17.3 |
| 旋风分离器 3 去往粉煤熔渣气化炉 4 的固体颗粒 | 3.2 |

表 3-34　收集的合成气组成

| 总合成气组成 | 含量(体积分数)/% | 总合成气组成 | 含量(体积分数)/% |
|---|---|---|---|
| CO | 30.46 | $CH_4$ | 6.26 |
| $H_2$ | 43.53 | $N_2$ | 0.44 |
| $CO_2$ | 18.51 | $NH_3$ | 0.35 |
| $H_2S$ | 0.37 | Ar | 0.07 |
| COS | 0.01 | | |

该联合生产方法具有以下特点:

① 将原料煤分成一定粒度的粗煤粉和细煤粉,使粗煤粉依次进行热解和气化,从而避免了细煤粉在流化床中因快速被吹出而导致的碳转化率低下问题;而且,将细煤粉进行粉煤气化,使得细煤粉得到了充分利用,并提高了碳转化率。

② 半焦在气化过程中产生的粒度较小的固体颗粒不返回半焦的气化过程和粗煤粉的热解过程,而是转入粉煤气化过程中进行利用,由此避免了粒度较小的固体颗粒对半焦气化过程中流态化的影响,降低了热解过程产生的气体和半焦气化过程产生的气体中携带的飞灰量。而且,半焦气化过程中产生的粒度较小的固体颗粒中无机质含量较高,将其转入粉煤气化过程,一方面解决了半焦气化过程的排灰问题;另一方面在粉煤气化过程中可以提高碳转化率,使得整个系统得到优化。

③ 将低温热解、半焦气化和粉煤气化耦合,实现了热、气、油和化学品的联供。

毛少祥等在专利 CN102433166A 中,公布了移动床粉煤热解与流化床粉焦气化耦合装置及耦合方法,其工艺流程如图 3-31 所示。

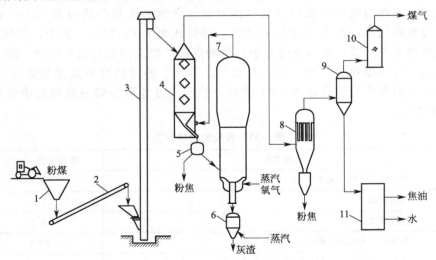

图 3-31　移动床粉煤热解与流化床粉焦气化耦合工艺流程

1—受煤坑;2—皮带输送机;3—斗提机;4—移动床粉煤热解炉;5—粉焦分流器;6—移动床冷渣器;7—流化床粉焦气化炉;8—除尘器;9—气体冷却器;10—静电除焦油器;11—分离器

该工艺流程的操作方法是：

首先将粒度小于 8mm 的粉煤由铲车推送至受煤坑 1，然后经过皮带输送机 2 输送至斗提机 3，再由斗提机 3 向移动床粉煤热解炉 4 连续稳定地加煤；粉煤在移动床粉煤热解炉 4 中经过数组相互重叠的散料锥、滑料盆，反复均匀滑落，不断同流化床粉焦气化炉 7 产生的热煤气进行反复迂回热交换，使粉煤在 500～600℃发生热解反应；热解产生的煤气、液态产物蒸气及夹带的粉焦由高温深度除尘器 8 进行深度除尘，经除尘后的热解煤气和焦油蒸气进入气体冷却器 9 冷却，冷凝下来的焦油和水进入分离器 11 分离出焦油，气体冷却器 9 出来的煤气经过静电除焦油器 10 进一步回收集油后进入净化系统；移动床粉煤热解炉 4 产生的粉焦经过分流器 5 分流控制，一部分返回流化床粉焦气化炉 7 气化生产煤气，另一部分作为半焦产品送出；流化床粉焦气化炉 7 底部排出的灰渣，经过移动床冷渣器 6 冷却后排出。移动床冷渣器的冷却介质采用饱和蒸汽，直接与灰渣接触换热；换热后直接进入流化床粉焦气化炉 7 作为气化剂使用，充分回收灰渣的显热。

煤气和焦油蒸气在高温条件下的高效除尘是关键，它关系到油品的质量。高温深度除尘器 8 设备壳体的材质为高温合金钢，主要由净气室、烧结金属网室、灰斗组成。未净化的煤气从灰斗进入除尘器，由烧结金属网净化，从净气室的出口流出除尘器。烧结金属网室采用圆筒形以便气流在设备中以活塞状流动，避免造成死角，提高设备安全性，而且内表面光滑，不积灰。灰斗为圆锥形，倾角大于 60°。用此设计一方面除尘器能承受较高的压力，另一方面保证不积灰。

高温深度除尘器 8 是一种高效除尘器，除尘效率在 98% 以上。经过高温深度除尘器 8 煤焦油的含尘量小于 0.1%，煤气中的粉尘含量由原来的 $5g/m^3$ 下降为 $5.0mg/m^3$，然后进入冷却回收系统。

除上述专利内容外，其他相关煤热解与半焦气化技术系统一体化的专利内容摘要见表 3-35。

表 3-35 我国相关煤热解与半焦气化技术系统一体化的专利内容摘要

| 序号 | 1 | 2 | 3 |
|---|---|---|---|
| 发明名称 | 一种基于低变质粉煤热解气化的 IGCC 多联产装置及方法 | 一种煤化工热解气化耦合一体化多联产系统及工艺 | 大型循环流化床热解气化联合装置 |
| 公开日期 | 2013-04-03 | 2015-02-25 | 2015-08-19 |
| 公布（告）号 | CN103013576A | CN103160296B | CN204574013U |
| 发明人 | 毛少祥,毕可军,柏林红,等 | 尚建选,闵小建,郑化安,等 | 任燕丽,巩李明,孙登科,等 |
| 摘要 | 一种基于低变质粉煤热解气化的 IGCC 多联产装置及方法，包括热解/气化系统、煤气净化系统、循环流化床锅炉、燃气轮机/蒸汽轮机系统；是将低变质粉煤经过低温热解和空气部分 | 一种煤化工热解气化耦合一体化多联产系统及工艺，包括备煤单元、热解-气化耦合系统 A 和多联产系统 B。所述多联产系统 B 包括与热解单元净化煤气出口连接的净化煤气分离单 | 一种大型循环流化床热解气化联合装置，以锅炉炉膛作为对称线或对称中心，成左右分布的 H 形；所述侧煤仓分别与热解气化炉和锅炉加料器的回料腿相连，锅炉回料器 |

续表

| 序号 | 1 | 2 | 3 |
|---|---|---|---|
| 摘要 | 气化,分质转化为煤气、焦油、半焦,再以高热值的半焦和煤气延伸发展的 IGCC 多联产工艺。本发明可清洁发电并联产焦油、硫黄及其他化工产品,对低变质粉煤分质转化的产物进行充分利用,可实现物质转换和能量转换的集成,资源利用率高,热能效率高。适用泥煤、褐煤、长焰煤、不黏煤等低变质粉煤,原料粒度范围在 0~8mm。流化床气化炉产出的高温煤气富含大量的氢气,实现粉煤加氢热解,焦油回收率可达到 12% 以上 | 元;与热解单元净化焦油出口连接的净化焦油分离单元;分别与气化单元净化气出口连接的化工产品合成单元和 IGCC 单元;净化焦油分离单元依次连接有煤焦油加氢精制单元和油品分离单元。本发明的煤化工热解气化耦合一体化多联产系统及工艺,将煤炭热解气化与油、气、化、电、热的生产过程进行了有机结合,实现了物质转化和能量转化的集成,达到了煤炭资源的分级利用、价值提升、利用效率和经济效益的最大化,提高能源利用效率 | 通过其回料腿与锅炉炉膛相连;侧煤仓设置于远离锅炉炉膛处,旋风分离器设置于靠近锅炉炉膛处,热解气化炉设置于侧煤仓和锅炉炉膛之间,一级煤气分离器、二级煤气分离器、返料装置、一级返料装置和二级返料装置设置于热解气化炉和锅炉炉膛之间。本发明采用 H 形布置+两侧布置热解气化炉相结合的方式,通过侧煤仓布置以兼顾循环流化床锅炉回料器的回料腿给料和热解气化炉给料,使得锅炉、侧煤仓、热解气化炉之间的连接装置更简单可靠 |

# 参 考 文 献

[1] 胡印军. 煤焦的 $CO_2$ 气化反应性热重研究 [D]. 西安:西北大学,2013.

[2] Lahaye J,Ehrbuger P. Fundamental issuses in control of carbon gasification reactivity [J]. Vol. 192NATO ASW series,Seres E:Applied Science. Dordrech:Kluwer Academic Academic Publishers,1991:1-34.

[3] 曾玺. 碎煤低焦油两段气化技术基础实验研究 [D]. 北京:中国科学院研究生院,2013.

[4] 文芳. 热重法研究煤焦 $H_2O$ 气化反应动力学 [J]. 煤炭学业报,2004,29 (3):350-353.

[5] 任立伟,魏蕊娣,王建森. 影响煤气化反应性的关键因素 [J]. 煤炭技术,2014 (8):282-284.

[6] 申凤山. 浅析煤种、煤质对气化的影响 [J]. 化工技术与开发,2003 (7):36-41.

[7] 王鹏,文芳,步学明,等. 煤焦与 $CO_2$ 及水蒸气气化反应的研究 [J]. 煤气与热力,2005,25 (3):1-6.

[8] 张林仙,黄戒介,房倚天,等. 中国无烟煤焦气化活性的研究 [J]. 燃料化学学报,2006,34 (3):265-269.

[9] 齐学军. 矿物质及 Fe 化合物对低阶煤气化催化反应机理的研究 [D]. 武汉:华中科技大学,2014.

[10] 邢康,唐庆杰. 半焦煤催化气化反应性的试验和研究 [J]. 中国煤炭,2013 (10):81-83.

[11] Koepsel R,Zabawski H. Catalytic effects of ash conponents in low-rank coal gasification 1,Gasification with carbon dioxide [J]. Fuel,1990,69 (3):275-281.

[12] Koepsel R,Zabawski H. Catalytic effects of ash conponents in low-rank coal gasification. 2,Gasification with carbon dioxide [J]. Fuel,1990,69 (3):282-288.

[13] 唐佳,王勤辉,岑可发,等. 比表面积和灰分对烟煤半焦气化的机理的影响 [J]. 中国电机工程学报,2015,35 (20):5244-5250.

[14] 佟芳芳. 含 $CO_2$ 气化剂煤气化反应性的研究 [D]. 西安:西安石油大学,2013.

[15] 房倚天,勾吉祥,王鸿瑜,等. 循环流化床 (CFB) 煤/焦气反应的研究 [J]:Ⅱ. 温度、氧含量及煤种对 CFB 气化反应的影响 [J]. 燃料化学学报,1999,27 (1):29-33.

[16] 苏德仁,尹秀丽,吴创之,等. 生物质流化床氧化-水蒸气气化实验研究 [J]. 燃料化学学报,

2012 (3)：309-314.

[17] 徐朝芬，孙路石，许凯，等．淮南煤焦在不同压力下的 $CO_2$ 反应性 [J]．煤炭学报，2012，37 (12)：2098-2101.

[18] 李乾军，章明耀，蒋斌．温度和压力对加压喷动流化床煤部分气化的影响 [J]．锅炉技术，2010，41 (4)：10-13.

[19] 方梦祥，王勤辉，骆仲泱，等．煤催化气化的技术的研究现状与进展 [J]．化工进展，2015，34 (10)：3656-3664

[20] 燃料教研组及燃 50 同学．褐煤半焦气化制造合成氨原料气的研究 [J]．华东化工学院学报，1960 (2)：14-17.

[21] Moschitto R，Pulsifer A H，Wheelock T D．半焦和褐煤在通电流化床反应器内的气化 [J]．李师伦，译．煤炭综合利用，1981 (2)：40-46，69.

[22] 本简，等．煤半焦的气化试验 [J]．门江泉，译．煤炭技术，1984 (1)：45-50，11.

[23] 王同华，林器．褐煤快速热解半焦的气化特性 [J]．燃料化学学报，1990，18 (1)：69-76.

[24] 余建立，肖兴国．用热分析法研究半焦气化动力学 [J]．东北大学学报，1994，15 (6)：613-617.

[25] Hampartounmian E，Pourkashanian E，Williams A，et al．Combustion rates of chars and carbonaceous residues [J]．Journal of the institute of energy，1989 (3)：48-56.

[26] 刘旭光，李保庆．DAEM 模型研究大同煤及其半焦的气化动力学 [J]．燃料化学学报，2000，28 (4)：289-293.

[27] 刘旭光，李保庆．分布活化能模型的理论分析及其在半焦气化和模拟蒸馏体系中的应用 [J]．燃料化学学报，2001，29 (1)：54-59.

[28] 孙庆雷，李文，李保庆．神木煤显微组分半焦的气化特性和气化动力学研究 [J]．煤炭学报，2002，27 (1)：92-96.

[29] Freund H．Kinetics of carbon gasification by $CO_2$ [J]．Fuel，1985，64 (5)：657-660.

[30] 朱子彬，张成芳，古泽建彦，等．活性点数对煤焦气化速率的评价 [J]．化工学报，1992，43 (4)：401-408.

[31] 朱子彬，马智华，张成芳，等．活性点数对煤焦气化反应的影响：Ⅰ．气化活性的评价 [J]．燃料化学学报，1994，22 (3)：321-328.

[32] Adschiri T，Takao N，Takehiko F．Characterization of coal char gasification rate [J]．AIChE Journal，1991，37 (6)：897-904.

[33] Radovic L R，Walker P L，Jenkins R G．Importance of carbon active sites in the gasification of coal chars [J]．Fuel，1983，62 (7)：849-856.

[34] Lizzio A A，Jiang H，Radovic L R，et al．On the kinetics of carbon (char) gasification：reconciling models with experiments [J]．Carbon，1990，28 (1)：7-9.

[35] Causton P，et al．Detemination of active surface areas of coal chars using a temperature programmed desorption technique [J]．Fuel，1985，64 (10)：1447-1452.

[36] Suzuki T，Inoue K W，atanabe Y．Temperature programmed desorption and $CO_2$-pulsed gasification of sodium-or iron-loaded Yallourn coal char [J]．Energy and fuel，1988，2 (5)：673-679.

[37] Zhang Z G，Kyotani T，Tomita A．TPD study on coal chars chem is orbed with oxygen-containing gase [J]．Energy and fuel，1988，2 (5)：679-684.

[38] Zhuang Q L，KyotaniT，Tomita A．DRIFT and TK/TPD analyses of surface oxygen complexes formed during carbon gasification [J]．Energy and fuel，1994，8：714-718.

[39] 牛宇岚．TPD 法研究平朔煤半焦的灰分在气化中的作用 [J]．华北工学院学报，2002，23 (5)：329-333.

[40] 杨帆，周志杰，王辅臣，等．神府煤焦与水蒸气、$CO_2$ 气化反应特性研究 [J]．燃料化学学报，2007，35 (6)：660-666.

[41] 赵红涛，武建军，肖伟，等. 伊宁长焰煤半焦催化气化的研究 [J]. 化工技术与开发，2011，40 (7)：33-35，59.

[42] 孙德财，张聚伟，赵义军，等. 粉煤气化条件下不同粒径半焦的表征与气化动力学 [J]. 过程工程学报，2012，12 (1)：68-74.

[43] 沈强华，刘云亮，陈雯，等. 照通褐煤半焦气化特性的研究 [J]. 煤炭转化，2012，35 (1)：24-27.

[44] 林善俊，李献宇，丁路，等. 内蒙煤焦 $CO_2$ 气化过程的结构演变特性 [J]. 燃料化学学报，2016，44 (12)：1409-1415.

[45] 高冰，张建良，左海滨，等. 高炉用冶金焦与兰炭气化反应行为研究 [J]. 煤炭转化，2015，38 (2)：62-65.

[46] 方顺利，姚伟，刘家利，等. 乌拉盖褐煤半焦气化特性试验 [J]. 热力发电，2017，46 (12)：75-79.

[47] 季颖，曾玺，余剑，等. 微型流化床反应分析仪器煤半焦水蒸气气化反应特性 [J]. 化工学报，2014，65 (9)：3447-3456.

[48] 王芳，曾玺，余剑，等. 微型流化床中煤焦水蒸气气化反应动力学研究 [J]. 沈阳化工大学学报，2014，28 (3)：213-219.

[49] 汪寿建. 兰炭固定床连续气化制备清洁燃料气的应用与实践 [J]. 化肥设计，2017，55 (5)：5-10.

[50] 胡贤贤. 兰炭在鲁奇气化炉中的应用 [J]. 山西化工，2018 (5)：186-187.

[51] 尚建选，马宝歧，张秋民，等. 低阶煤分质转化多联产技术 [M]. 北京：煤炭工业出版社，2013.

[52] 王宁波，黄勇. 粉煤加压热解-气化一体化技术（CCSI）的研究开发及工业化试验 [J]. 煤化工，2018，46 (1)：6-9.

[53] 杨会民，张健，孙少壳，等. 粉煤加压热解-气化一体化技术（CCSI）探讨 [J]. 化肥设计，2018，56 (6)：20-23.

[54] 龙东生. 低阶粉煤热解-气化一体化装置构想 [J]. 洁净煤技术，2017，23 (5)：46-49.

[55] 王玉丽，吴道洪. 粉煤热解气化一体化反应器：CN206887041U [P]. 2018-01-16.

[56] 小水流广行，小营克志，景山正人，等. 煤的热解气化方法及热解气化装置：CN102939361B [P]. 2015-07-15.

[57] 高瑞，代正华，黄波，等. 耦合热解-气化过程的两段气流床工艺模拟研究 [J]. 化学工程，2019，47 (4)：69-74.

[58] 许修强，王永刚，张书，等. 褐煤原位气化半焦的反应性及微观结构的演化行为 [J]. 燃料化学学报，2015，43 (3)：273-280.

[59] 林东杰，刘春雷，甘晓雁，等. 一种粉煤高压气化热解一体化装置：CN208087556U [P]. 2018-11-13.

[60] 董利，许光文，汪印，等. 煤热解气化高值利用的方法及其装置：CN101781583B [P]. 2014-02-26.

[61] 孙延林，曾玺，王芳，等. 低阶碎煤流化床两段气化中试试验 [J]. 煤炭学报，2017，42 (5)：1297-1303.

[62] 尚建选. 气化-低阶煤热解一体化（CGPS）技术工业试验 [R]. 2016.

[63] 王勇. 一种低变质烟煤热解-半焦气化特性研究 [D]. 西安：西北大学，2013.

[64] 邹亮，王鹏飞，吴治国，等. 低阶煤固定流化床热解及半焦气体实验研究 [J]. 石油炼制与化工，2018，49 (6)：5-11.

[65] 李生忠，常胜良，谢善清，等. 一种煤快速热解及气化的一体化系统及方法：CN107858177A [P]. 2018-03-30.

[66] 荣先奎，沈和平，陈树群. 一种粉煤加氢热解与气化一体化系统及其处理方法：CN108102721A

[P]．2018-06-01.

[67] 苗青，张志刚，樊英杰，等．一种原煤多粒径分级热解气化一体化系统：CN203238224U [P]．2013-10-16.

[68] 吴治国，王蕴，王鹏飞，等．一种煤热解与气化的联合生产方法：CN105441138B [P]．2017-11-03.

[69] 毛少祥，毕可军，柏林红，等．移动床粉煤热解与流化床分焦气化耦合装置及耦合方法：CN102433166A [P]．2012-05-02.

[70] 毛少祥，毕可军，柏林红，等．一种基于低变质粉煤热解气化的 IGCC 多联产装置及方法：CN103013576A [P]．2013-04-03.

[71] 尚建选，闵小建，郑化安，等．一种煤化工热解气化耦合一体化多联产系统与工艺：CN103160296B [P]．2015-02-25.

[72] 任燕丽，巩李明，孙登科，等．大型循环流化床热解气化联合装置：CN204574013U [P]．2015-08-19.

[73] 肖廷文．高压多级流化床热解-加氢-气化一体化技术及核心设备一体化炉探讨 [J]．煤化工，2017，45（6）：32-35.

[74] 李保顺，孟洪君．HYGAS 气化技术及应用分析 [J]．燃料与化工，2016，47（3）：29-32.

# 4

# 煤热解与气相焦油裂解
# 耦合一体化

在煤热解生产过程中，将其产物荒煤气进行除尘、冷凝、冷却、电捕除油等处理，可获得产品煤焦品，其产率为 10%～12%（以半焦计）。以煤焦油为原油可进一步加工制得酚系产品、石脑油、燃料油品（汽油馏分、柴油馏分）、基础油、芳烃系产品等。该传统工艺流程长而复杂、投资大、能耗高、效率低。为了改变传统工艺的技术工艺模式，国内外研究者对荒煤气中的气相焦油裂解（催化或非催化）进行了系统研究，为实现煤热解与气相焦油裂解耦合一体化创造了条件。

## 4.1 煤焦油裂解概述

### 4.1.1 煤焦油基本特征

煤焦油是煤炭在干馏或热解及气化过程中得到的液体产品。根据生产方法的不同可得到以下几种焦油：高温煤焦油，简称高温焦油（900～1000℃）；中温立式炉煤焦油，简称中温焦油（650～800℃）；中低温气化炉煤焦油，简称中低温焦油（600～800℃）；低温热解焦油，简称低温焦油（450～650℃）。

无论哪种煤焦油均为具有刺激性臭味的黑色或黑褐色的黏稠状液体，简称焦油。

#### 4.1.1.1 高温煤焦油

高温煤焦油的组成和物理性质波动范围较大，这主要取决于炼焦煤组成和炼焦操作的工艺条件。所以，对于不同的焦化厂来说，各自生产的煤焦油质量和组成是有差别的。中国高温煤焦油的技术指标见表 4-1。

表 4-1　中国高温煤焦油的技术指标

| 指标名称 | 指标（YB/T 5075—2010） | |
| --- | --- | --- |
| | 1 号 | 2 号 |
| 密度(20℃)/(g/cm³) | 1.15～1.21 | 1.13～1.22 |
| 甲苯不溶物(无水基)/% | 3.5～7.0 | ≤9.0 |
| 灰分/% | ≤0.13 | ≤0.13 |

续表

| 指标名称 | 指标(YB/T 5075—2010) | |
| --- | --- | --- |
| | 1 号 | 2 号 |
| 水分/% | ≤3.0 | ≤4.0 |
| 恩氏黏度 $E_{80}$ | ≤4.0 | ≤4.2 |
| 萘含量(无水基)/% | ≥7.0 | ≥7.0 |

（1）物理性质

① 闪点、自燃点和燃烧热。焦油闪点为 96～105℃，自燃点为 580～630℃，燃烧热为 35700～39000kJ/kg。

根据 GB 50016—2014《建筑设计防火规范（2018 年版）》生产的火灾危险性分类规定，焦油属于丙类可燃液体。

② 密度。焦油在 20℃的密度为 1.10～1.25g/cm³，通常密度随温度的升高而降低。焦油在 20℃以上时的密度（$d_t$）可用下式计算：

$$d_t = d_{20} - 0.0007(t-20)$$

式中　$d_{20}$——焦油在 20℃的密度，g/cm³；

　　　$t$——实测密度时的温度，℃。

③ 黏度。焦油的运动黏度可用下式计算：

$$\lg(100\nu + 0.8) = 13.80 - 5.33\lg T$$

式中　$\nu$——运动黏度，cm²/s；

　　　$T$——温度，K。

实际应用多采用恩氏黏度，即在一定温度下，液态焦油从恩氏黏度计中流出 200mL 所需的时间（s）与水在 20℃时流出 200mL 的时间（s）之比值，用 $E_t$ 表示。一般焦油的恩氏黏度见表 4-2。

表 4-2　不同温度下焦油的恩氏黏度

| 温度/℃ | 40 | 80 | 150 |
| --- | --- | --- | --- |
| 恩氏黏度 $E_t$ | 20～30 | 3～5 | 1～2 |

④ 质量热容。焦油在不同温度时的质量热容可用下式计算：

$$c_t = \frac{1}{d_{15}}(1.419 + 0.00519t)$$

式中　$c_t$——质量热容，kJ/(kg·℃)；

　　　$d_{15}$——焦油在 15℃的相对密度；

　　　$t$——温度，℃。

焦油在不同温度范围的平均质量热容见表 4-3。

表 4-3　不同温度范围下焦油的平均质量热容

| 温度范围/℃ | 20～100 | 25～137 | 25～184 | 25～210 |
| --- | --- | --- | --- | --- |
| 平均质量热容/[kJ/(kg·℃)] | 1.650 | 1.729 | 1.880 | 2.100 |

⑤ 蒸发潜热。焦油的蒸发潜热可用下式计算：

$$\lambda = 494.1 - 0.67t$$

式中　$\lambda$——焦油的蒸发潜热，kJ/kg；

　　　$t$——温度，℃。

（2）化学组成　高温煤焦油是由多种有机物质组成的高芳香度的碳氢化合物的复杂混合物。其化学组成几乎完全是芳香族化合物，绝大部分为带侧链的多环、稠环化合物和含氧、硫、氮的杂环化合物，并含有少量脂肪烃、环烷烃和不饱和烃以及煤尘、焦尘和热解炭。

焦油组分总数估计在 1 万种左右。从中已分离并认定的单种化合物约 500 种，占焦油总量的 55%。焦油中含量超过或接近 1% 的化合物仅有 10 种左右，约占焦油总量的 30%。焦油的主要组成见表 4-4。

表 4-4　焦油的主要组成

| 化合物名称 | | 在焦油中的质量分数/% | 化合物名称 | | 在焦油中的质量分数/% |
|---|---|---|---|---|---|
| 碳氢化合物 | 苯 | 0.12～0.15 | 含氮化合物 | 吡啶 | 0.03 |
| | 甲苯 | 0.18～0.25 | | 2-甲基吡啶 | 0.02 |
| | 二甲苯 | 0.08～0.12 | | 喹啉 | 0.18～0.30 |
| | 茚 | 0.25～0.3 | | 异喹啉 | 0.1 |
| | 苯的高沸点同系物 | 0.8～0.9 | | 2-甲基喹啉 | 0.1 |
| | 四氢化萘 | 0.2～0.3 | | 菲啶 | 0.1 |
| | 萘 | 8～12 | | 7,8-苯并喹啉 | 0.2 |
| | 1-甲基萘 | 0.8～1.2 | | 2,3-苯并喹啉 | 0.2 |
| | 2-甲基萘 | 1.0～1.8 | | 吲哚 | 0.1～0.2 |
| | 联苯 | 0.2～0.4 | | 咔唑 | 0.9～2.0 |
| | 二甲基萘 | 1.0～1.2 | | 吖啶 | 0.1～0.6 |
| | 苊 | 1.2～2.5 | 含氧化合物 | 苯酚 | 0.2～0.5 |
| | 芴 | 1.0～2.0 | | 邻甲酚 | 0.2 |
| | 蒽 | 0.5～1.8 | | 间甲酚 | 0.4 |
| | 菲 | 4～6 | | 对甲酚 | 0.2 |
| | 甲基菲 | 0.9～1.1 | | 二甲酚 | 0.3～0.5 |
| | 荧蒽 | 1.8～2.5 | | 高级酚 | 0.75～0.95 |
| | 芘 | 1.2～2.0 | | 苯并呋喃 | 0.04 |
| | 苯并芴 | 1.0～1.1 | | 二苯并呋喃 | 0.5～1.3 |
| | 䓛 | 0.65～1.0 | 含硫化合物 | 硫茚 | 0.3～0.4 |
| | | | | 硫芴 | 0.4 |

#### 4.1.1.2　中温煤焦油

（1）烟煤中温热解煤焦油　黄绵延对陕西省神木市长焰煤在内热式直立炉于800℃进行热解所得煤焦油的性质和组成进行了研究，见表4-5和表4-6。

**表4-5　中温煤焦油的性质**

| 性质 | 指标 | 性质 | 指标 |
|---|---|---|---|
| 密度(20℃)/(g/cm$^3$) | 1.064 | 灰分/% | 0.038 |
| 恩氏黏度 $E_{80}$ | 2.03 | 水分/% | 4.3 |
| 苯不溶物/% | 1.26 | | |

**表4-6　中温煤焦油中几种组分的含量（质量分数）**　　　　单位：%

| 组分名称 | 组分含量 | | 组分名称 | 组分含量 | |
|---|---|---|---|---|---|
| | 中温焦油 | 高温焦油 | | 中温焦油 | 高温焦油 |
| 萘 | 2.84 | 8~12 | 苊 | 0.50 | 1.2~2.5 |
| 喹啉 | 1.30 | 0.18~0.3 | 芴 | 1.42 | 1~2 |
| 异喹啉 | 0.62 | 0.1 | 菲 | 1.69 | 4~6 |
| β-甲基萘 | 2.30 | 0.8~1.2 | 蒽 | 0.41 | 0.5~1.8 |
| α-甲基萘 | 0.95 | 1.0~1.8 | 咔唑 | 1.0 | 0.9~2 |

由表4-6可知，陕西神木市中温煤焦油没有充分进行二次热分解和芳构化反应，故稠环烃含量比高温煤焦油低得多。

研究结果表明，在180~230℃馏分中粗酚的含量：苯酚为10%，对甲酚约为19%，2,5-二甲酚约为7%，3,5-二甲酚约为6%，2,6-二甲酚大于1%，2,4-二甲酚大于1%，2,3-二甲酚和3,4-二甲酚均约为1%；在230~300℃馏分中粗酚的含量：对甲酚大于5%，3,5-二甲酚约为4%，2,5-二甲酚约为4%，邻甲酚约为2%，苯酚大于1%，2,3-二甲酚接近1%，2,4-二甲酚、2,6-二甲酚和3,4-二甲酚均小于1%。

由上述分析数据可见，粗酚中甲酚和二甲酚含量高。在180~300℃馏分段的粗酚中，高级酚占40%~50%。以粗酚为原料，通过精馏方法可以获得工业苯酚、甲酚和二甲酚。

总之，内热式直立炉长焰煤中温焦油的组成与普通的高温焦油相比，有较大差别。长焰煤中温煤焦油酚类化合物含量约为15%，其中高级酚占40%以上，在蒸馏切取的300℃前馏分中甲酚和二甲酚含量高于苯酚；而高温煤焦油酚类化合物含量为1%~2.5%，其中主要是低级酚。长焰煤中温煤焦油两环以上的芳烃化合物含量比高温焦油低，如萘含量小于3%，而高温焦油萘含量一般为10%~12%。

（2）褐煤中温热解焦油　董振温等以舒兰褐煤为原料，在700℃条件下进行快速热解，对其产生的中温煤焦油进行了系统分析研究（表4-7），并与大连煤气二厂炼焦炉1000℃生产的高温焦油作了对比。

表 4-7　原料焦油的蒸馏和抽提结果对比

| 项目 | | 蒸馏法 | | CS₂ 抽提法 | | | |
|---|---|---|---|---|---|---|---|
| | | 中温焦油 | 大连煤气二厂高温焦油 | 中温焦油 | | | 大连煤气二厂高温焦油 |
| | | | | (1) | (2) | 平均 | |
| 原料焦油 | 质量/g | 184.3 | 252.0 | 1.1824 | 1.2587 | — | 1.4618 |
| | 水分含量/% | 30.4 | 18.8 | 11.58 | 16.49 | — | 1.50 |
| | 游离碳含量/% | 3.8 | 3.2 | 3.8 | 3.8 | — | 3.2 |
| 焦油质量/% | | 128.2 | 205.1 | 1.0458 | 1.0511 | — | 1.4398 |
| 蒸馏(溶出)残重/% | | 68.7 | 158.1 | 0.1682 | 0.1981 | — | 0.4804 |
| 80～120℃馏分占焦油百分数/% | | 14.7 | 8.58 | — | — | — | — |
| 120～280℃馏分占焦油百分数/% | | 28.2 | 14.0 | — | — | — | — |
| 总馏出(溶出)物占焦油百分数/% | | 42.9 | 20.6 | 83.92 | 81.15 | 82.54 | 66.63 |
| 蒸馏损失占原料焦油百分数/% | | 2.5 | 1.9 | — | — | — | — |

　　由表 4-7 可见，中温焦油 80～120℃和 120～280℃馏分分别占焦油的 14.7%和 28.2%，280℃馏出物总量占焦油的 42.9%（以无水焦油计，下同），都比高温焦油高一倍多。由 CS₂ 抽提结果可知，高温焦油中含有较多的聚合物等难溶物质，而可溶物只有 66.63%，比快速热解焦油约低 16%。

表 4-8　焦油中各类组分的含量（质量分数）　　　　单位：%

| 项目 | | 快速热解 | | | 大连煤气二厂 | |
|---|---|---|---|---|---|---|
| | | 中温焦油 | | | 高温焦油 | |
| | | 色谱法 | | 化学法 | 色谱法 | 化学法 |
| | | 蒸馏法 | CS₂ 提取法 | | 蒸馏法 | |
| 218℃前组分 | 中性油含量 | 8.24 | 8.38 | — | 1.40 | — |
| | 酸性油含量 | 6.84 | 7.25 | — | 0.90 | — |
| | 碱性油含量 | 0.81 | 0.87 | — | 0.03 | — |
| | 小计 | 15.89 | 16.50 | — | 2.33 | — |
| | 萘含量 | 3.86 | 3.95 | — | 11.91 | — |
| 245℃前组分（化学法为280℃馏分） | 中性油含量 | 14.79 | 15.83 | 30.80 | 15.46 | 17.09 |
| | 酸性油含量 | 6.84 | 7.25 | 10.50 | 0.90 | 1.55 |
| | 碱性油含量 | 1.12 | 1.23 | 1.60 | 0.47 | 0.76 |
| | 合计 | 22.75 | 24.31 | 42.90 | 16.83 | 20.6[①] |

① 表示损失为 1.2%。

　　中温焦油和高温焦油中各类组分的含量及分布列于表 4-8。由表 4-8 可见，中温焦油与高温焦油相比，其特点是轻组分多（沸点 218℃以前的组分总量，中温焦油为 16.5%，高温焦油只有 1.10%～2.33%），萘含量显著减少（中温焦油为 3.95％，高温焦油为 11.91％）；中温焦油 245℃ 以前馏出量占焦油总量的 24.31％，在 245～280℃ 馏分中尚有 18.5％ 的化合物没有馏出，而高温焦油只有 3.77％。在中温焦油中尚有大量萘的衍生物、苊、芴、联苯等二元环化合物。由研究结果可知：

① 酚类组分的分布。中温焦油含酚达 10.5％，其中沸点高于 245℃ 的仅占 34.9％，而 65.1％ 的酚类物质都是沸点较低的简单酚，其中苯酚和甲酚占焦油中酚类总量的 59.9％。高温焦油含酚类的相对组成与中温焦油相近，但其总含量仅有 1.55％，远较中温焦油为低。

② 碱性组分的分布。煤焦油中碱性组分的含量一般较较少，中温焦油为 1.6％，其中 70％ 已在 245℃ 以前馏出，结构最简单的吡啶和甲基吡啶占焦油中碱性组分总量的 50.2％。碱性组分的种类多而含量少。

③ 焦油中性油组成。中温焦油中的苯及其衍生物占中性油总量的 12.51％，萘只占 12.5％；而高温焦油中的萘占中性油总量的 69.67％，苯的衍生物仅有 1％。中温焦油萘以前的轻组分及萘以后的重组分都远较高温焦油为多，其中尚含有大量苯乙烯，也为高温焦油所少见。

### 4.1.1.3 中低温煤焦油

（1）烟煤气化中低温焦油 王西奎等对烟煤气化煤焦油性质和组成作了系统分析研究，推测鉴定出各类有机化合物 400 余种，对其中的脂肪烃、多环芳烃、酚类化合物和含氮杂环化合物进行了定量分析；分离鉴定出 66 种 1～3 环的酚类化合物，对其进行了定量测定；共鉴定出 78 种 2～6 环的各类多环芳烃化合物，并对各组分进行了定量分析。

鲁奇炉煤气化煤焦油样品的元素和组分分析结果见表 4-9 和表 4-10。

表 4-9 煤焦油样品的元素分析结果（质量分数）    单位：％

| 元素 | C | H | N | O | S | 总计 |
|------|------|------|------|------|------|------|
| 含量 | 82.46 | 8.17 | 0.54 | 5.04 | 3.79 | 100.00 |

表 4-10 煤焦油组分分析结果（质量分数）    单位：％

| 组分 | 含量 | 组分 | 含量 |
|------|------|------|------|
| 水分 | 25.5 | 焦油物质 | 66.6 |
| 灰分和游离碳 | 2.5 | 总计 | 96.1 |
| 水溶性物质 | 1.5 | | |

侯一斌等用气相色谱-质谱法对烟气化中低温煤焦油进行了分析，从族组成分类看，脂肪族化合物的相对质量分数为 53.01％，主要为正构饱和烷烃；芳香族化合物的相对质量分数为 45.34％，主要为苯、萘、芴、菲及其取代物。

同焦炉高温煤焦油相比，鲁奇炉煤气化煤焦油在化合物种类和含量上有明显的特点。表 4-11 比较了两种煤焦油各主要组分的含量。

**表 4-11　鲁奇炉煤气化煤焦油与焦炉高温煤焦油各主要组分的比较（质量分数）**

单位：%

| 项目 | 鲁奇炉中低温煤焦油 | 焦炉高温煤焦油 |
|---|---|---|
| 脂肪烃 | 18.1 | 11.8 |
| PAH（多环芳烃） | 23.9 | 58.4 |
| 中性极性化合物 | 25.9 | 5.3 |
| 酸性化合物 | 14.5 | 2.9 |
| 碱性化合物 | 2.2 | 1.9 |
| 总计 | 84.6 | 80.3 |

从表 4-11 中的数据可以看出，鲁奇炉焦油中的 PAH 仅是高温焦油的 40%，而中性极性化合物和酸性化合物的含量却是高温焦油的 5 倍，脂肪烃的含量也明显高于高温焦油。从气相色谱-质谱定性分析结果可知，鲁奇炉焦油中的中性极性化合物主要是醚、酮、酚等含氧化合物，其中尤其以脂肪族化合物为多。由此可见，鲁奇炉煤气化煤焦油中的 PAH 含量较低，脂肪族化合物和各种含氧化合物含量较高。这种差异可以从两者形成条件的不同得到解释。焦炉高温煤焦油是在 1000℃ 以上的高温和缺氧条件下由煤干馏生成的，正是形成 PAH 的有利条件。鲁奇炉煤气化工艺是在气化炉中将煤与氧气、水蒸气在一定压力和较低温度（500～800℃）下反应产生煤气和焦油的，低温不利于 PAH 的生成，而富氧则易于使烃类化合物氧化产生醚、酮、酚等含氧化合物。

（2）褐煤气化中低温焦油　李洪文等对沈北褐煤在鲁奇炉气化过程中产生的中低温煤焦油进行了研究，并与高温煤焦油进行了对比（表 4-12）。

**表 4-12　焦油物性参数及元素分析结果**

| 项目 | 密度（20℃）/(g/cm³) | 凝固点/℃ | 残炭/% | 游离碳/% | 恩氏黏度 | 灰分/% | 水分/% | 元素分析结果 | | | |
|---|---|---|---|---|---|---|---|---|---|---|---|
| | | | | | | | | C/% | H/% | N/% | H/C 原子比 |
| 中低温焦油 | 0.98 | 17.5 | 2.49 | 0.65 | 1.20 | 0.02 | 1.20 | 69.85 | 7.79 | 1.33 | 1.34 |
| 高温焦油 | 1.23 | 1.0 | 27.70 | 6.12 | 4.32 | 0.05 | 1.50 | 82.24 | 4.65 | 0.96 | 0.68 |

由表 4-12 可见，两种焦油的宏观物性之间有很大的差别。鲁奇炉焦油的 H/C 原子比相当高，比高温焦油高近一倍。这些差别反映出鲁奇炉焦油整体质量较轻，石蜡含量高，芳构化和缩合程度低。

表 4-13 为焦油的溶剂萃取和族组成分离结果。由表 4-13 可知，鲁奇炉焦油的正戊烷溶解物（油）含量特别高（88.28%），而沥青烯、苯不溶物很少，表明其大部分为相对分子质量较低的物质。相反，高温焦油含沥青烯和苯不溶物这类中、高相对分子质量的物质较多，分别为 35.70% 和 10.72%，而低分子量的油相对较少。

表 4-13　焦油溶剂萃取和族组成分离结果（质量分数）　　　单位：%

| 项目 | 正戊烷溶解物（油） | | | | 沥青烯 | 苯不溶物 |
|---|---|---|---|---|---|---|
| | 总量 | 脂肪族 | 芳香族 | 极性物 | | |
| 中低温焦油 | 88.28 | 19.93 | 45.54 | 33.22 | 10.9 | 0.82 |
| 高温焦油 | 53.58 | 微量 | 92.89 | 4.95 | 35.70 | 10.72 |

正戊烷溶解物（油）的柱色层分离结果进一步揭示出焦油的族组成情况。鲁奇炉焦油含脂肪烃和极性物较多，它们占油馏分的 53.15%，具有明显的脂肪烃和极性物特征，而与高温焦油有根本差别；后者为典型的芳香型焦油，芳烃占油馏分的 92.89%。

#### 4.1.1.4　低温煤焦油

（1）低温焦油的一般性质　高挥发分烟煤和褐煤的低温焦油一般性质见表 4-14 和表 4-15。

表 4-14　烟煤低温焦油的一般性质（干基）

| 性质 | | 烟煤 A | 烟煤 B | 烟煤 C |
|---|---|---|---|---|
| 密度(20℃)/(g/cm³) | | 1.008 | 1.0289 | 1.042 |
| 恩氏黏度 $E_{50}$ | | 3.68 | 4.22 | 5.32 |
| 凝固点/℃ | | 32 | 22 | −3 |
| 恩氏蒸馏试验/℃ | 初馏点 | — | 201 | 78.5 |
| | 蒸出 10% | 256 | 236 | 185 |
| | 蒸出 20% | 286 | 270 | 237 |
| | 蒸出 30% | 312 | 300 | 286 |
| | 蒸出 40% | 337 | 330 | 331 |
| | 蒸出 50% | 353 | 350 | 350 |
| 沥青质(石油醚不溶物)/% | | 3.15 | 5.94 | 9.18 |
| 石蜡含量/% | | 9.25 | 5.5 | 0.42 |
| 苯不溶物/% | | — | 0.61 | 0.8 |
| 碱性组分/% | | 4.2 | 2.5 | — |
| 酚类组分/% | | 36.5 | 40.6 | 4.0 |
| 焦油元素组成 | C/% | 84.4 | 84.36 | 83.06 |
| | H/% | 10.36 | 8.85 | 8.53 |
| | O/% | 4.32 | 6.00 | 6.03 |
| | N/% | 0.61 | 0.48 | 0.82 |
| | S/% | 0.31 | 0.32 | 1.56 |
| | C/H | 8.15 | 9.53 | 9.72 |

**表 4-15　褐煤低温焦油的一般性质（干基）**

| 性质 | | 褐煤 A | 褐煤 B | 性质 | 褐煤 A | 褐煤 B |
|---|---|---|---|---|---|---|
| 密度(20℃)/(g/cm³) | | 0.93～1.0 | 0.9822 | 石蜡含量/% | 16.5～18.8 | 9.7 |
| 恩氏黏度 $E_{50}$ | | — | — | 苯含量/% | — | 3.4 |
| 凝固点/℃ | | 33～46 | 29 | 酚类组分/% | 11～14 | 4.0 |
| 闪点/℃ | | 150～180 | — | 碱性组分/% | — | 6.1 |
| 蒸馏试验 | 初馏点/℃ | 250～300 | 144 | C/% | 80.52～83.26 | 80.84 |
| | 300℃前/% | 4 | 21.8 | H/% | 9.15～10.55 | 9.86 |
| | 330℃前/% | 7～18 | 67(350℃) | S/% | 1.97～2.03 | 0.64 |
| | 380℃前/% | 22～40 | — | O/% | 2.69～3.79 | 7.75 |
| 沥青质(石油醚不溶物)/% | | — | 7.0 | N/% | | 0.91 |
| | | | | C/H | 8.8～7.9 | 8.2 |

（2）烟煤低温焦油的组成　王树东等在 500～550℃ 条件下，对陕西神府烟煤进行了热解，并对其煤焦油的基本性质进行了测定，其结果为：相对密度（$d_4^{20}$）1.18、凝固点 16℃、康氏残炭 18.2%、灰分 0.21%、焦油小于 420℃ 馏分的相对密度（$d_4^{20}$）0.9769、凝固点 6.1℃、恩氏黏度（$E_{20}$）2.79。

低温煤焦油由于热解原料和条件的差异，在化学组成上有很大不同；特别是非烃类含量很高，酚类化合物含量占干基焦油的一半左右。表 4-16、表 4-17 为我国大同烟煤、抚顺烟煤的低温焦油化学组成。

**表 4-16　大同烟煤低温焦油的化学组成**

| 项目 | | <170℃馏分 | 170～230℃馏分 | 230～270℃馏分 | 270～300℃馏分 | >300℃馏分 |
|---|---|---|---|---|---|---|
| 产率(质量分数)/% | | 0.7 | 12.4 | 10.7 | 8.3 | 67.6 |
| 酸性组分(体积分数)/% | | — | 53.4 | 37.8 | 27.1 | — |
| 碱性组分(体积分数)/% | | — | 2.1 | 2.6 | 3.5 | — |
| 中性油组分(体积分数)/% | 芳烃 | — | 6.91 | 9.77 | 6.59 | |
| | 烷烃 | — | 43.94 | 53.94 | 52.09 | |
| | 环烷烃 | — | 49.15 | 36.29 | 41.32 | |

**表 4-17　抚顺烟煤低温焦油的化学组成**

| 项目 | <200℃馏分 | 200～325℃馏分 | 325～400℃馏分 | 全馏分 |
|---|---|---|---|---|
| 中性油(无水基,体积分数)/% | 4.99 | 16.0 | 13.8 | 34.8 |
| 酸性组分(体积分数)/% | 3.07 | 11.0 | 5.2 | 19.3 |
| 碱性组分(体积分数)/% | 0.26 | 1.02 | 0.8 | 2.1 |
| 总计/% | 8.32 | 28.02 | 19.8 | 56.2 |

续表

| 项目 | | | <200℃<br>馏分 | 200~325℃<br>馏分 | 325~400℃<br>馏分 | 全馏分 |
|---|---|---|---|---|---|---|
| 中性油组分<br>(体积分数)/% | 烷烃 | | 29.2 | 20.5 | 36.7 | |
| | 烯烃 | | 20 | 14.4 | — | |
| | 芳烃 | 单环芳烃 | 42.3 | 24.1 | 13.0 | |
| | | 多环芳烃 | — | 28.8 | 30.5 | |
| | 非烃类 | | 8.2 | 12.2 | 19.8 | |
| 总计/% | | | 100 | 100 | 100 | |

（3）褐煤低温焦油的组成　褐煤质量和热解条件不同，对所产焦油的基本特性有一定影响，其特性见表 4-18。

表 4-18　褐煤低温焦油基本特性

| 项目 | | 黄县褐煤 | 平庄褐煤 |
|---|---|---|---|
| 热解温度/℃ | | 578 | 600 |
| 密度(40℃)/(g/cm³) | | 0.97 | 1.15 |
| 恩氏黏度 $E_{40}$ | | 3.11 | 3.5 |
| 凝固点/℃ | | 16 | 10 |
| 蒸馏试验/℃ | 初馏点 | 95 | 95.5 |
| | 5% | 160 | 174 |
| | 10% | 190 | 189 |
| | 20% | 210 | 206 |
| | 30% | 230 | 218 |
| | 40% | 255 | 240 |
| | 50% | 290 | 276 |
| | 60% | 320 | 296 |

葛宜掌在研究中指出，北京煤化所以海拉尔褐煤为原料，研究了多段回转炉（MRF）低温热解焦油中的酚类化合物，采用 GC-MS 法定性定量了 42 种酚类化合物，占化学法总酚的 90% 以上。研究结果表明，MFR 焦油中酚类占 25.6%，且以低沸点酚为主，约占总酚的 83%；在 MRF 低温热解焦油低级酚中，苯酚和甲酚占 69.7%，二甲酚和乙基酚占 13.8%，$C_3 \sim C_4$ 烷基苯酚占 2.8%，萘酚及烷基萘酚占 9.0%，其他主要为茚满醇和羟基氧芴衍生物，约占 4.6%。

## 4.1.2　焦油裂解的原理

### 4.1.2.1　化学反应

作为催化裂解原料的煤焦油中主要的烃类，有烷烃、环烷烃及带取代基的芳烃；带取代基的芳烃包括烷基芳烃及有环烷取代基的芳烃，还有不带取代基的多环芳烃。

在催化裂解条件下，这些烃类可发生催化反应及非催化反应。催化反应是指在催化剂作用下发生的反应；非催化反应是指在裂解条件下，热力学上可能进行的反应。非催化反应在常规催化裂解条件下，与催化反应相比是较少的。

（1）催化反应

① 裂化。裂化反应主要是 C—C 键的断裂。

a. 烷烃（正构烷及异构烷）裂化生成烯烃及较小分子的烷烃。

$$C_n H_{2n+2} \longrightarrow \underset{(烯)}{C_m H_{2m}} + \underset{(烷)}{C_p H_{2p+2}}$$

式中，$n = m + p$。

b. 烯烃（正构烯及异构烯）裂化生成两个较小分子的烯烃。

$$C_n H_{2n} \longrightarrow \underset{(烯)}{C_m H_{2m}} + \underset{(烯)}{C_p H_{2p}}$$

式中，$n = m + p$。

c. 烷基芳烃脱烷基。

$$ArC_n H_{2n+1} \longrightarrow \underset{(芳烃)}{ArH} + \underset{(烯烃)}{C_n H_{2n}}$$

d. 烷基芳烃的烷基侧链断裂。

$$ArC_n H_{2n+1} \longrightarrow \underset{(带烯烃侧链的芳烃)}{ArC_m H_{2m-1}} + \underset{(烷烃)}{C_p H_{2p+2}}$$

式中，$n = m + p$。

e. 环烷烃裂化生成烯烃。

$$C_n H_{2n} \longrightarrow \underset{(烯)}{C_m H_{2m}} + \underset{(烯)}{C_p H_{2p}}$$

式中，$n = m + p$。

f. 环烷-芳烃裂化时可以环烷环开环断裂，或环烷环与芳环连接处断裂。

g. 不带取代基的芳烃由于芳烃稳定，在典型的催化裂化条件下裂化反应很缓慢。

② 异构化。

a. 烷烃及环烷烃在裂化催化剂上有少量异构化反应。

b. 烯烃异构化有双键转移及链异构化。

$$H_2C{=}CH{-}CH_2{-}CH_3 \longrightarrow CH_3{-}CH{=}CH{-}CH_3$$

$$H_2C{=}\overset{H_2}{C}{-}\overset{H_2}{C}{-}CH_2 \longrightarrow H_3C{-}\underset{H}{\overset{H}{C}}{-}\overset{\overset{CH_3}{|}}{C}{-}CH_2$$

或

$$H_3C{-}\underset{H}{\overset{}{C}}{=}\overset{\overset{CH_3}{|}}{C}{-}CH_3$$

c. 芳烃异构化。

d. 烷基转移。烷基转移主要指一个芳烃上的烷基取代基转移到另一个芳烃分子上去。

e. 歧化。歧化反应与烷基转移密切相关，在有些情况下歧化反应为烷基转移的逆反应。

低分子烯烃也可进行歧化反应。

$$2H_2C\!=\!CHCH_2CH_3 \longrightarrow H_2C\!=\!CHCH_3 + H_2C\!=\!CHCH_2CH_2CH_3$$

f. 氢转移。氢转移主要发生在有烯烃参与的反应中，氢转移的结果是生成富氢的饱和烃及缺氢的产物。烯烃作为反应物的典型氢转移反应有烯烃与环烷、烯烃之间、环烯之间及烯烃与焦炭前身的反应。

$$\underset{(烯烃)}{3C_nH_{2n}} + \underset{(环烷)}{C_mH_{2m}} \longrightarrow \underset{(烷烃)}{3C_nH_{2n+2}} + \underset{(芳烃)}{C_mH_{2m-6}}$$

$$\underset{(烯烃)}{4C_nH_{2n}} \longrightarrow \underset{(烷烃)}{3C_nH_{2n+2}} + \underset{(芳烃)}{C_nH_{2n-6}}$$

$$\underset{(环烯)}{3C_mH_{2m-2}} \longrightarrow \underset{(环烷)}{2C_mH_{2m}} + \underset{(芳烃)}{C_mH_{2m-6}}$$

$$烯烃 + 焦炭前身 \longrightarrow 烷烃 + 焦炭$$

g. 环化。烯烃通过连续的脱氢反应，环化生成芳烃。

h. 缩合。缩合是有新的 C—C 键生成的相对分子质量增加的反应，主要在烯烃与烯烃、烯烃与芳烃及芳烃与芳烃之间进行。

i. 叠合。烯烃叠合是缩合反应的一种特殊情况。

$$2H_2C\!=\!CHCH_2CH_3 \longrightarrow H_2C\!=\!C_7H_{14}$$

　　j. 烷基化。烷基化与叠合反应一样，都是裂化反应的逆反应。烷基化是烷烃与烯烃之间的反应，芳烃与烯烃之间也可发生：

$$烷烃＋烯烃 \longrightarrow 烷烃$$

$$烯烃＋芳烃 \longrightarrow 烷基芳烃$$

　　（2）非催化反应　非催化反应是在催化剂不存在时，在反应条件下可测得的热反应，其中有一些反应在有催化剂时会略微加速。例如：

① 烷烃脱氢生成烯烃；

② 简单环己烷脱氢生成芳烃；

③ 简单环戊烷开环生成烯烃；

④ 烷烃脱氢环生成环烷或芳烃；

⑤ 烯烃加氢；

⑥ 饱和烃（烷烃或环烷）异构化；

⑦ 烃类分解为碳及氢；

⑧ 烃类分解为甲烷及碳；

⑨ 氢分子参与反应的加氢裂化。

### 4.1.2.2　胶质和沥青的裂解反应

　　煤焦油性质比石油馏分油更为复杂，煤焦油的烃类族组成中除了饱和烃、环烷烃和芳烃外，还包括一定量的胶质和沥青质以及相对数量较少的杂质，如有机硫、氧、氮化合物和有机金属化合物。

　　（1）催化裂解反应的正碳离子机理　用正碳离子机理解释催化裂解反应是目前公认的一种方法。无论是无定形硅铝催化剂还是新型分子筛催化剂，均为酸性物质。各种烃类在这类物质上所进行的反应均与在强酸的均相溶液中发生的正碳离子反应相似。这种正碳离子反应与热裂解反应的主要区别是：热裂解的键断裂是随机的，而催化裂解是有序的、有选择性的。相关学者提出了各种理论用来解释裂解过程是怎样引发的，即第一个正碳离子是如何生成的。一种理论认为正碳离子是由烯烃形成的，此烯烃由催化剂与油开始接触时的热效应生成；也可能是进料中原有的。催化裂解的反应温度在可能发生热裂解的温度范围之内。另外，正碳离子还可能是由烃分子与催化剂上的布朗斯台德或路易斯酸性中心相互作用生成的。确切的机理至今仍不十分清楚。

　　进料中一旦形成正碳离子之后，就可以进行下列反应：

① 裂化成小分子；

② 与其他分子发生反应；

③ 异构化成为不同的分子；

④ 链反应终止。

　　裂解反应一般是按照 β 键断裂的规律进行的，相对于正碳离子 β 位的 C—C 键易于断裂，如图 4-1 所示。

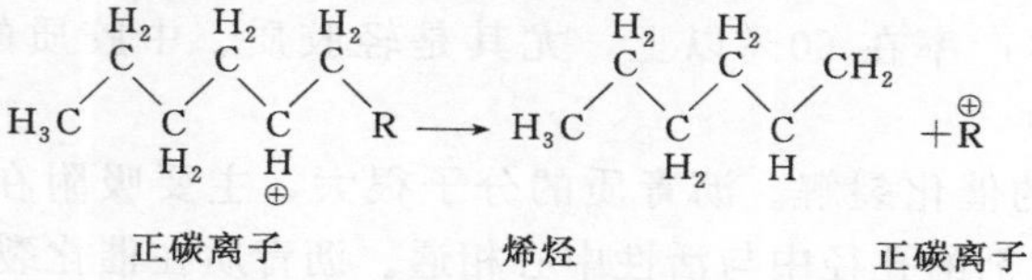

叔正碳离子＞仲正碳离子＞伯正碳离子

图 4-1  正碳离子的 β 键断裂

上述反应仅涉及电子的重新排列，是最可能发生的反应，所生成的两个碎片均有活性。烯烃能够与催化剂生成一个新的正碳离子；伯正碳离子 $R^+$ 可进一步重新排列，形成仲正碳离子并重复进行 β 键裂。正碳离子的相对稳定性顺序如下：

反应过程总是向生成更稳定的正碳离子方向进行，即仲正碳离子会异构化生成叔正碳离子，通过一系列在碳链上进行的氢转移以及烷基转移或芳基转移，最终生成带支链异构物多于直链异构物，如图 4-2 所示。

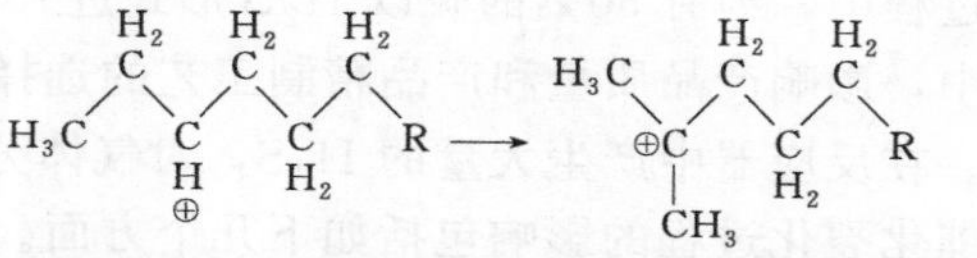

图 4-2  叔正碳离子的生成

图 4-2 所示的方程式不过是复杂反应机理的一个过于简单的实例而已。

正碳离子与其他分子进行的反应实例如图 4-3 所示，即正碳离子与另一个烃分子反应可生成一个更稳定的叔正碳离子。

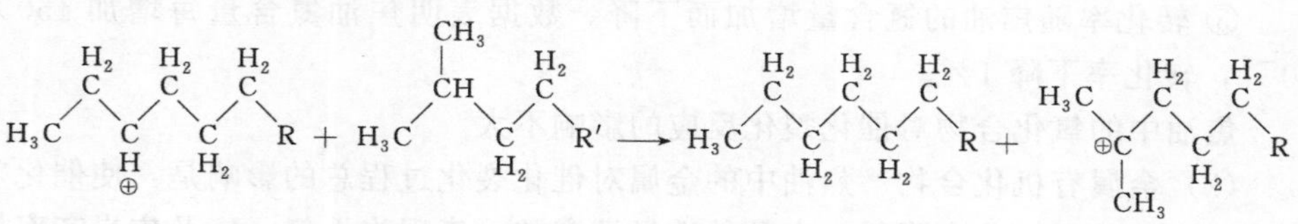

图 4-3  正碳离子与其他分子生成叔正碳离子

关于催化剂上生成的焦炭，尤其是其化学性质及生成过程也是一个复杂的课题，并提出了许多理论。催化剂上的焦炭，可能是由于在催化剂表面上进行的脱氢（降解）反应、多环芳烃或烯烃的缩合反应生成的。生成焦炭是催化裂化过程不可避免的。焦炭最终会堵塞催化剂的活性中心和孔径，使催化剂失活。在再生器中将焦炭燃烧生成 CO 和 $CO_2$，可使催化剂重新恢复活性。

（2）胶质和沥青质的裂解

① 胶质的催化裂解。胶质在催化裂解过程中可生成一定量的轻油及气体，并生成焦炭。研究胶质在催化裂化过程中生成产物的分布表明，胶质在催化裂化过程中生成的汽油和焦炭份额约各占原料胶质的三分之一。

胶质的小型试验研究结果表明，胶质具有较高的裂解性能。胶质裂化时，汽油、柴油和气体产率在 60% 以上，尤其是轻胶质、中胶质的产物总产率可达 70% 左右。

② 沥青质的催化裂解。沥青质的分子很大，主要吸附在催化剂的外表面，难以扩散到催化剂的孔径中与活性中心相遇。沥青质在催化裂化过程中的反应以热解反应为主；热解反应的一次生成物可进一步实现催化裂化反应。

在 400～565℃ 温度下，沥青质的热解产品有气体、可溶质（maltene）、沥青质和焦炭。在反应温度 450℃ 和反应时间 30min 时，可溶质和焦炭产率分别接近 12% 及 80%。一次反应生成的可溶质和焦炭还可以进行二次反应生成气体。

### 4.1.2.3　焦油杂质对裂解反应的影响

煤焦油中的杂质包括杂原子有机化合物和金属有机化合物。

（1）杂原子有机化合物　焦油中硫、氮、氧等的有机化合物含量较高。

焦油中的硫对于烃类的裂化反应无影响，但是对产品质量和环境污染有较大的影响。裂化反应过程中，约有 50% 的硫以 $H_2S$ 形式进入气体产品中，约 40% 的硫进入液体产品中，影响产品质量和产品精制工艺的选择。原料中含硫对环境的影响是多方面的。在反应器中产生大量的 $H_2S$，对气体分离系统造成影响。

焦油中的氮对催化裂化过程的影响包括如下几个方面。

① 氮化合物尤其是碱性氮化合物会吸附到催化剂上面而使其酸性中心被中和，阻碍反应并促进焦炭生成。

② 焦油中的氮会改变反应过程的选择性，使产品分布变坏。普遍的规律是随焦油中氮含量的增加，汽油收率下降，焦炭产率增加，汽油的辛烷值略有降低。

③ 转化率随焦油的氮含量增加而下降。数据表明焦油氮含量每增加 $150 \times 10^{-6}$，转化率下降 1%。

焦油中的氧化合物对催化裂化反应的影响不大。

（2）金属有机化合物　焦油中的金属对催化裂化过程总的影响是：使催化剂活性下降，单程转化率降低，产品的选择性变差。表现为干气、氢及焦炭产率加大，汽油产率下降。这些表现给生产操作带来的影响是：焦炭中污染炭比例增大，破坏了热平衡，最终导致剂油比下降、反应深度下降；氢和干气产量增加导致富气压缩机效率降低，能力的不足迫使装置降低处理量。

## 4.2　煤热解与气相焦油裂解耦合技术

早在 1989 年，黄戒介等就对煤气化热煤气中焦油蒸气的催化裂解进行了研究；采用催化裂解热煤气中的焦油，不仅可有效避免焦油对管道的堵塞和腐蚀，同时也能明显提高煤气的热值。Baker 等对模拟煤气中焦油催化裂解的研究结果是：在 450～690℃ 和 1010～1818kPa 的条件下，YZ-Y82 催化剂最好，焦油转化率达 74％，同时催化剂积炭最高达 0.55g/g 焦油。Wen Y W 等研究了固定床反应器条件下煤焦油的催化裂解。得出结论：LZ-Y82 催化剂是焦油裂解最有效的催化剂，并且认为影响此催化剂活性的因素包括有效孔径的大小、较大的反应比表面 $S$ 及大量的酸性中心。

豆斌林等对不同催化剂条件下高温煤气中焦油组分的催化裂解作了研究，在研究中选择 1-甲基萘（MN）作为焦油的模型化合物，采用 8 种催化剂进行催化裂解实验。其结果是：当催化剂 Ni-3 的裂解温度为 650℃、空速为 $3000h^{-1}$，反应时间为 10h 时，MN 的转化率为 100％。

赵国靖等在固定床反应器条件下对焦油组分（以 1-甲基萘作为焦油的模型化合物）进行了催化裂解研究，选择镍基催化剂、5A 分子筛、CaO 催化剂、矾土和石英砂等 5 种催化剂作为焦油组分裂解催化剂。研究表明此 5 种催化剂对 1-甲基萘的裂解都具有催化活性，10h 反应时间内，5A 分子筛和 Ni 基催化剂对 1-甲基萘的转化率为 100％，CaO 催化剂、矾土和石英砂对 1-甲基萘的转化率则较低。同时研究了温度对 Ni-3 催化剂和 5A 分子筛转化率的影响。为了进行比较也测试了 Ni-3 催化剂对苯的转化率，总包一级反应线性回归出催化剂在 250～500℃ 的裂解活化能力为 22.17kJ/mol。

近些年，随着我国低阶煤热解产业的不断发展，为了进一步提高焦油的轻质化，对煤热解与气相焦油裂解耦合技术作了系统研究。在此仅对一段反应器、两段反应器和催化剂等加以论述。

## 4.2.1　一段式反应器

采用一段固定床反应器的实验系统如图 4-4 所示。其反应器的上反应管（上层）为热解区，下反应管（下层）为催化裂解区。

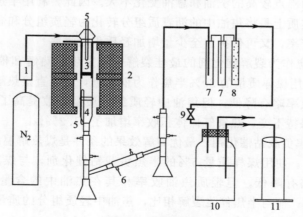

图 4-4　实验系统

1—质量流量控制器；2—电炉；3—上反应管；4—下反应管；

5—热电偶；6—冷凝管；7—丙酮洗瓶；8—干燥硅胶；

9—夹子；10—气体收集瓶；11—量筒

　　王兴栋等在实验中以高纯 $N_2$（99.999％）为载气，氮气由钢瓶供给，质量流量控制器控制流量，氮气流量为 100mL/min。实验时，上反应管作为热解反应段加入 20g 煤，下反应管作为催化裂解段添加不同质量的催化剂。煤在 $N_2$ 气氛下在上反应管中发生热解反应，生成的一次热解产物在经过下反应管的催化剂层时，催化剂对其中的热解一次产物进行催化裂解。所得热解二次产物经冷凝系统冷凝，再进入装有 200mL 丙酮的 500mL 气体洗瓶内吸收焦油；确保最后一个洗瓶内丙酮溶液不变色，可认为焦油收集基本完全。除去焦油的热解气进入干燥硅胶中脱水，最后进入盛满饱和碳酸氢钠溶液的气体收集瓶，利用排水法来测定气体体积。

　　实验以粒径为 0.4～1mm 的陕西府谷煤为研究对象。实验开始前先将原料煤在 110℃的烘箱内干燥 2h，原煤的工业分析和元素分析结果如表 4-19 所示。

表 4-19　府谷煤的工业分析和元素分析结果（质量分数）　　　　单位:％

| 工业分析结果 | | | | 元素分析结果 | | | | |
| --- | --- | --- | --- | --- | --- | --- | --- | --- |
| $M_{ad}$ | $A_{ad}$ | $V_{ad}$ | $FC_{ad}$ | $C_{daf}$ | $H_{daf}$ | $O_{daf}$ | $N_{daf}$ | $S_{daf}$ |
| 4.57 | 4.44 | 33.75 | 57.24 | 82.92 | 4.66 | 10.94 | 1.26 | 0.22 |

　　在研究中采用半焦和半焦负载钴催化剂对煤热解产物进行二次催化裂解，与煤直接热解的焦油、热解气收率及焦油中轻质组分含量及收率比较，得到以下结论：

　　① 与煤直接热解相比，经半焦和半焦负载钴催化剂对热解产物催化裂解后，虽然焦油收率有所降低，但焦油中轻质组分含量增加，轻质焦油收率基本保持不变或略有增加，降低的焦油收率主要是通过减少焦油中沥青质组分的含量而形成的。采用半焦基催化剂催化裂解焦油后，焦油中沸点低的轻油、酚油和萘油有较大程度提高，而沸点较高的洗油和蒽油变化不大。因此，利用半焦基催化剂催化裂解热解产物实质上是将焦油中的沥青质组分转化为轻质组分和燃气，这样既可以提高热解气产率，又可保持甚至少量增加轻质焦油收率。

　　② 利用半焦作为裂解催化剂的最佳裂解效果发生在热解和催化裂解温度都为 600℃时。利用煤样质量的 20％半焦作为催化剂，与煤直接热解相比，催化裂解所产焦油的收率略有降低，但焦油中轻质组分质量分数提高了约 25％，轻质组分收率基本保持不变，热解气体体积收率增加了 31.2％。

　　③ 针对半焦负载钴催化剂，最优裂解效果的条件是煤热解温度 600℃，催化裂解温度 500℃。使用煤样质量 5％的半焦负载钴催化剂，与煤直接热解相比，焦油收率同样略有降低，但轻质焦油收率和其在焦油中的含量分别提高了约 8.8％和 28.8％；而与半焦催化裂解相比，焦油中轻质组分的质量收率和含量分别提高了约 8.9％和 2.3％。

　　韩江则等在一段固定床反应器内考察了不同半焦对府谷煤热解产物的催化裂解效果。结果表明，不同半焦对煤热解产物催化裂解后，焦油收率降低，但焦油中沸点低于 360℃的轻质组分质量分数明显增高。与煤在 600℃直接热解相比，在热解和催化裂解温度均为 600℃时，采用煤样质量 20%的半焦为催化剂时催化效果最好；其中轻质焦油收率基本不变，焦油中轻质组分质量分数提高了 25%。半焦的表面结构和灰分都对煤热解产物的催化裂解有一定效果。在比表面积较低时，半焦中的灰分对原位煤热解焦油的裂解作用比较明显；随着比表面积的增加，灰分的影响越来越弱，半焦表面结构的影响越来越明显。

白晓瑀对煤热解与炭基催化剂裂解耦合提高油气品质作了系统研究，其实验装置如图 4-5 所示。实验在一段的固定床反应器中进行，将煤样和催化剂放入固定床反应管中（底部用石英棉填充），通入一定流量的 $N_2$ 等实验用载气，待加热炉温度升至预设定温度时，落下加热炉，使其恒温区处于反应管内煤层范围，进行均匀加热。煤层从开始升温到恒温反应结束共计 40min。反应结束后移去加热炉，反应管在室温下自然冷却。热解产物随着 $N_2$ 载气进入约 -15℃的冷阱罐中，液体产物冷却，气体产物经过湿式流量计后用气袋收集。

反应管内采用上层煤样、下层炭基催化剂的装填方式，中间用石英棉隔开。反应时，载气带着上层煤热解产物进入到下层催化裂解段。优点是煤样和炭基催化剂不直接混合，煤热解和催化裂解分段发生，且利于催化剂的回收和表征分析。实验用煤样 5g，炭基催化剂 1g。

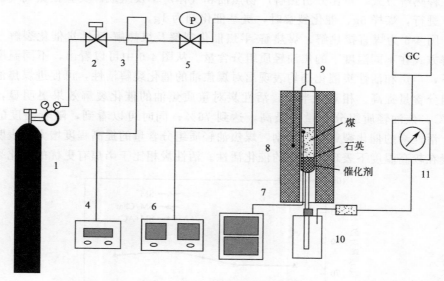

图 4-5　固定床热解反应装置

1—气瓶；2—阀门；3—质量流量计；4—质量流量显示仪；5—压力表；6—温控仪；
7—热电偶；8—加热炉；9—反应器；10—冷阱；11—湿式流量计

在实验中所用的原料为：选用神木烟煤（SM），原煤经破碎后研磨筛分出 60～100 目煤样，经 60℃真空干燥 24h，原煤的组成分析见表 4-20。半焦催化剂（Char）是神木煤样在固定床反应器中，以 $N_2$ 作载气，在温度 850℃下，热解反应 3h 制得的，其组成分析结果见表 4-21。活性炭催化剂（AC）为椰壳基商业活性炭，磨碎筛分出 80～100 目，其组成分析结果如表 4-21 所示。

**表 4-20　神木煤的工业分析、元素分析和灰分分析结果（质量分数）　单位：%**

| 煤样 | 工业分析结果 | | | 元素分析结果 | | | | |
|---|---|---|---|---|---|---|---|---|
| | $M_{ad}$ | $A_d$ | $V_{daf}$ | $C_{daf}$ | $H_{daf}$ | $N_{daf}$ | $S_{daf}$ | $O_{daf}$ |
| | 1.76 | 8.16 | 35.77 | 71.40 | 4.42 | 0.65 | 0.25 | 23.38 |
| 灰分分析 | $SiO_2$ | $Al_2O_3$ | $Fe_2O_3$ | $MgO$ | $CaO$ | $Na_2O$ | $K_2O$ | $TiO_2$ | $SO_3$ | 其他 |
| | 43.43 | 19.64 | 6.39 | 1.21 | 20.72 | 0.63 | 1.09 | 1.09 | 5.00 | 0.80 |

**表 4-21　炭基催化剂的工业分析和元素分析结果（质量分数）　单位：%**

| 催化剂 | 工业分析结果 | | | 元素分析结果 | | | | |
|---|---|---|---|---|---|---|---|---|
| | $M_{ad}$ | $A_d$ | $V_{daf}$ | $C_{daf}$ | $H_{daf}$ | $N_{daf}$ | $S_{daf}$ | $O_{daf}$ |
| 半焦 | 0.76 | 14.62 | 3.40 | 83.08 | 1.04 | 1.28 | 0.27 | 14.33 |
| 活性炭 | 1.22 | 2.10 | 3.98 | 94.16 | 0.64 | 0.29 | 0 | 4.91 |

　　该实验分别进行煤直接热解、煤热解-半焦催化裂解及煤热解-活性炭催化裂解三种热解方式，对比分析热解产物焦油和气体产率及组成。实验在氮气气氛条件下进行，煤样 5g，催化裂解时，炭基催化剂为 1g。

　　图 4-6 为煤直接热解、煤热解-半焦催化裂解及煤热解-活性炭催化裂解三种热解方式在不同温度下的焦油轻质组分含量。从图 4-6 中可以看出，不同温度条件下，半焦和活性炭催化剂均表现出对煤焦油的催化裂解活性，可促进煤焦油轻质组分含量提高。相对于半焦，活性炭对重质焦油的催化裂解效果更明显，在650℃，焦油轻质组分含量为最高，达到 76%；同时可以看到，随着温度的升高，活性炭的催化裂解作用加剧，煤焦油轻质组分含量的提高程度增大，表明活性炭在较高温度下表现出更好的催化活性。活性炭相比于半焦有更优的催化裂解

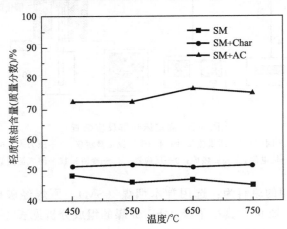

图 4-6　不同热解方式在不同温度下的煤焦油轻质组分含量

效果归结于活性炭具有更丰富的比表面积和孔结构，可以提供更多的活性位，有利于焦油分子与活性位点的结合。

图 4-7 为煤直接热解、煤热解-半焦催化裂解及煤热解-活性炭催化裂解三种热解方式在不同温度下的焦油收率。由此可以看出，煤直接热解的焦油收率随着温度的升高先增加后减少，在 650℃ 达到最高，为 11.2%。半焦和活性炭的加入均使煤焦油收率降低，但半焦参与的煤热解反应焦油收率降低不明显，而活性炭参与的煤热解焦油收率明显降低。结合图 4-6 可以看出，半焦和活性炭的催化裂解作用是将重质焦油转化成轻质焦油和更多的小分子气体，焦油收率的降低主要归结于更多热解气体的逸出。另外，相比于煤直接热解，活性炭参与的煤热解焦油收率随温度的变化呈现较平稳的趋势。

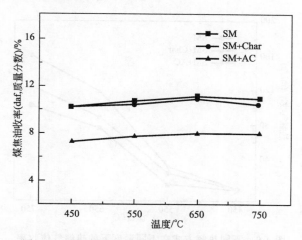

图 4-7　不同热解方式在不同温度下的煤焦油收率

图 4-8 为煤直接热解、煤热解-半焦催化裂解及煤热解-活性炭催化裂解三种热

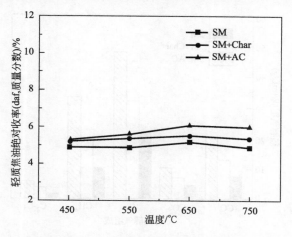

图 4-8　不同热解方式在不同温度下的轻质焦油绝对收率

解方式在不同温度下的轻质焦油绝对收率。由图 4-8 可以看出，炭基催化剂的参与虽然使煤焦油收率下降，但是轻质焦油的绝对收率并没有减少，反而略有提高，表明煤焦油收率的降低主要是焦油中的重质组分裂解造成的。可见，炭基催化剂催化裂解煤热解产物是一种较好的促进煤焦油轻质化和提高气体产率的方法。

图 4-9 为煤直接热解、煤热解-半焦催化裂解及煤热解-活性炭催化裂解三种热解方式在不同温度下的气体收率。由图 4-9 可见，不同温度下活性炭催化裂解煤热解的气体收率最高，煤直接热解的气体收率最低，归结于炭基催化剂的催化裂解作用促进小分子气体生成。不同热解方式的热解气体随着温度的升高明显增加，一方面是因为温度增加，热裂解反应加剧，热裂解促进更多小分子气体逸出；另一方面是因为在较高温度下半焦和活性炭呈现高的催化裂解活性。

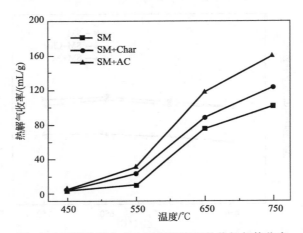

图 4-9　不同热解方式在不同温度下的热解气体收率

图 4-10 为煤热解温度 650℃条件下不同热解方式气体产物组成的分布对比。

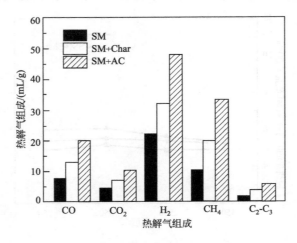

图 4-10　不同热解方式的热解气体组成分布（$T = 650℃$）

由此可知，半焦和活性炭催化裂解煤热解产物生成的含氢气体 $CH_4$、$H_2$ 和含氧气体 $CO$、$CO_2$ 均明显增加。

$CO$ 和 $CO_2$ 的产生主要是因为含氧官能团的热裂解，包括羟基、羰基、醌基、酚羟基、醚键、甲氧基和含氧杂环化合物等。$CO$ 主要来自煤热解挥发分中含氧杂原子化合物的分解，$CO_2$ 的生成包括较低温度下煤中的酯、羟基等含氧官能团的热分解及较高温度下煤中的酚、醚、羰和环氧基化合物的热分解。

$H_2$ 的逸出主要来源于缩合反应、脱氢环化反应和芳构化反应。在 $420\sim550℃$，这是 $H_2$ 逸出的第一个阶段，主要是煤中大分子侧链裂解过程产生的自由基缩合反应；$550℃$ 以后，是 $H_2$ 大量生成的第二阶段，主要是后期热解产物的缩合反应，低环数的芳香烃化合物缩合成多环数的芳香烃化合物，伴随着大量 $H_2$ 的逸出。同时，煤中大分子侧链脱氢反应、脂肪烃和环烷烃的脱氢反应也伴随着 $H_2$ 的释放。

$CH_4$ 主要来自煤中大分子结构的降解及脂肪烃和芳烃侧链的断裂；脂肪烃侧链断裂产生的 $CH_4$ 主要发生在较低温度，随着温度的升高，$CH_4$ 的生成量减少；少量的析出主要来自于煤热解挥发分的裂解和焦炭的自由加氢反应。

该研究采用煤热解与炭基催化剂裂解热解产物耦合，促进焦油轻质化，并提高热解气体产率。通过对比考察三种热解方式、调控反应条件和改变反应气氛来考察煤焦油和热解产物生成规律，并探究了炭基催化剂在耦合过程中的作用，其主要结论如下：

① 对比考察了神木煤直接热解、煤热解-半焦催化裂解和煤热解-活性炭催化裂解三种热解方式，结果表明，煤热解与炭基催化剂裂解产物耦合是一种有效改善热解油气品质的方式，使煤焦油轻质化和热解气体产率增加。

② 炭基催化剂可以有效裂解煤热解产物，半焦和活性炭催化剂都能促进焦油轻质化，但活性炭比半焦催化剂具有更高的催化活性，在热解温度 $650℃$ 时活性炭催化裂解煤热解的焦油轻质组分含量（沸点小于 $360℃$）达到 $76\%$，气体产率比煤直接热解提高 $32\%$；炭基催化剂在耦合过程中的催化裂解作用主要表现为对焦油重质组分的裂解，转化为轻质组分和热解气体；耦合过程中虽然焦油收率下降，但轻质焦油绝对收率增加，同时热解气体产率大幅提高。

③ 炭基催化剂在耦合过程中除了催化裂解作用，还存在其他作用。炭基催化剂的存在增加热裂解反应时间，热裂解对焦油的裂解有一定贡献；炭基催化剂的吸附作用在耦合过程中不明显；炭基催化剂的比表面积和孔容有利于焦油分子和活性位点的有效碰撞，能提高催化活性；炭基催化剂的含氧官能团对煤热解与催化裂解耦合过程有一定影响，但不是决定性作用。

④ 温度、催化剂用量和气氛流速等条件对煤热解与活性炭催化裂解热解产物耦合过程产生影响，$N_2$ 气氛下耦合过程的适宜反应条件为：反应温度 $650℃$，活性炭 $1g$/神木煤 $5g$，氮气流速 $100mL/min$。

⑤ 不同气氛对耦合过程的热解产物焦油和气体影响较大，实验结果表明，耦合过程的焦油轻质化程度为 $CH_4$-$CO_2$ 气氛＞$H_2$ 气氛＞$N_2$ 气氛，$CH_4$-$CO_2$ 气氛和 $H_2$ 气氛下的酚油、萘油含量提高明显；煤热解与活性炭催化裂解耦合过程在 $CH_4$-$CO_2$ 气氛下的焦油轻质组分含量与煤直接热解差别较大，空白实验表明催化裂解段的活性炭本身可以促进 $CH_4$ 和 $CO_2$ 重整反应的发生，有利于焦油轻质化；对比探究 $CH_4$-$CO_2$ 气氛和 $CH_4$-$CO_2$ 重整气氛下的耦合过程，结果表明两种气氛下的焦油轻质组分含量差别不大，而焦油收率在 $CH_4$-$CO_2$ 重整气氛下高于 $CH_4$-$CO_2$ 气氛。

陈昭睿等采用粒径为 $74\sim150\mu m$ 的新疆准南烟煤作为原料，其工业分析和元素分析结果如表 4-22 所示。实验前，煤样在 105℃ 条件下烘干 12h。

**表 4-22    原煤的工业分析和元素分析结果**                                     单位：%

| 工业分析结果（质量分数） | | | | $Q_{net,ar}$ | 元素分析结果（质量分数） | | | | |
|---|---|---|---|---|---|---|---|---|---|
| $M_{ar}$ | $A_{ar}$ | $V_{ar}$ | $FC_{ar}$ | /(kJ/kg) | $C_{ar}$ | $H_{ar}$ | $N_{ar}$ | $S_{ar}$ | $O_{ar}$ |
| 4.61 | 13.36 | 33.12 | 48.91 | 26 603 | 69.76 | 4.46 | 1.11 | 0.32 | 6.38 |

实验装置如图 4-11 所示，主要由前端供气系统、中端两个卧式管式炉、尾端产物收集系统组成。热解载气为 $N_2$，管式炉 1 热解温度恒定在 600℃，气体停留时间为 1～2s（对热解气几乎没有影响）；管式炉 2 裂解温度在 500～800℃之间变化，热解气停留时间在 2～16s 之间变化。

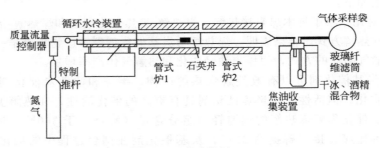

图 4-11    实验装置

（1）热解气停留时间对产率的影响    图 4-12 为热解温度 500～800℃、停留时间 1～18s 时，所产生的气态热解产物（煤气、焦油）再经历不同裂解温度、不同热解气停留时间后的产率变化。坐标原点（$t=0$s）是热解条件一定，不经过二段反应器，直接收集热解产物。

裂解温度在 600℃ 及 600℃ 以下时，随着热解气停留时间的增加，与无二段反应器的工况（$t=0$s）相比，气体、焦油产率基本不变；这说明热解气体在 600℃ 以下几乎不发生气相二次反应。在高于 600℃ 的条件下，随着热解气停留时间的增加，焦油产率减少，而气体产率有所上升；这说明热解气体在 600℃ 以上发生了二次裂解，大分子焦油分解成小分子气体。同时，在 800℃ 条件下，反应器管壁上可以观察到大量炭黑形成，这也说明有一部分高分子组分发生了裂解

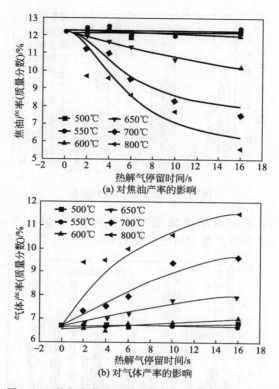

图 4-12　热解气停留时间对焦油、气体产率的影响

反应。

在 650℃时，热解气停留时间从 0s 提高到 16s，焦油产率仅从 12.20％下降到 10.22％；在 800℃时，焦油产率短短 2s 就下降到 9.70％，在 16s 时则下降到 5.6％。这说明提高裂解温度和延长热解气停留时间都具有很大的影响，裂解温度越高，热解气停留时间越长，越多焦油组分发生裂解，二次反应程度越彻底。

（2）热解气停留时间对焦油组分的影响　无二段反应器条件（600℃，0s）下，焦油主要由环数为 1～4 的具有甲基、乙基、羟基的芳香族化合物组成，还含有少量脂肪烃、杂环物质等。将各工艺条件下的焦油样品都用 100mL 丙酮稀释，进而通过 GC-MS 测量信号强度来定性分析焦油组分的变化。

如图 4-13 所示，从裂解温度 600℃、热解气停留时间 0s 到裂解温度 700℃、热解气停留时间 16s，在焦油总量减少（参见图 4-12）的同时，单环和二环芳香族等轻质组分含量有所增加，可以推测出焦油中有大分子量组分减少、小分子量组分增加的趋势；当裂解温度 800℃、热解气停留时间 16s 时，焦油中大量的在 600～700℃ 条件下可检测到的复杂组分都几乎消失，焦油组分急剧减少，结构趋于简单。

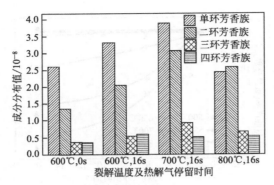

图 4-13　芳香族按环数分布

如图 4-14 所示，在较高裂解温度（高于 600℃）情况下，从 600℃、0s 到 800℃、16s 时，焦油中有几类物质变化比较明显。

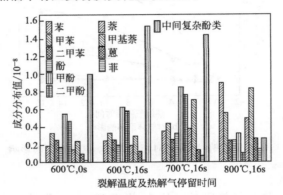

图 4-14　焦油典型成分分布

苯、甲苯、二甲苯（BTX）一直保持增加，其中苯、甲苯增加明显，二甲苯增加较少。BTX 主要来源于大分子焦油分解和氢化芳香结构缩聚。

酚、甲酚、二甲酚（PCX）在 700℃ 时明显增加，在 800℃ 时大大减少。PCX 的生成一部分来源于中间复杂酚类的分解反应，一部分来源于羰基化合物的热解转化。PCX 的减少是因为 PCX 热解形成五元环，并伴随 CO 生成。700℃ 时 PCX 生成反应是主要反应，而 800℃ 时 PCX 热解反应加剧，占主导地位。

萘、甲基萘一直保持增长，并在 800℃、16s 时大大增加，同时蒽、菲等也有类似的趋势。这说明气相二次反应中有缩聚反应发生，并且在 800℃、16s 条件下反应比较剧烈。

多烷基酚、多环酚等中间复杂酚类先增加后明显减少。在较低温度下，更大分子量的含氧焦油组分裂解产生中间复杂酚类；而在高温下中间复杂酚类发生二次裂解、脱烷基、脱羟基等二次反应，从而含量大大减少，酚类结构趋于简单。在 800℃、16s 条件下几乎检测不到这些中间复杂酚类。这些中间复杂酚类，大多具有乙基-酚羟基、甲基-乙基-酚羟基、二甲基-酚羟基、三甲基-酚羟基、二酚羟基等基团，并表现出不同的热稳定性。例如，4-甲基-1,2-二羟基酚、4-甲基-2-乙基苯酚在700℃、16s时就检测不到，乙基-酚羟基、三甲基-酚羟基结构在800℃、16s才检测不到，而甲酚、二甲酚等结构一直存在。

（3）热解气体停留时间对气体组分的影响　图4-15给出了不同裂解温度下，热解气停留时间对不同气体组分的影响。

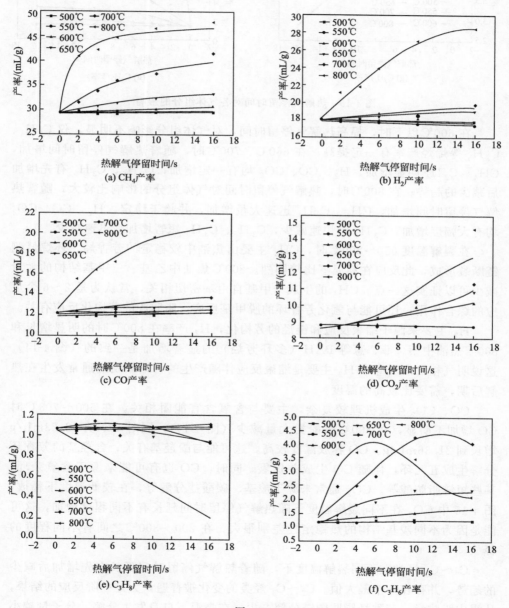

图 4-15

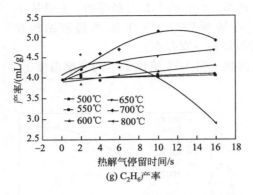

(g) $C_2H_6$产率

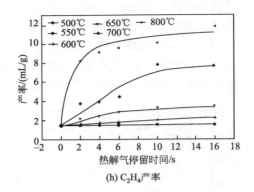

(h) $C_2H_4$产率

图 4-15　热解气停留时间对各气体组分的影响

在 600℃以下时，提高热解气停留时间，对气体组分影响不明显，仅 $C_2H_4$、$C_3H_6$ 等烯烃产率有一定提高；在 650℃、700℃时，随着热解气停留时间增加，$CH_4$、$C_2H_4$ 明显增加，$H_2$、$CO$、$CO_2$ 均有一定增加，$C_2H_6$、$C_3H_6$ 有先增加后减少的趋势；在 800℃时，热解气停留时间对气体组分的影响比较大，随着热解气停留时间增加，$CH_4$、$C_2H_4$ 迅速大量增加，并趋于稳定，$H_2$、$CO$、$CO_2$ 均有大幅度增加，$C_3H_8$ 则快速减少，$C_2H_6$、$C_3H_6$ 短暂增加后迅速减少。

在裂解温度 650～800℃时，$CH_4$ 主要由焦油中较稳定的芳香烃、环烷烃侧链断裂形成，此反应在高温下比较剧烈。800℃焦油中乙基、三甲基结构的大量减少可以证实这一点。$CH_4$ 的生成与甲基自由基密切相关，常认为是 2～6 个反应的综合作用；还可能与氢化芳香环的脱甲基反应、脂肪族的芳构化反应有关。

$H_2$ 主要来源于缩聚反应和链烃的芳构化，$H_2$ 产率在 800℃时的明显增长和800℃焦油中萘、菲、蒽等 PAH（多环芳烃）的显著增加是一致的（图 4-14）。这说明气相二次反应中 $H_2$ 主要是缩聚反应伴随产生的，缩聚反应通常发生在热解后期，需要比较高的温度。

$CO$、$CO_2$ 生成机理较复杂，主要与含氧含官能团相关。在 500～700℃时 $CO$ 增加不明显，在 800℃时酚类大量减少（图 4-14），同时 $CO$ 从 12.23mL/g 增长到 21.36mL/g。$CO$ 释放温度较高，这可能与酚羟基有关；含羟基的芳香环分解生成五元环，伴随 $CO$ 生成并供氢。同时，$CO$ 也有可能来源于含氧杂环、某些短链脂肪酸等。$CO_2$ 通常来源于羧基、碳酸盐分解等，在较低温度下释放。图 4-15 中 $CO_2$ 在不同裂解温度下随热解气停留时间延长有不同程度增加，这可能是因为不同羧基结构的热稳定性差别很大，在 200～800℃之间有不同程度的释放。

$C_2$～$C_3$ 烃类在不同裂解温度下，随着热解气停留时间延长有先增加后减少的趋势，并存在一个最大值。$C_2$～$C_3$ 烃类的变化被普遍认为是一阶反应的结果，从煤中脂肪烃、芳香烃脂肪侧链分解产生，在高温下自身发生分解。分子量越小的烃类越难裂解，烯烃是焦油主要裂解产物之一。

由上述可知，在不同裂解温度下，选择合适的热解气停留时间，可以获得所需的气体组分分布。

研究结果认为：

① 裂解温度越高，热解气停留时间越长，导致二次反应程度加剧，大分子焦油分解成小分子气体，从而使焦油产率减少，气体产率增加。裂解温度 600℃以下，气相二次反应不明显；裂解温度高于 600℃时，气相二次反应加剧，热解气停留时间对煤热解产物的影响比较大。

② 在较高裂解温度（高于 600℃）下，随着热解气停留时间延长，焦油组分趋于向低沸点和高沸点两侧范围集中分布，形成热稳定高的简单组分；一方面分解反应加剧，沸点低的 BTX 增加；另一方面缩聚反应加剧，高沸点的萘、甲基萘、菲、蒽等结构简单的 PAH 增加；而分解反应和脱烷基、脱羟基反应导致 PCX 和中间复杂酚类先增加后减少，并表现出不同的热稳定性。

③ 在较高裂解温度（高于 600℃）下，随着热解气停留时间延长，$CH_4$ 产率增加比较明显；由于酚类的脱羟基反应和芳香族的缩聚反应需要比较高的温度，CO、$H_2$ 在 800℃时才有大幅度的提高。

敦启孟等在固定床反应器中考察了温度和停留时间对煤热解挥发分二次反应产物分布的影响。结果表明，温度和停留时间对二次反应的影响相互关联。温度≤600℃、停留时间小于 2s 时，挥发分基本不发生气相二次反应。随温度升高和停留时间延长，挥发分二次反应加剧，焦油产率下降，气体产率和积炭产率增加。温度低于 700℃时，焦油主要转化为气体产物，气相二次反应由二次裂解反应控制；高于 700℃时，焦油转化为气体和积炭，气相二次反应由裂解反应和结焦反应共同控制。提高二次反应温度和延长停留时间，热解气中的 $H_2$、$CH_4$ 和 CO 产率增加，$CO_2$ 产率减少，焦油中杂原子化合物及其中的酚、甲酚和二甲酚产率降低，大于 3 环的重质多环芳烃（PAHs）产率增加，H/C 和 O/C 原子比降低；特别是在 900℃时，随停留时间延长，$H_2$ 和重质 PAHs 产率快速增加。

在研究中采用内蒙古不连沟的次烟煤，粉碎、筛分出粒径 0.5～1mm 的煤粉，置于 105℃的空气干燥箱中烘干 4h，干燥后取出，隔绝空气密封保存留用。次烟煤的工业分析和元素分析结果见表 4-23，该煤格金焦油（煤的格金低温干馏实验产生的焦油）产率为 5.77%（干基，质量分数）。

表 4-23  不连沟次烟煤的工业分析和元素分析结果（质量分数）  单位：%

| 工业分析结果 | | | 元素分析结果 | | | | |
| --- | --- | --- | --- | --- | --- | --- | --- |
| $A_d$ | $V_d$ | $FC_d$ | $C_{daf}$ | $H_{daf}$ | $O_{daf}$ | $N_{daf}$ | $S_{t,daf}$ |
| 19.56 | 29.46 | 50.98 | 77.55 | 4.58 | 15.49 | 1.36 | 1.02 |

在实验中为获得最佳热解反应条件，首先采用上段固定床进行煤热解预实验。控制上段固定床温度为 500～700℃，下段固定床采用内径 1.0cm 的石英管，在平均温度 350℃下保温，挥发分在下段的停留时间约为 1s。由于下段温度低、

停留时间短，因此基本上可消除挥发分在此段的二次反应。实验前先将 20g 煤样置于料仓中，在确保装置气密性的前提下用约 1 L/min 的 $N_2$ 吹扫系统 10min 以上，排出装置内的空气。调整载气 $N_2$ 流量为 500mL/min，反应器内温度稳定后，打开料仓下部的旋塞将煤样快速加入上段固定床中，反应时间为 60min。所得煤热解产物分布如图 4-16 所示，焦油、半焦和热解气产率均基于煤干基。可以看出，随温度升高，半焦产率逐渐降低，气体产率逐渐升高，焦油产率先上升随后下降，550℃时最大。故在实验中固定上段反应器温度为 550℃，焦油产率为 5.56％，格金焦油产率为 96.4％。

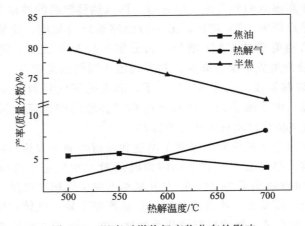

图 4-16    温度对煤热解产物分布的影响

煤热解挥发分离开上段固定床在载气的携带下进入下段固定床后发生气相二次反应。考察温度对二次反应的影响时，固定上段反应器温度为 550℃，载气流量为 250mL/min，确保上段煤热解条件恒定；下段反应器温度分别控制为 500℃、600℃、700℃、800℃和 900℃，载气通过两段间的载气入口导入，挥发分在下段的停留时间为 10s。由于热解挥发分体积较小，因此相对载气流量可忽略不计。考察停留时间对二次反应的影响时，固定上段反应器温度为 550℃，载气流量为 500mL/min，通过改变下段反应器内径调节挥发分在下段的停留时间。

图 4-17 为停留时间 10s 时温度对煤热解挥发分二次反应产物分布的影响。可以看出，500℃时焦油产率与预实验的焦油产率基本一致，管壁无黑色积炭，表明此时挥发分稳定，无明显的二次反应；600℃时无明显积炭，焦油产率略有下降，热解气产率稍有上升，表明此时发生了微弱的二次反应；高于 600℃时二次反应加剧，部分油相产品转化为气相和固相产品，因而焦油产率明显下降，气体积炭产率随温度升高显著增加。温度由 500℃升至 900℃，焦油产率由 5.6％降至 1.4％；热解气产率由 6.6％增至 7.9％，高于 800℃后增加速度变缓；积炭产率由 0 增加至 2.5％，高于 700℃后增加速度加快。低于 700℃时二次反应可能主要发生在芳烃化合物的侧链，产生更多气体组分；高于 700℃时挥发分中大

分子的缩聚反应加强，产生更多积炭。

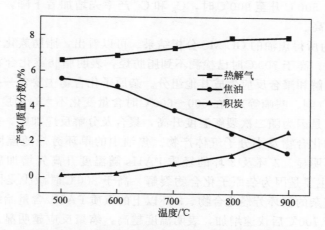

图 4-17 温度对挥发分二次反应产物分布的影响

图 4-18 为停留时间 10s 时温度对挥发分二次反应热解气各组分产率的影响。可以看出，温度由 500℃增至 600℃时，热解气组分产率变化很小；高于 600℃后随温度升高，$H_2$、$CH_4$ 和 CO 的产率持续增加，特别是 $H_2$ 产率在温度高于 700℃时快速增加。500~700℃的较低温区，$H_2$ 主要来自饱和烃的裂解反应；高于 700℃的较高温区，挥发分中的芳环化合物发生缩聚反应，产生大量 $H_2$，因此 $H_2$ 产率增加明显。$CH_4$ 主要由焦油中较稳定的芳香烃、环烷烃侧链断裂形成，与甲基自由基密切相关，通常认为是多个反应的综合作用。随温度增加，挥发分的自由基活跃，从而产生大量 $CH_4$。CO 主要来自焦油分子中羰基官能团、含氧杂环及酚羟基的裂解，较低温度下这些反应不易发生，其中，酚羟基的裂解须在 700℃以上才发生，所以升高温度有利于 CO 生成。$CO_2$ 产率随温度增加逐渐降低，主要由煤中羧基官能团分解，与焦油发生重整反应得到，随温度升高反应加强；同时，$CO_2$ 还可促进芳烃化合物芳烃开

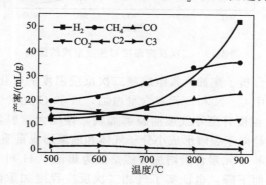

图 4-18 二次反应温度对热解气组分产率的影响

裂、脂肪链和醚键断裂，导致 $CH_4$ 生成量增大。$C_2$ 和 $C_3$ 的产率随温度变化不大，温度由 500℃升至 900℃时，$C_2$ 和 $C_3$ 产率先增加后下降，分别在 700℃和 600℃时最高。

图 4-19 为所得焦油的 GC-MS 分析结果。可以看出，脂肪族化合物含量随温度升高而减少；高于 700℃时已检测不到脂肪烃，表明脂肪族化合物在较低温度下即可发生裂解和聚合反应生成其他组分。杂原子化合物主要含一些含氧化合物（如酚类、醇、酮、呋喃等），在 500～600℃时含量变化不大，温度高于 600℃时迅速减少。这是因为随二次裂解温度升高，聚合及分解反应加剧，挥发分转化为含芳环结构的化合物及小分子气体产物。焦油中的单环芳烃随温度升高略微减少，但变化不明显。2 环及 3 环的轻质 PAHs 随温度升高先增加后减少，低于 700℃时增加主要是因为杂原子化合物裂解，高于 800℃时减少是因为其缩聚生成了结构更复杂的稠环芳烃化合物。3 环以上的重质 PAHs 含量始终随温度升高而增加，高于 700℃后快速增加，表明温度越高，缩聚反应越明显。稠环化合物对温度敏感，高温下更易发生聚合或缩聚反应生成积炭和小分子气体，使反应器管壁及焦油中产生黑色积炭。PCX 来自较复杂酚类的分解及羰基化合物的裂解转化，随二次反应温度升高含量迅速减少，主要是因为高温下其裂解生成五元环，产生 CO。

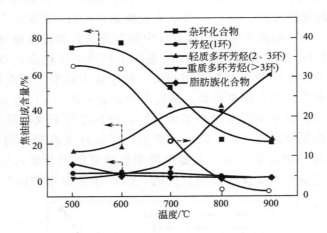

图 4-19　二次反应温度对焦油组成的影响

用元素分析仪分析了焦油元素组成随二次反应温度的变化，结果见表 4-24。随温度升高，焦油中 C、N 和 S 元素含量增加，H 和 O 元素含量降低，H/C 和 O/C 原子比下降。温度升高导致焦油裂解加剧，伴随大量脱氢反应及含氧基团的转移，焦油组分趋向于裂解形成小分子气体和缩聚形成重质组分，使焦油中 C 元素含量增加。N 和 S 元素含量增加可能是因为焦油中 H 和 O 元素减少。H/C 原子比随温度升高而下降，也证实了气相二次反应程度加重使焦油中重质组分增加。

表 4-24　不同温度下挥发分二次反应所得焦油的元素含量（质量分数）单位：%

| 元素 | 温度/℃ | | | | |
|---|---|---|---|---|---|
| | 500 | 600 | 700 | 800 | 900 |
| $C_{daf}$ | 77.42 | 78.44 | 84.74 | 85.76 | 86.61 |
| $H_{daf}$ | 6.58 | 6.30 | 6.23 | 6.19 | 6.05 |
| $O_{daf}$ | 14.44 | 13.64 | 6.89 | 5.42 | 4.37 |
| $N_{daf}$ | 0.76 | 0.78 | 1.00 | 1.01 | 1.28 |
| $S_{daf}$ | 0.81 | 0.84 | 1.14 | 1.62 | 1.69 |
| H/C 原子比 | 1.02 | 0.96 | 0.88 | 0.87 | 0.84 |
| O/C 原子比 | 0.14 | 0.13 | 0.061 | 0.047 | 0.038 |

除上述外，Xu 等研究了固定床中烟煤热解挥发分在温度 500～900℃、停留时间 0.2～14s 时的二次反应，发现停留时间 7s，温度高于 600℃时挥发分的二次反应显著；在给定温度下，随停留时间增加，焦油产率降低，热解气和轻质碳氢化合物液体产率增加。Katheklakis 等采用流化床研究了 Linby 煤热解挥发分在稀相段中温度和停留时间对产物中焦油相对分子质量分布的影响，发现在停留时间 4.5s、温度 500℃时挥发分二次反应导致的焦油损失已很显著，延长停留时间和提高稀相段温度使焦油向分子量较低的方向转化。Hayashi 等采用流化床研究了次烟煤热解挥发分在稀相段中温度对焦油分子结构的影响，发现随稀相段温度提高焦油的 H/C 原子比下降。李海滨等使用流化床对神木煤进行快速热解，发现稀相段温度高于 900℃、停留时间大于 6s 的条件下，焦油基本完全转化，一部分裂解为气体产物，另一部分发生缩聚反应产生积炭。孔晓俊对 USY 分子筛对煤热解气态焦油的催化改质进行了研究，在实验过程中选择 4 种不同产地的煤样进行考察研究，包括锡盟褐煤（XM）、安家岭长焰煤（AJL）、五彩湾长焰煤（WCW）和贺西焦煤（HX），其工业分析和元素分析结果如表 4-25 所示。实验所用煤样经破碎、研磨、筛分等步骤后，选择粒径范围在 0.15～0.30mm 的样品，置于棕色样品瓶中，并在冰箱中低温保存。

表 4-25　煤的工业分析和元素分析结果（质量分数）　　　　单位：%

| 煤样 | 工业分析结果 | | | 元素分析结果 | | | | |
|---|---|---|---|---|---|---|---|---|
| | $M_{ad}$ | $A_{ad}$ | $V_{daf}$ | $C_{daf}$ | $H_{daf}$ | $O_{daf}$ | $N_{daf}$ | $S_t$ |
| XM | 29.8 | 8.8 | 45.9 | 75.1 | 3.60 | 19.8 | 1.11 | 0.40 |
| AJL | 2.10 | 19.5 | 34.8 | 77.8 | 4.88 | 15.0 | 1.59 | 0.71 |
| WCW | 14.8 | 3.6 | 33.8 | 76.0 | 2.9 | 19.9 | 0.70 | 0.50 |
| HX | 0.50 | 9.58 | 22.2 | 86.0 | 4.71 | 7.09 | 1.66 | 0.44 |

采用 3 种 USY 分子筛催化剂，其孔结构特性如表 4-26 所示。由对比可知，USY1 分子筛的比表面积和孔体积略高于 USY2 和 USY3，而孔径略低于 USY2 和 USY3，但总体差距很小。表明，3 种 USY 分子筛的孔径结构基本一致。

**表 4-26 USY 分子筛的孔结构特性**

| 催化剂 | 孔径<br>/nm | 微孔体积<br>/(cm³/g) | 微孔比表面积<br>/(m²/g) | 中孔体积<br>/(cm³/g) | 中孔比表面积<br>/(m²/g) |
|---|---|---|---|---|---|
| USY1 | 7.32 | 0.25 | 510 | 0.07 | 38.6 |
| USY2 | 8.03 | 0.22 | 451 | 0.06 | 28.0 |
| USY3 | 7.68 | 0.23 | 466 | 0.06 | 32.7 |

　　实验采用 PY-GC/MS 在线分析技术。实验称取 1mg 煤样以及 0.6mg 催化剂置于石英裂解管中，煤样与催化剂用石英棉分层隔开，并用石英棒支撑样品从而使煤样在裂解腔恒温区进行快速热解。热解产生的气态焦油在高纯氦气的带动下即刻从原煤热解层进入催化剂床层实现催化裂解，所得产物即时通过传输线进入气相色谱仪进行在线分离，随后进入质谱仪进行在线检测。煤样和催化剂的装填方式如图 4-20 所示；实验装置流程如图 4-21 所示。

　　该研究主要包括两部分内容。第一部分，在线分析了 USY 分子筛对煤热解气态焦油的催化改质性能：首先对比催化前后热解产物中 BTEXN（苯、甲苯、乙苯、二甲苯、萘等）和煤热解气态焦油中 6 种 3～4 环多环芳烃苊、二氢苊、芴、蒽、菲及荧蒽的变化规律，确定 USY 分子筛对煤热解气态焦油的催化效果；其次结合不同 USY 分子筛的性能参数以及煤种的特性，进一步分析影响催化效果的因素；最后引入代表稠环芳烃的模型化合物，揭示 USY 分子筛催化改质煤热解气态焦油的作用机理。第二部分，探析了煤中低分子化合物在煤热解和煤热解气态焦油催化改质过程中发挥的作用：首先分析了随煤阶分子化合物含量和组分的变化规律；通过对比不同煤种的脱灰煤及其

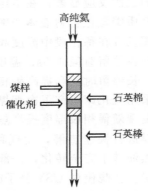

图 4-20　实验煤样和 USY 分子筛催化剂的装样方式

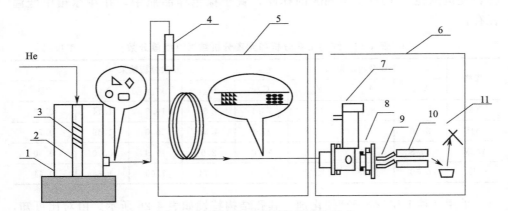

图 4-21　热解-色质联用仪的基本组成
1—裂解仪；2—裂解腔；3—铂丝；4—进样口；5—气相色谱；6—质谱；7—灯丝；
8—透镜组；9—预四极杆；10—四极杆；11—检测器

吡啶抽提残煤在热解以及热解气态焦油催化改质过程中 BTEXN 的变化规律，获知了煤中低分子化合物促进 BTEXN 生成的作用机制。研究结果如下：

① 在线考察了催化前后煤热解产物中 BTEXN 和 PAHs 的变化规律，结果表明，USY 分子筛可以促进 BTEXN 等轻质芳烃的生成。经 USY1 分子筛催化后，AJL 煤热解所得 BTEXN 产率由 1%（质量分数）增加到 3.8%（质量分数），HX 煤由 1.5%（质量分数）增加到 4.5%（质量分数）。同时 USY 可将煤热解产物中 PAHs 等重质组分裂解，两种煤中 3～4 环多环芳烃产率分别降低了 23.7% 和 32.8%。

② 对比分析 USY 分子筛的性能参数和煤种特性与 BTEXN 产率的内在关联，得出 USY 分子筛对煤热解气态焦油的催化效果主要受到自身酸性位分布和煤种特性的双重影响。弱的 B 酸酸性位较有利于芳香缩合度较低、脂肪类结构较多的 AJL 长焰煤热解产物中 BTEXN 的生成，而强的 B 酸酸性位对芳香缩合度较高的 HX 焦煤体现出较高的促进 BTEXN 生成的作用。

③ 通过考察荧蒽、芘等模型化合物经 USY 分子筛催化前后热裂解产物分布的情况，发现了经 USY 分子筛催化后，荧蒽和芘的裂解率高达 100%，同时产物中 BTEXN 的释放量显著增高。表明 USY 分子筛可以高效裂解荧蒽、芘等多环芳烃化合物，同时可以有效促进其向 BTEXN 等轻质芳烃的转化，进而揭示了 USY 分子筛催化提质煤热解气态焦油的作用机理。

④ 随着煤变质程度的加深，煤中低分子化合物的含量逐渐减少；锡盟褐煤、五彩湾长焰煤和贺西焦煤中的低分子化合物含量依次为 25.3%，18.5% 和 9%。同时，其组成成分中脂肪族化合物的轻质芳烃类化合物含量逐渐减少，而稠环芳烃的含量显著增加。可见，随着煤变质程度的增加，镶嵌在大分子骨架结构中的低分子物质的结构逐渐复杂化。

⑤ 综合分析抽提前后煤样的热解产物以及 USY 分子筛催化下产物中 BTEXN 的产率变化规律，获知当热解温度为 600℃ 时，低分子化合物的存在使得 AWXM（经酸洗后的 XM 煤）、AWWCW（经酸洗后的 WCW 煤）和 AWHX（经酸洗后 HX 煤）煤焦油催化改质过程中 BTEXN 的产率分别增加了 2%（质量分数）、1.9%（质量分数）和 0.8%（质量分数）。可见，低分子化合物可以显著促进 USY 分子筛催化改质煤焦油过程中 BTEXN 的形成。

⑥ 分析低分子化合物的热解反应特性可知，其在热解过程中可以产生许多的含氢自由基以及 $H_2$、$CH_4$ 等供氢体，为煤热解过程以及煤热解气态焦油催化改质过程提供了一定的氢源，及时稳定大分子裂解碎片，促进稠环芳烃等焦油重质组分的逐级裂解，最终促进 BTEXN 等轻质芳烃的生成，从而显著改善焦油品质。

何媛媛利用 PY-GCMS 研究了 4 种不同煤阶的煤样（锡盟褐煤、安家岭长焰煤、五彩湾长焰煤、贺西焦煤）在不同温度段下热解生成 BTEXN 的释放规律，并结合煤自身结构特点分析了 BTEXN 的分布规律与煤结构参数之间的关联性。为了提高煤热解焦油中 BTEXN 的含量，实验选取了不同硅铝比（$SiO_2/Al_2O_3$ 的摩尔比分别为 18、25、50、80 和 150）的 HZSM-5 分子筛，分别简记为 HZ5-18、HZ5-25、HZ5-50、HZ5-80、HZ5-150，并考察了它们对煤热解生成轻质芳烃释放规律的影响。选取了蒽、石油醚和苄基苯基醚分别代表煤结构中的缩合芳环、脂肪侧链和 C—O 桥键结构，分析了模型化合物在不同硅铝比 HZSM-5 分子筛作用下热解产物的释放规律，进而深入分析 HZSM-5 分子筛催化煤热解挥发分提高 BTEXN 产率的作用途径。其主要研究结论如下：

① 煤热解生成 BTEXN 的组成和分布特性与其自身化学结构密切相关。与高变质程度的煤样相比，煤化程度较低的煤样生成 BTEXN 产量最高时所对应的温度较低。在相对较低温度 600℃ 下，带侧链的二甲苯和乙苯更易生成。温度升高，有利于苯和萘的生成。煤中易断裂生成 BTEXN 产物的芳香结构和化学键，如—$CH_2$ 和—$CH_3$、—$CH_2O$、R—O—R 和 R—OH 等含量的差异，造成了不同煤样热解生成 BTEXN 产量的不同。

② HZSM-5 分子筛对煤热解焦油的催化改质效果与分子筛酸性位分布和煤种特性密切相关。随着 HZSM-5 分子筛酸性位含量的降低，煤样热解生成 BTEXN 的产量呈现先增加后降低的趋势。HZ5-18 分子筛中 B 酸和 L 酸性位的含量均较高，分别为 $903\mu mol/g$ 和 $273\mu mol/g$，其更适合对煤化程度较高的煤焦油进行改质。B 酸和 L 酸含量相对适中的 HZ5-25（$SiO_2/Al_2O_3$ 为 25）和 HZ5-50（$SiO_2/Al_2O_3$ 为 50）分子筛则适用于低阶褐煤、气肥煤和焦煤热解焦油的催化改质。分子筛酸性位的改变，对苯、甲苯、乙苯、二甲苯、萘和酚类物质的促进生成作用影响因煤种差异而有所不同。

③ HZSM-5 分子筛在煤热解过程中同时具有芳构化和催化裂解作用。在 HZSM-5 分子筛的作用下，代表煤结构中脂肪烃结构的石油醚能够生成 BTEXN，验证了 HZSM-5 分子筛对煤热解挥发分中所含烷烃结构的芳构化作用。代表煤中缩合芳环和 C—O 键结构的蒽和苄基苯基醚，更易生成 BTEXN 等轻质芳烃产物。由此表明，在对煤热解气态焦油催化改质的过程中，HZSM-5 分子筛促进煤热解生成挥发分中多环芳烃及部分桥键结构裂解反应的作用能力更强。其中，B 酸和 L 酸含量较高的 HZ5-25 分子筛更有利于裂解反应的进行，而酸含量适中的 HZ5-50 分子筛更有利于煤热解挥发分产物中烃类物质芳构化反应的进行。

刘玉洁选择了 3 种来自不同区域、不同变质程度的煤作为实验用煤样，分别为锡盟褐煤 Coal A、福城气肥煤 Coal B、贺西焦煤 Coal C；并对煤样进行破碎、筛分，研磨至 0.15~0.25mm，置于干燥器中以备后续实验使用。3 种煤的工业分析和元素分析结果如表 4-27 所示。

表 4-27　煤样的工业分析和元素分析结果（质量分数）　　　单位：%

| 煤样 | 工业分析结果 | | | 元素分析结果 | | | | |
|---|---|---|---|---|---|---|---|---|
| | $M_{ad}$ | $A_d$ | $V_{daf}$ | $C_{daf}$ | $H_{daf}$ | $O_{daf}$ | $N_{daf}$ | $S_{daf}$ |
| Coal A | 11.7 | 15.3 | 46.5 | 69.0 | 4.3 | 24.7 | 1.2 | 0.7 |
| Coal B | 2.3 | 7.8 | 40.4 | 82.1 | 5.2 | 8.1 | 1.4 | 3.2 |
| Coal C | 0.5 | 9.0 | 22.9 | 86.1 | 4.7 | 7.1 | 1.7 | 0.4 |

实验中选用的 NaY 分子筛催化剂具体参数如表 4-28 所示。

表 4-28　NaY 分子筛催化剂各项参数

| NaY | 比表面积/(m²/g) | 相对结晶度/% | Na₂O 含量/% | 孔容/(cm³/g) | 灼减/% |
|---|---|---|---|---|---|
| | ≥720 | ≥90 | ≤13.0 | 0.3 | ≤20 |

该实验以 NaY 分子筛为研究对象，利用不同的改性方法分别对其酸性、孔结构进行调变，并结合 XRD、氮吸附、PY-FTIR（裂解-傅里叶交换红外光谱）、TEM 等表征，探讨其酸性和孔道结构在煤热解气态焦油催化改质过程中的作用。主要内容及结果包括：

① 利用 $^{13}$C NMR（碳-13 核磁共振波谱法）和 PY-GC/MS（裂解-气相色谱/质谱）分别考察了 3 种煤样（褐煤 Coal A、气肥煤 Coal B、焦煤 Coal C）的碳结构类型、比例及其热解特性。结果表明，原煤热解生成 BTEXN 的产率和分布与其化学结构密切相关。煤中芳香结构和化学键（如环烷基、桥键）的含量等直接影响着不同变质程度的煤热解气态焦油中 BTEXN 的产率和分布。Coal C 中芳香结构较多，其热解形成的 BTEXN 在 3 种煤中最多。Coal A 的结构中含有较多的脂肪碳结构，芳香碳结构相对较少，热解生成的芳香化合物相对较少。Coal B 结构中含有较多的桥键和环烷基结构，这些结构在热解时容易裂解促进 BTEXN 的生成。

② 通过等体积浸渍法向 NaY 分子筛负载不同质量分数的 ZnO 来制得一系列具有不同 L 酸量和强度的 Y 型分子筛。ZnO 的负载使分子筛的比表面积和孔容稍有增大，分子筛 L 酸量随着负载量的增大而逐渐增大，其中强 L 酸的含量变化明显。当 ZnO 负载量从 2%（质量分数）增大至 3%（质量分数）时，强 L 酸的含量从 0.11mmol/g 增加至 0.14mmol/g。对于不同煤阶的煤来说，其碳结构类型和比例不同，使得催化裂解时所需的 L 酸量和强度也不相同。但 L 酸调变的 Y 型分子筛的催化性能并不优异，煤热解气态焦油中 BTEXN 的产率增加幅度较小，推断 L 酸对焦油中重质组分轻质化的贡献较小。

③ B 酸调变的 Y 型分子筛的骨架基本保持不变，中强 B 酸的含量变化明显。10HY 分子筛（用 1.0mol/L 浓度的 NH₄NO₃ 溶液与 NaY 分子筛进行离子交换，经煅烧制得）中的 B 酸浓度达到 0.32mmol/g，而中强 B 酸量高达 0.20mmol/g。与 L 酸调变的分子筛相比，B 酸调变的分子筛对煤热解挥发分催化改质的效果极为显著，Coal A、Coal B 以及 Coal C 热解气态焦油中产生的 BTEXN 产率最高可达原煤热解的 3.2 倍、2.8 倍和 1.7 倍；中强 B 酸性的增加是其催化性能提升的主要原因，它能使多环芳烃大幅度裂解转化为 BTEXN，中强 B 酸是煤热解气态焦油催化裂解的有效活性中心。且不同煤阶的煤中碳结构类型和比例的不同导致热解产生的气态焦油组成不同，其最适宜的 B 酸量和 B/L 比例也不相同。

④ 利用高温水蒸气处理向 Y 型分子筛中引入介孔时，处理温度越高，产生的介孔比表面积和孔容越大，L 酸量增大，B 酸所占比例不断下降，同时分子筛的结构也会遭到一定程度的破坏。实验结果表明，Y 型分子筛水热脱铝引入介孔的最佳温度为 600℃，介孔数量多且分布较为均匀，此时分子筛的催化裂解效果也最为优异。在 600HTY（NaY 分子筛在 1.0mol/L 浓度的 $NH_4NO_3$ 溶液中进行离子交换，经 600℃水蒸气处理）催化时，3 种热解气态焦油中 BTEXN 的产率分别可达原煤热解的 5.2 倍、6.2 倍和 3.3 倍。BTEXN 产率大幅度提高的原因是介孔的引入解除了重质大分子反应物和产物的扩散限制，使其能顺利进入分子筛孔道裂解为 BTEXN 等轻质芳烃。

李冠龙利用 PY-GC/MS，研究了煤热解过程中的 BTEXN 释放量和分布规律，为热解过程中 BTEXN 的释放特性提供了基础数据；同时研究了不同催化剂在煤热解挥发分催化转化生成 BTEXN 过程中的催化作用，明确了 HZSM-5 以及活性金属 NiO、$MoO_3$ 对煤热解挥发分催化转化为 BTEXN 的反应机理，为煤热解过程挥发分中 BTEXN 的提取提供了科学的理论依据。选择锡盟煤作为主要研究对象，围绕煤热解过程中 BTEXN 的释放规律以及催化剂对煤热解产物中 BTEXN 的催化转化作用进行了一系列考察，取得以下主要研究结果：

① 考察了锡盟原煤热解过程 BTEXN 的释放规律。结果表明：500～800℃，BTEXN 生成量从 116ng/mg 增加到 1540ng/mg，BTEXN 剧烈增加，该过程主要以裂解反应为主；而 800℃之后，缩聚反应开始发生，因此 BTEXN 增加缓慢，生成量从 1540ng/mg 增加到 1000℃时的 1774ng/mg。BTEXN 最大增幅区间为 600～800℃。在 700℃下，褐煤热解生成 BTEXN 的总量低于烟煤，高于无烟煤。

② HZSM-5 对锡盟煤热解挥发分产物中 BTEXN 的增加具有显著的促进作用，在每个温度下 BTEXN 生成量都有不同程度增加。在 700℃时，BTEXN 总量达到最大值，为 4700ng/mg，相比原煤热解增加了 3 倍，表明此温度是 HZSM-5 催化挥发分产物生产 BTEXN 的最佳温度点。HZSM-5 对苯、甲苯、间对二甲苯、萘具有较高的选择性，分别使 4 种化合物增加 3.6 倍、2.9 倍、3.2 倍、7.5 倍。这是因为 HZSM-5 分子筛具有特殊孔道和酸性位，使得煤热解挥发分产物在经过 HZSM-5 作用后发生催化裂化、烯烃烷烃的芳构化以及酚脱羟基反应，从而生成较多的 BTEXN。

③ HZSM-5 的用量也显著影响 BTEXN 的生成量，当锡盟煤与 HZSM-5 的质量比为 1∶0.6 时，BTEXN 生成量最大。催化剂用量的增加意味着酸性位数量的增多，但只有酸性位数量适当时，HZSM-5 才能达到最好的转化率。

④ 在 700℃下考察了 Mo/HZSM-5 和 Ni/HZSM-5 催化剂对煤热解挥发分产物中 BTEXN 的影响。结果表明：当活性金属负载量为 10％时，会造成分子筛孔道的堵塞和酸性的降低，从而使催化活性下降。而热解挥发分产物经 5％Mo/

HZSM-5 和 5％Ni/HZSM-5 催化后，BTEXN 总量分别增加了 3.8 倍和 3.6 倍。虽然两种催化剂均具有较好的催化活性，但其具有不同的催化效果。其中 Mo/HZSM-5 具有催化裂化、烯烃烷烃芳构化、酚类的脱羟基作用以及甲烷芳构化作用，其对 BTEXN 各组分具有较好的选择性，尤其是苯和甲苯，二者生成量增加最多，分别增加了 5.3 倍和 3.7 倍；而活性金属 Ni 对苯和萘具有高度的选择性，分别使它们增加了 9 倍和 8.4 倍。这是因为 Ni/HZSM-5 可以促进酚类的脱羟基反应、芳香侧链的裂化以及烯烃烷烃的芳构化。

⑤ 研究表明 Mo/HZSM-5 和 Ni/HZSM-5 对热解挥发分产物转化为 BTEXN 的最佳催化温度分别为 700℃ 和 800℃。Mo/HZSM-5 适合在 500～700℃ 下对煤热解产物进行催化，而 Ni/HZSM-5 则适合在高温 800～1000℃ 下发挥催化作用。

⑥ 在 700℃ 下考察了 5％Mo/HZSM-5 和 5％Ni/HZSM-5 对不同煤种热解挥发分产物中 BTEXN 的作用。结果表明两种催化剂均能增加不同变质程度煤热解产物中的 BTEXN 含量。经这两种催化剂中任意一种催化后，褐煤热解挥发分生成的 BTEXN 增量均高于烟煤，表明这种催化方法是褐煤热解生成高附加值产品的重要途径。

孙鸣等以陕北中低温煤焦油重油（CT）为原料，采用旋转薄膜精馏仪，在减压 200℃ 条件下，切取得到轻质煤焦油馏分（LCTF）和重质煤焦油馏分（HCTF）；并以 HZSM-5、$\gamma$-Al$_2$O$_3$、$M$HZSM-5 和 $M\gamma$-Al$_2$O$_3$（$M$＝Ni＋Mo，其中 Ni＝4％，Mo＝20％）为催化剂，借助热裂解-气相色谱/质谱联用仪（PY-GC/MS），对 CT、LCTF 和 HCTF 进行快速催化裂解，考察了催化剂对裂解产物分布的影响。研究表明：催化剂对 3 种原料均具有催化形成轻质芳烃的改质效果，强酸性位含量丰富的 HZSM-5，改质效果优于具有一定量弱酸性位的 $\gamma$-Al$_2$O$_3$。随着重质组分（主要为多环芳烃）的增多，LCTF、CT 和 HCTF 分别经同种催化剂催化改质形成轻质芳烃的转化率逐渐降低。HCTF 分别经 HZSM-5 和 $M$HZSM-5 催化裂解后，含氧化合物百分比分别降低了 63％和 42％，脂肪烃百分比分别增加了 39％和 145％。

在实验中，煤焦油重油（CT）、轻质馏分（LCTF）和重质馏分（HCTF）原料的工业分析和元素分析结果见表 4-29。

表 4-29　原料的工业分析和元素分析结果（质量分数）　　　单位：％

| 样品 | 工业分析结果 | | | | 元素分析结果 | | | | |
| --- | --- | --- | --- | --- | --- | --- | --- | --- | --- |
| | $M_{ad}$ | $V_{daf}$ | $FC_{daf}$ | $A_d$ | $C_{daf}$ | $H_{daf}$ | $O_{daf}$ | $N_{daf}$ | $S_{t,daf}$ |
| CT | 9.41 | 95.05 | 4.95 | 0.25 | 77.46 | 9.16 | 12.60 | 0.53 | 0.25 |
| LCTF | 91.86 | 95.42 | 4.58 | 0.12 | 73.11 | 7.25 | 18.58 | 0.67 | 0.39 |
| HCTF | 1.99 | 89.40 | 10.60 | 0.50 | 75.98 | 6.50 | 16.32 | 0.90 | 0.30 |

采用 4 种催化剂，其比表面积和孔隙结构见表 4-30。由表 4-30 可见，HZSM-5 拥有较大的比表面积，$\gamma$-Al$_2$O$_3$ 则有较大的孔径和孔容，$M$HZSM-5 和 $M\gamma$-Al$_2$O$_3$ 的比表面积和孔容均小于其各自负载前。

表 4-30    催化剂的比表面积和孔隙结构

| 催化剂 | 比表面积/$(m^2/g)$ | 孔容/$(cm^3/g)$ | 孔径/nm |
|---|---|---|---|
| HZSM-5 | 376 | 0.21 | 22 |
| $\gamma$-$Al_2O_3$ | 179 | 0.24 | 54 |
| $M$ HZSM-5 | 240 | 0.20 | 35 |
| $M\gamma$-$Al_2O_3$ | 146 | 0.18 | 50 |

实验在 PY-GC/MS 装置中进行，其实验的影响规律如下：

（1）催化裂解对产物产率的影响    PY-GC/MS 无法收集裂解产物，不能确定在催化裂解条件下的液体产物产率。由于每次实验所用的原料量相同，因此可以分别通过离子总图总峰面积、单个产物峰面积的比较，间接反映挥发性有机产物总产率或者单个产物产率的变化情况。

不同催化剂对 LCTF、CT 和 HCTF 裂解产物总峰面积的影响如图 4-22 所示。由图 4-22 可知，HZSM-5 对 LCTF、CT 和 HCTF 裂解产生的挥发性有机产物总产率（简称"总产率"）均有良好的促进作用。因为 HZSM-5 有较强的酸性位和较多的酸性含量，可以为催化裂解反应提供更多的反应活性中心，所以能让更多的反应物在此发生相应的反应；$\gamma$-$Al_2O_3$ 将 LCTF 裂解产物总产率提升了近 1.2 倍，促进作用明显，而其分别对 CT、HCTF 裂解产生挥发性有机物有着微弱的促进作用。$\gamma$-$Al_2O_3$ 也有一定强度的弱酸性位和酸性含量，且有着较大的孔径，更多的分子可以进入 $\gamma$-$Al_2O_3$ 的反应活性中心进行反应。从 LCTF 到 CT 到 HCTF，小分子类化合物逐渐减少，大分子类化合物逐渐增多，$\gamma$-$Al_2O_3$ 对挥发性有机产物的催化效率也逐渐下降。

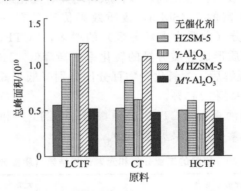

图 4-22    不同催化剂对原料裂解产物 GC/MS 总离子峰面积的影响

$M$ HZSM-5 对 LCTF 和 CT 挥发性有机产物的总产率有着显著的促进作用，可将二者裂解产物总产率均提高 1 倍以上，而且也可略微提高 HCTF 裂解挥发性有机产物的总产率；这可能是因为 HZSM-5 有大量的酸活性位，负载金属离子之后，又增加了金属活性位，使得挥发性有机产物总产率有较大的提升。而 $M\gamma$-$Al_2O_3$ 则对 LCTF、CT 和 HCTF 裂解产物总产率具有一定的抑制作用；可能是负载金属离子之后其比表面积和孔径都变小，致使其活性中心急剧减少，所以其催化活性大大降低，使产物总产率下降。

（2）催化裂解对产物分布的影响　图4-23为4种不同催化剂下催化裂解产物中族组分及单一化合物的相对峰面积比。由图4-23可知，CT、LCTF分别经HZSM-5、$\gamma$-Al$_2$O$_3$ 催化裂解后，较二者直接裂解时，挥发性有机产物均呈现出脂肪烃、含氧化合物百分比下降，而芳香烃百分比增加的趋势。

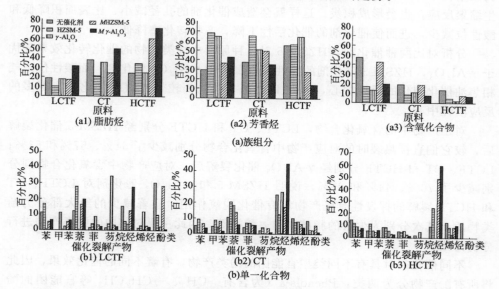

图4-23　不同催化剂下催化裂解产物中族组分及单一化合物的相对峰面积百分比

对于产物中的烃类物质，LCTF与CT经HZSM-5催化热解后，脂肪烃较二者直接裂解时，分别减少了45%和43%；而经 $\gamma$-Al$_2$O$_3$ 催化裂解后，二者产物中的脂肪烃均减少了6%。

LCTF经HZSM-5催化裂解后，芳香烃类产物较其直接裂解时增加了137%，其中轻质芳烃（LAs，苯环数≤2，如苯、萘等）增加了184%，多环芳烃（PAHs，苯环数≥3，如芘、等）减少了8%，说明HZSM-5催化剂能够显著提高LAs类产物的产率。LCTF经 $\gamma$-Al$_2$O$_3$ 催化裂解后，其产物中的芳香烃较其直接裂解时增加了124%，其中LAs从5.71%增加至38.2%，说明 $\gamma$-Al$_2$O$_3$ 催化剂对LCTF形成LAs具有良好的促进作用。

CT经HZSM-5催化裂解后，其产物中的芳香烃较其直接裂解时增加了80%，其中LAs增加了85%，PAHs减少了16%。而CT经 $\gamma$-Al$_2$O$_3$ 催化裂解后，其产物中的芳香烃增加了28%，其中LAs增加了44%，PAHs含量则基本稳定，说明 $\gamma$-Al$_2$O$_3$ 催化剂对CT形成LAs也具有一定的促进作用。由上述可知HZSM-5和 $\gamma$-Al$_2$O$_3$ 催化剂均能有效促进脂肪烃发生开环、脱氢芳构化反应生成LAs类产物，也可能会促使PAHs类物质通过加氢裂化反应转化为LAs类物质。

HCTF分别经HZSM-5和 $\gamma$-Al$_2$O$_3$ 催化裂解后，挥发性有机产物中的脂肪烃和芳香烃均有不同程度的增加。HCTF经HZSM-5催化裂解后，脂肪烃较其直接裂解时增加了 39％，芳香烃则增加了 2％，其中 LAs 增加了 9％，而 PAHs 减少了 6％；HCTF 经 $\gamma\text{-}Al_2O_3$ 催化裂解后，脂肪烃增加了 4％，芳香烃增加了 18％，其中 LAs 增加了 2％，而 PAHs 则增加了 12％。说明催化剂对 HCTF 进行催化裂解后，裂解产物中的高沸点化合物（重质组分）可能会吸附在催化剂的孔道结构中形成积炭；而且催化过程中，裂解产物在催化剂的酸性位上，可能发生缩聚反应，也会形成积炭。这样就会造成催化剂的孔径减小、比表面积降低和酸性位减少，进而使催化剂的催化活性下降，产物转化率降低。

分析对比两种催化剂，HZSM-5 对 3 种原料中烃类产物的催化转化效果要优于 $\gamma\text{-}Al_2O_3$，HZSM-5 催化剂的酸性位含量富于 $\gamma\text{-}Al_2O_3$ 催化剂，而酸性位是气相焦油催化裂化的活性中心，因此 HZSM-5 催化剂较 $\gamma\text{-}Al_2O_3$ 催化剂有更多的反应活性中心。

对于产物中的含氧化合物，LCTF、CT 和 HCTF 分别经 HZSM-5 催化裂解后，较它们直接热裂时的对应产物中含氧化合物分别减少了 64％、57％ 和 63％；LCTF、CT 和 HCTF 分别经 $\gamma\text{-}Al_2O_3$ 催化裂解后，对应产物中含氧化合物则分别减少了 70％、44％ 和 87％，说明 HZSM-5 和 $\gamma\text{-}Al_2O_3$ 催化剂对 LCTF、CT 和 HCTF 裂解的挥发性有机产物均有催化脱氧作用。显著减少的绝大部分为酚类物质，其次分别为少量的脂肪酸类、醇类等，因此主要对其中的酚类产物进行分析讨论。

不同催化剂对具有不同类型官能团的酚类产物，有着不同的催化效果，因此将所有酚产物分为两类：Phenols-a（为含有 —$CH_3$、—$CH_2CH_3$ 等官能团的酚类产物，如二甲基苯酚等）和 Phenols-b（为无侧链的酚类产物，如苯酚、萘酚等）。LCTF、CT 和 HCTF 分别经 HZSM-5 催化裂解后产物中，Phenols-a 百分比分别从 29.38％ 下降至 11.47％，9.27％ 下降至 3.88％，7.49％ 下降至 0％；而 Phenols-b 则分别由 1.67％ 增加至 1.79％，0.28％ 增加至 0.29％，0.55％ 下降至 0％。LCTF、CT 和 HCTF 分别经 $\gamma\text{-}Al_2O_3$ 催化裂解后产物中，Phenols-a 百分比分别从 29.38％、9.27％、7.49％ 变为 0％、1.63％、0.14％；Phenols-b 分别由 1.67％、0.28％、0.55％ 变为 0％、0.34％、0.48％。可以看出，酚类产物的减少主要是 Phenols-a 的转化。

由此说明 CTF、CT 和 HCTF 分别经 HZSM-5、$\gamma\text{-}Al_2O_3$ 催化裂解的过程中，含氧化合物可能有两个反应进行方向。其中一个主要可能发生的反应方向是：大部分 Phenols-a 进入催化剂孔道后，在其酸性位的作用下，首先发生了脱—$CH_3$、—$CH_2CH_3$ 等反应生成 Phenols-b，然后 Phenols-b 再脱—OH 转变为烃类物质。另外一个可能进行的反应方向是：Phenols-a 类产物直接发生脱氧加氢反应生成烃类物质。而 $\gamma\text{-}Al_2O_3$ 对含氧化合物的催化生烃效果又要强于 HZSM-5，虽然前者的酸性位强度和含量小于后者，但是前者的孔道尺寸大于后者，使得反应物更容易进入前者的催化剂孔道，到达活性位点进行反应，而且前者的比表面积也大于后者，所以前者的催化活性要大于后者，能让更多的酚类转化为烃类化合物。

　　HCTF、CT 分别经 $M$HZSM-5、$M\gamma$-Al$_2$O$_3$ 催化裂解后，各类产物的转化率均小于它们分别经 HZSM-5、$\gamma$-Al$_2$O$_3$ 催化裂解后相应产物的转化率。例如，CT 经 $\gamma$-Al$_2$O$_3$ 催化裂解后，较其直接裂解时，含氧化合物减少了 60％，而其经 $M\gamma$-Al$_2$O$_3$ 催化裂解后，含氧化合物减少 44％；LCTF 经 HZSM-5 催化裂解后，PAHs 相对含量略微增加，LAs 增加了 85％，而 LCTF 经 $M$HZSM-5 催化裂解后，PAHs 减少了 1.2％，LAs 增加了 16％。说明对于 LCTF 和 CF 两种原料，$M$HZSM-5 和 $M\gamma$-Al$_2$O$_3$ 催化剂对 LAs 类产物的选择性、含氧化合物脱氧生烃的效果均低于其各自负载前。

　　HZSM-5 催化剂有大量的酸活性位，使得 Phenols-a 在这些活性位上发生脱—CH$_3$、—CH$_2$CH$_3$、—OH 等反应，从而转化为大量 LAs 及少量 Phenols-b；负载金属离子后，引入金属活性位的同时，替代了部分酸活性位，致使其活性中心减少。而 $\gamma$-Al$_2$O$_3$ 有着较大的孔径、比表面积以及一定量的弱酸性位，负载金属离子引入的金属活性位替代了部分酸活性位，并且使其孔径和比表面积都有所降低，从而也降低了其催化活性。因此，$M$HZSM-5 和 $M\gamma$-Al$_2$O$_3$ 对催化裂解产物的催化转化强度都有所减弱。

　　需要说明的是，LCTF、CT 分别经 $M$HZSM-5 催化裂解后，较它们直接裂解时，挥发性产物中脂肪烃、芳香烃、含氧化合物等组分的催化转化率虽然较小，但是 $M$HZSM-5 对 LCTF 和 CT 两种原料挥发性产物的总产率却有着巨大的提升，所以从整体来看，挥发性产物中脂肪烃、芳香烃、含氧化合物等组分的催化转化量却增大。所以 $M$HZSM-5 对 LCTF 和 CT 两种原料的催化转化效率要强于 HZSM-5。

　　HCTF 分别经 $M$HZSM-5、$M\gamma$-Al$_2$O$_3$ 催化裂解后，各类挥发性有机产物相对含量变化的趋势，与其分别经 HZSM-5、$\gamma$-Al$_2$O$_3$ 催化裂解后相应产物的变化趋势大体一致；例如 HCTF 分别经 HZSM-5、$M$HZSM-5 催化裂解后，较其直接裂解时，含氧化合物分别减少了 63％、42％，脂肪烃分别增加了 39％、145％。但 HCTF 分别经 $M$HZSM-5、$M\gamma$-Al$_2$O$_3$ 催化剂催化裂解后，产物中芳香烃的相对含量却急剧降低，而且芳香烃中单环芳烃（MAHs，如苯、甲苯和二甲苯等）的相对含量基本稳定，PAHs 相对含量则急剧减少，这与其分别经 HZSM-5、$\gamma$-Al$_2$O$_3$ 两种催化剂催化裂解后，产物中芳香烃增加的趋势相反。例如，HCTF 分别经 $\gamma$-Al$_2$O$_3$、$M\gamma$-Al$_2$O$_3$ 催化裂解后，较其直接裂解时，产物中芳香烃分别增加了 18％和减少了 70％。而且二者挥发性产物中，带有—Cl、—F 等官能团的芳香类产物也急剧减少。例如，HCTF 经 $M$HZSM-5 催化裂解后，较其直接裂解时，产物中二氯甲基萘百分比从 0.44％降为 0％。由此推测，$M$HZSM-5、$M\gamma$-Al$_2$O$_3$ 能够使 HCTF 中此类（含有—Cl、—F 等官能团）芳香产物脱除这些官能团，转化为烃类产物，降低杂原子化合物含量；同时也促进 PAHs 类物质进一步催化裂化为更多的脂肪烃，从而提高碳氢化合物的总产率。

　　闫伦靖对煤焦油气相催化裂解生成轻质芳烃作了系统研究，其主要研究内容和结果是：

　　(1) 选用 3 种不同变质程度煤（褐煤 Coal A、长焰煤 Coal B、焦煤 Coal F），利用 PY-GC/MS 分析脱矿物质前后煤热解 BTEXN 分布规律，以此考察了煤中矿物质对 BTEXN 形成规律的影响，并解析了矿物质对 BTEXN 生成的催化作用机理。利用索式抽提仪对 3 种煤样进行吡啶溶剂抽提，获得了吡啶抽提煤样和低分子化合物，之后探讨了低分子化合物对 BTEXN 生成规律的影响及原因。主要结果如下：

　　① 与原煤相比，褐煤 Coal A 和长焰煤 Coal B 脱矿物质煤样热解生成的 BTEXN 含量分别降低 26.2% 和 6.6%，而焦煤 Coal F 在脱矿物质前后 BTEXN 产量几乎一致。这与煤中矿物质的类型密切相关，褐煤 Coal A 和长焰煤 Coal B 中 K、Na、Ca、Mg、Fe 这五种金属总含量分别为 3.3% 和 1.6%，而焦煤 Coal F 中仅为 0.5%。因此，3 种煤中矿物质对苯、甲苯、二甲苯、乙基苯和萘生成的影响存在较大差异。煤中含 K、Na、Ca、Mg 和 Fe 等金属的矿物质可以催化分解酚类化合物和稠环芳烃，将其裂解为苯、甲苯和二甲苯等轻质芳烃。

　　② 脱矿物质的褐煤 Coal DA 和长焰煤 Coal DB 的抽提残煤与抽提液在 1000℃下裂解所得的 BTEXN 产量总和分别占原煤热解量的 73% 和 82%，表明低分子化合物对低阶煤热解过程中轻质芳烃的形成具有促进作用。但是对于高变质程度焦煤 Coal DF，抽提残煤和抽提液 1000℃下热解的 BTEXN 产量总和是原煤的 97%，赋存在焦煤中的低分子化合物对轻质芳烃形成影响较小。这与煤中低分子化合物的含量及类型相关。褐煤 Coal A 和长焰煤 Coal B 中所赋存的小分子化合物较多（分别占煤质量的 23.7% 和 16.5%），且以脂肪族化合物和含氧芳香化合物为主。焦煤 Coal F 结构中本身所赋存的低分子化合物有限（占煤质量的 7.2%），主要以萘系物和稠环芳烃为主。因而焦煤 Coal F 中的供氢作用不明显。

　　③ 煤热解产生的 BTEXN 主要来自煤大分子骨架结构的热分解，但煤中赋存的低分子化合物对煤热解过程中苯、甲苯、二甲苯、乙基苯和萘的形成具有促进作用，特别是对乙基苯、甲苯和萘尤为显著。赋存在煤中的低分子化合物（酚、醚、直链烃等化合物）可作为富氢组分，及时稳定煤裂解碎片，最终形成轻质芳烃。

　　(2) 研究了热解温度 600℃、800℃、1000℃下 3 种不同变质程度脱矿物质煤（褐煤 Coal DA、长焰煤 Coal DB、焦煤 Coal DF）和吡啶抽提残煤（Coal DAR、Coal DBR、Coal DFR）热解焦油催化前后 BTEXN、稠环芳烃、带侧链芳烃化合物和酚类化合的变化规律，进而探讨了赋存在煤中的低分子化合物对煤热解焦油催化改质的影响，同时分析了煤热解伴生 $H_2$、$CH_4$ 对焦油催化改质的作用。主要结果如下：

　　① USY 分子筛对不同变质程度煤种在不同温度下热解气相焦油的催化改质效果不同，最终产物中轻质芳烃产量有较大差异。与 600℃相比，褐煤 Coal DA 和长焰煤 Coal DB 在 800℃或 1000℃下热解焦油经 USY 分子筛催化后，苯的产量大幅度提高，但甲苯、二甲苯、乙基苯和萘的产量却降低；800℃下褐煤 Coal

DA 中苯的含量增加了 140％以上，其他四种芳烃则降低了 13％～47％。而对于高变质程度煤 Coal DF，随着温度的增加，热解焦油经催化改质后，苯、甲苯、二甲苯、乙基苯和萘的产量均不断提高。催化改质低阶煤的低温热解焦油可获取较高产量的二甲苯和乙基苯等带侧链芳烃化合物，对高变质程度煤的高温热解焦油进行催化改质，可获得高产量的苯、甲苯和萘。

② 煤热解稠环芳烃（3～6 环 PAHs）、高级酚类化合物（如乙基苯酚和邻苯二酚）和带侧链芳烃化合物（如三甲基萘、甲基菲）可以在 USY 催化剂的作用下发生裂解反应，裂解碎片在与富氢组分提供的小分子自由基结合后，形成了较为稳定的苯、甲苯等轻质芳烃。催化前后低阶煤中 3 环 PAHs 的变化规律并不明显，催化产物中部分侧链芳烃化合物（1-甲基萘、2-甲基萘等）和酚类化合物（苯酚、甲酚等）产量有所增加。这是因为更稠密芳烃化合物被裂解。1000℃下，褐煤 Coal DA 中 4～6 环 PAHs 裂解率高达 47％。焦煤 Coal DF 中 3～6 环 PAHs、带侧链芳烃化合物和酚类化合物均可被催化裂解形成苯、甲苯等轻质芳烃。不同煤结构热解产物组成、含量不同，其催化改质过程亦不相同。

③ 吡啶抽提残煤热解气相焦油催化改质后产物中的 BTEXN 产量均低于原煤催化产物，800℃时经催化后褐煤 Coal A、长焰煤 Coal B 和焦煤 Coal F 的吡啶抽提残煤中 BTEXN 生成量比原煤分别少了 42％、47％和 10％。同时经 USY 分子筛的催化裂解作用后，抽提残煤中重质芳烃裂解率低于原煤，低阶煤的抽提残煤（Coal DAR 和 Coal DBR）中一些稠环芳烃，如苊烯、芴、菲和蒽等产量甚至有所增加。煤中低分子化合物的缺失使 USY 分子筛对热解焦油催化改质效果大幅下降。

④ 赋存在煤中的低分子化合物可作为富氢组分为焦油催化改质提供小分子自由基，及时稳定稠环芳烃、带烷基侧链芳烃和酚类化合物等物质的裂解碎片，进而逐步形成轻质芳烃。低分子化合物对低阶煤热解焦油催化改质过程的作用尤为明显，这主要与赋存在煤中低分子化合物的组成以及含量相关。煤热解过程中伴生 $H_2$、$CH_4$ 也可为焦油催化改质过程提供·H、·$CH_3$ 等小分子自由基，促进轻质芳烃的形成。

（3）选用苄基苯基醚、联苄、邻苯二酚、正丁基苯、邻乙基甲苯、芘和蒽 7 种模型化合物来表示煤中桥键、烷基侧链、缩合芳环等结构，对其催化前后产物的组成特征、BTEXN 含量的变化规律进行了分析，提出了催化形成轻质芳烃的裂解途径。根据煤热解气相焦油催化改质特点，探讨了煤热解重质焦油裂解碎片耦合伴生富氢组分形成轻质芳烃的过程机制。主要结果如下：

① 煤结构中桥键的代表模型化合物（联苄、苄基苯基醚）和烷基侧链代表物（正丁基苯和邻乙基甲苯）较容易裂解形成苯、甲苯等轻质芳烃。联苄催化产物主要以苯、甲苯、乙基苯为主，苄基苯基醚中则含有较高含量的苯、甲苯和苯酚。正丁基苯中以苯、甲苯和乙基苯为主，邻乙基甲苯催化产物中甲苯和二甲苯较多。但 USY 分子筛对邻苯二酚、荧蒽和芘的催化裂解能力相对较弱，催化产物总峰面积比联苄减少了 90％左右。

② 煤热解挥发分在与催化剂接触后，催化剂酸性位中的质子攻击芳烃化合物中的 $C_{al}$—$C_{al}$ 或 $C_{al}$—O 连接键、芳烃的烷基侧链、酚类化合物中的羟基、稠环芳烃中的芳香环等，被活化的芳烃中芳香环与烷基连接处的 $C_{ar}$—$C_{al}$ 或 $C_{ar}$—O、芳烃烷基侧链中的 $C_{al}$—$C_{al}$、化合物中的环烷烃、芳香环的羟基、稠环芳烃中经氢转移反应加氢形成的饱和环可发生开环、裂解等反应，形成的裂解碎片与赋存在煤中的低分子化合物及煤热解产生的 $H_2$、$CH_4$ 提供的 ·H、·$CH_3$ 等小分子自由基结合，最终形成苯、甲苯、乙基苯、二甲苯和萘等轻质芳烃。

③ 催化改质煤热解焦油形成轻质芳烃的关键是煤结构中含有较多的环烷基和亚甲基桥键，热解过程中会形成更多的可裂解芳烃化合物。煤结构中含 O 桥键所占比例较低，带烷基侧链芳烃、含脂肪碳连接键或环烷基结构芳烃更容易裂解形成较高产量的 BTEXN。

王德亮提出将大宗固体废弃物赤泥（RM）的综合利用、烷基化装置废弃硫酸无害化处置与催化煤热解产物提高热解油气品质工艺进行耦合，以赤泥基催化剂制备过程中催化剂物化性质的变化、烷基化废酸制备炭基催化剂自组装过程的探究、赤泥酸解产物高值化利用为主线，通过采用固定床反应器实现不同种类催化剂原位或非原位催化煤热解，考察了不同类型催化剂、不同催化提质方式的催化提质效果，以实现提高煤热解焦油品质、定向调控煤热解挥发物二次反应的目的，为煤热解过程的催化调控和废弃物的资源化利用提供理论支撑。

主要研究内容和结果如下：

（1）赤泥基催化剂原位催化煤热解的研究　对赤泥进行酸碱处理，制备了不同钠含量的系列赤泥基催化剂，通过催化剂中钠含量的调控、酸溶剂的选择可实现定向调节催化剂酸性、孔道特征的目的，建立了酸碱处理定向调变赤泥基催化剂物化性质的方法。在固定床反应器中考察了赤泥基催化剂原位催化煤热解的效果，结果表明：600℃条件下，煤单独热解焦油、轻质焦油（沸点小于360℃的馏分）产率达到最大值，分别为 11.1%（质量分数）和 6.6%（质量分数），轻质组分含量为 60.0%；与单独热解相比，当添加煤量 4.0%（质量分数）的 3.2%Na/RM 时，轻质焦油产率为 7.7%（质量分数），焦油中轻质组分含量达到 74.0%，分别增加了 16.7% 和 23.3%。与水洗催化剂样品相比，酸碱处理后催化剂的强酸位点降低或消失，弱酸强度增加，催化剂上积炭减少，焦油中轻质焦油的含量提高；酸碱处理是改变赤泥催化剂材料物化性质、提高催化提质性能的有效手段。赤泥基催化剂中氧化铁可以提供晶格氧，促进 C—C 键的断裂，增加 CO 和 $CO_2$ 产率；碱金属与碱土金属组分可以促进重质焦油组分的裂解，抑制催化剂积炭，但却增加了气体产率；二氧化钛组分有利于焦油中轻质组分含量的提高。

（2）赤泥基催化剂对煤热解挥发物的催化提质研究　在固定床反应器中考察了不同酸（硝酸、盐酸、硫酸）、碱处理赤泥基催化剂对煤热解挥发物的催化提质效果，结果表明：当采用煤样 10%（质量分数）的硝酸处理样品（NC，钠含量为 4.9%）作为催化剂、裂解温度为 500℃时，轻质焦油产率为

7.4%（质量分数），焦油中轻质焦油含量为 80.0%，与单纯煤热解相比分别增加了 6.1%和 33.3%。为进一步降低赤泥基催化剂中钠的含量，在酸碱处理制备赤泥催化剂的过程中，通过多次水洗制备了低钠含量［钠含量 0.4%～1.3%（质量分数）］的催化剂，并考察了其对煤热解挥发物的催化提质作用。当采用煤样 10%（质量分数）的硫酸处理后多次水洗样品［SCWM，钠含量为 1.1%（质量分数）］作为催化剂、裂解温度为 500℃时，轻质焦油产率为 7.0%（质量分数），焦油中轻质焦油含量为 80.0%，与单纯煤热解相比分别增加了 6.1%和 33.3%。结果表明，赤泥基催化剂制备过程中增多过滤水洗的次数，可有效降低赤泥基催化剂中的钠含量；但同时增大了催化剂的比表面积，进一步加大了煤热解挥发分中焦油组分的裂解和催化剂孔道内的积炭，降低了催化提质性能。

（3）表面功能化炭材料（红油炭材料）对煤热解挥发物的催化提质研究　采用一步聚合的方法，将烷基化废酸中的有机物与浓硫酸分离，制备了磺化的聚炭材料（PCMs），高温热解聚炭材料后制备得到红油炭材料（RDCMs）。对 RDCMs 的自组装过程进行了详细的探讨，并将其用作催化提质煤热解挥发分的催化剂。结果表明，烷基化废酸中的烯烃化合物在浓硫酸的作用下，发生加成、环化、芳构化等一系列反应，生成了具有多孔结构、硫掺杂的炭材料；当采用煤样 10%（质量分数）的 RDCMs 作为催化剂、裂解温度为 500℃时，轻质焦油产率达到 7.8%（质量分数），焦油中轻质焦油含量为 80.0%，与单纯煤热解相比提高了 19.6%和 33.3%。RDCMs 的催化性能优于活性炭（AC）和半焦，与 AC 和半焦相比，RDCMs 在其自组装过程中形成了丰富的孔道结构，具有较大的比表面积，并且硫掺杂碳骨架形成了较多的缺陷位点。另外，硫的掺杂提高了催化剂活化热解水的能力，有效促进了煤热解挥发分的氧化、加氢反应和重质组分的裂解。

（4）赤泥高值化与煤热解工艺耦合研究　将赤泥改性半焦（RMMC）、赤泥酸解后的含铁废液分别用作非原位、原位催化煤热解的催化剂，用以解决赤泥原位催化煤热解后催化剂难以回收以及原位催化煤热解工艺对廉价金属溶液需求的两方面难题。研究结果表明，与单纯煤热解相比，当采用煤样 10%（质量分数）的 RMMC、裂解温度为 450℃时，轻质焦油产率达到 6.9%（质量分数），焦油中轻质焦油含量为 77.0%，分别提高了 4.5%和 28.3%，超过 45%的重质组分被裂解，其催化提质性能优于普通半焦。与半焦相比，RMMC 比表面积明显增加，具有丰富的金属活性组分，重质组分裂解能力明显增加。当向煤喷淋 0.25%（质量分数）的含铁废液时，轻质焦油产率为 7.6%（质量分数），焦油中轻质组分含量达到 73.0%，分别增加了 15.2%和 21.7%。含铁废液中的 Fe、Al 活性组分促进了煤热解挥发分的氧化反应和重质组分的裂解，提高了焦油中轻质组分的比例。

（5）HZSM-5 对煤热解挥发物的催化提质研究　不同硅铝比的 HZSM-5 被用作煤热解挥发物的催化提质催化剂，用以考察催化剂酸性特征对催化煤热解过程中焦油品质、积炭的影响。结果表明，当 HZSM-5 硅铝比由 23 增长到 310 时，催化剂上的积炭从 120.1mg/g 降到 23.9mg/g，随着硅铝比的增加，强酸和弱酸量降低，催化剂积炭量逐渐降低；HZSM-5 中强酸与弱酸位点的比值与焦油品质具有一定的联系，当比值越高时，越利于提高焦油中轻质焦油的含量。另外，随着硅铝比的增加，焦油中芳烃组分含量逐渐降低，这表明 HZSM-5 的酸性强弱与挥发分的氢转移、环化、芳构化反应相关；硅铝比低时，HZSM-5 酸性强，可通过烯烃的低聚-环化-脱氢反应，生成更多的芳烃组合。

梁鹏等采用混捏法制备了一种添加助剂 La 的 Ni-白云石催化剂。在常压固定床反应器中，以正十二烷、环己烷、甲苯和甲基萘的混合物作为焦油模型化合物，进行焦油裂解特性研究；考察了温度、空速、水料比等条件对气相产物产率的影响，该催化剂的最佳操作条件为反应温度 800℃、空速 300h$^{-1}$、水料比 5∶1、再生温度 700℃、再生时间 1h。XRD 表征结果表明，改性白云石催化剂中形成了 MgO-NiO 固溶体和 La(NiO$_3$) 晶体。粉尘中的不同组分对催化剂性能的影响不同，CaO 有利于提高催化剂的活性，Fe$_2$O$_3$ 的沉积会形成 NiFe$_2$O$_4$ 的新晶相，而 SiO$_2$ 能促进表面积炭，对催化活性的"抑制"作用明显。

陈宗定等以褐煤为原料制备的半焦作为催化剂，在二阶石英反应器中对胜利褐煤热解产生的焦油进行原位催化重整研究；通过气相色谱-质谱联用（GC-MS）对焦油组分进行了定性和定量分析，利用 X-射线衍射（XRD）及扫描电镜-能谱分析（SEM-EDS）等技术对活化和未活化半焦进行分析比较。结果表明：焦油产率随温度升高而呈下降趋势，高温利于焦油中的重组分裂解及轻组分生成；半焦对焦油具有较好的催化重整效果，相对于未活化半焦，经水蒸气活化后的半焦具有更加丰富的孔隙结构，比表面积和表面金属含量（如 Fe、Ca 等）更高，催化重整效果更加明显；增加活化半焦的用量使得焦油产率正比例下降，而增加未活化半焦的用量基本没有影响。

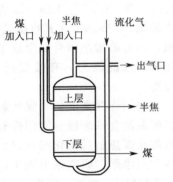

图 4-24　半焦制备/焦油催化重整实验二阶石英反应器

在实验中选用粒度 98～150μm 的胜利褐煤作为原料，置于二阶石英反应器（图 4-24）中，采用慢速升温（升温速率约 15/℃min），在 900℃、高纯氩气（99.999%）环境下对原煤进行热解处理，达到预设温度后保持 0.5h，取出反应器，惰性气氛下冷却至室温，得到未活化半焦；另外按照相同的方式，将原煤在 900℃下热解 0.5h 后调整氩气气流量并通入水蒸气（气体流量为总体积流量的 15%），保留 10min，在惰性气氛下冷却至室温，得到活化半焦。原煤、未活化半焦和活化半焦的组成分析结果见表 4-31。

表 4-31  原煤、未活化半焦和活化半焦工业分析与
元素分析结果（质量分数）                          单位：%

| 项目 | 工业分析结果 | | | | 元素分析结果 | | | | |
|------|------|------|------|------|------|------|------|------|------|
| | $M$ | $A_d$ | $V_{daf}$ | $FC_{daf}$ | $C_{daf}$ | $H_{daf}$ | $N_{daf}$ | $S_{daf}$ | $O_{daf}$ |
| 原煤 | 4.11 | 7.990 | 46.26 | 53.74 | 64.39 | 4.50 | 1.21 | 0.42 | 29.48 |
| 未活化半焦 | 6.28 | 12.640 | 13.70 | 86.30 | 91.59 | 1.46 | 1.05 | 0.23 | 5.67 |
| 活化半焦 | 7.87 | 12.085 | 11.77 | 88.23 | 93.66 | 1.57 | 1.27 | 0.23 | 3.26 |

原煤使用前先置于真空干燥箱中干燥（70℃，24h），焦油的催化重整实验在二阶石英反应器中进行；将约 1g 的催化剂半焦均匀平铺于上层筛板，将 1g 原煤平铺于下层筛板，原煤在热解过程中产生的挥发分将通过上层半焦催化剂进行原位催化重整。

该实验的内容及结果是：

（1）半焦催化对焦油产率和组成的影响  图 4-25 显示了无半焦、加入未活化半焦及活化半焦作为催化剂对焦油产率的影响。总体来说，有/无半焦存在的条件下，焦油产率均随温度升高而降低。与活化半焦相比，不同温度下未活化半焦催化重整效果的差别较小，说明活化和未活化半焦的结构和活性位是不同的。煤热解或气化过程生成的焦油在一定温度下可能发生如下反应。

$$C_n H_m \longrightarrow C + C_x H_y + CO + H_2 \tag{4-1}$$

$$C_n H_m + n CO_2 \longrightarrow (m/2) H_2 + 2n CO \tag{4-2}$$

$$C_n H_m + n H_2 O \longrightarrow (m/2 + n) H_2 + n CO \tag{4-3}$$

式中，$C_n H_m$ 特指焦油；$C_x H_y$ 指小分子气态烃。

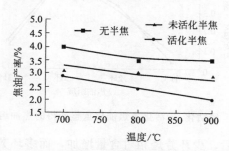

图 4-25  不同温度下半焦催化对焦油产率的影响

式（4-1）为焦油自身的裂解反应，式（4-2）、式（4-3）分别为焦油的重整（$CO_2$ 重整）和水蒸气重整。由于温度升高，焦油前驱体裂解/重整为小分子气体，如 $CO_2$、$H_2$、CO 及气态烃［式（4-1）~式（4-3）］；同时大分子物质（3 环以上烃类物质）含量降低，转化为轻组分，摩尔分子量下降，焦油产率相应降低。为进一步验证焦油组分随温度变化的情况，对热解所得焦油进行了 GC-MS分析，根据各物质峰面积计算得出其相对含量，如图 4-26 所示。在无半焦催化剂情况下，随温度升高，少环（1~2 环）芳烃相对含量增加，而多环芳烃相对含量降低；在 800℃、900℃下热解得到的焦油组分中不含 5、6 环芳烃，表明高

温利于焦油中重质组分的裂解；而对于 3 环以下的组分，由于其性质较为稳定，因此很难通过热裂解作用脱除；同时，高温下焦油中大分子与酚羟基氢化生成 $H_2O$ 的重整反应加剧，是高温下多环分子较少的原因之一。

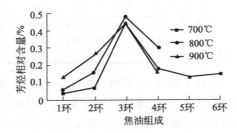

注：1～6 环分别代表芳烃环数为 1～6 环的物质

图 4-26　无半焦情况下不同热解温度下的焦油组分分布

相比之下，半焦的加入使焦油产率明显下降，主要是因为半焦表面富含金属（Fe、Na、Mg、Ca 等）物质，具有较高活性，对焦油重整起重要的催化作用。

未加入催化剂时，焦油的脱除主要依靠热裂解作用，而这对焦油（尤其是 1～3 环组分）的脱除非常有限；催化剂的加入在很大程度上促使焦油的裂解及重整作用加剧，从而降低焦油产率。对 800℃ 条件下活化/未活化半焦催化重整后的焦油进行组成分析，如图 4-27 所示。

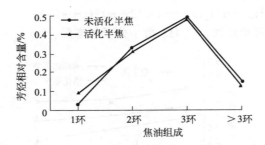

图 4-27　经活化/未活化半焦催化重整所得的焦油组分分布

经半焦催化重整后，少环芳烃相对含量增加，而多环芳烃（>3 环）相对含量降低。从焦油组分自身性质来讲，多环的分子尺寸比较大，结构复杂，与半焦吸附力强，不易脱附；相对来说，少环物质与半焦的吸附力（吸附点少）小得多，容易脱附，因此大环与半焦的反应要强烈得多。从半焦结构考虑，活化半焦对焦油催化重整的效果优于未活化半焦，这可能由于两个方面原因所致：①半焦结构，包括半焦微晶结构（石墨化度）及孔隙结构（孔隙率）；②半焦表面的活性位，主要为高度分布于半焦表面的金属物质（如 Fe、碱金属及碱土金属）含量。

（2）停留时间对焦油催化重整的影响　改变挥发分流动速度以及催化剂床层高度，本质上都能改变焦油组分与催化剂的作用时间，结果如图 4-28 所示。理论上，随着床层厚度增加，焦油产率总体呈下降趋势；增加催化剂床层厚度，挥发分与催化剂作用时间增加，相应反应活性位增加，发生重整反应概率增加，使较轻的产物组分含量增大，焦油的平均分子量减小，在某些方面与提高温度效果类似。

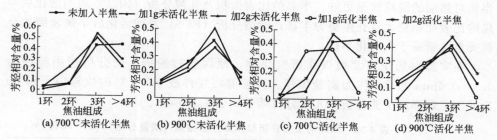

图 4-28　不同停留时间下经不同质量未活化半焦与活化半焦催化重合的焦油组分

由图 4-28(a) 和 (b) 相比可知，活化半焦床层厚度增加对焦油催化重整效果影响非常显著，而未活化半焦床层厚度增加对焦油产率的影响甚微；这再次表明两种半焦作为焦油重整催化剂有较大的差异性，而造成这种差异的主要原因可能是活化半焦比未活化半焦具有更多的活性位，而且两种半焦活性位本身的催化能力和多样性有较大区别。对两种半焦催化重整后的焦油组分进一步分析，结果如图 4-28(a) 和 (d) 所示。由图 4-28(a)、(b) 可知，对于未活化半焦，增加催化剂床层厚度使其中少环物质（1～2 环）含量增加，多环物质（3～4 环）含量降低，表明未活化半焦对焦油中多环物质具有良好的重整作用；但增加半焦用量后焦油总产率基本不变，说明未活化半焦只能将焦油中的多环组分重整为少环组分，却无法重整为小分子气体（如 $CO_2$、CO、$H_2$ 等）或者固体（焦炭），重整后依然以焦油组分形式存在。由图 4-28(c)、(d) 可知，相对于无催化剂情况，当加入 1g 活化半焦时，少环物质含量增加而多环物质含量减少；进一步增加活化半焦的量，少环物质相对含量减少，而多环物质含量相对增加。综合焦油产率〔图 4-28(b)〕及上述分析可知，增加活化半焦层厚度利于各焦油组分的催化重整；与未活化半焦相比，活化半焦具有丰富而多样的活性位（如半焦与水蒸气的反应可能改变半焦表面的极性以及金属元素的价态等），促进了焦油组分中多环物质的多次重整，最终生成气体（或少量固体），总体焦油产率大幅下降。不同停留时间下的焦油产率见表 4-32。

表 4-32　不同停留时间下的焦油产率

| 温度 /℃ | 焦油产率/% | | | | |
| --- | --- | --- | --- | --- | --- |
| | 未加半焦 | 加 1g 未活化半焦 | 加 2g 未活化半焦 | 加 1g 活化半焦 | 加 2g 活化半焦 |
| 700 | 5.25 | 3.10 | 3.24 | 2.89 | 1.71 |
| 900 | 4.62 | 3.00 | 2.89 | 2.12 | 1.09 |

刘思源等采用固定床反应器，研究了制焦温度、半焦用量、经 $O_2$ 活化后半

焦对焦油催化裂解效果的影响。结果表明，增加褐煤的制焦温度，焦油产率明显下降，使用褐煤900℃制备的活化半焦1g时焦油产率仅有6.3%，增加半焦制焦温度有利于焦油中的大分子芳香类物质催化裂解成少环物质和小分子气体组分；增加半焦用量对焦油脱除效果增加不明显。与未活化半焦相比，使用$O_2$活化后半焦对焦油的脱除效果更好。半焦的比表面积及孔隙分析（BET）表明活化后半焦的比表面积更大且孔隙更为丰富；能谱分析（EDS）发现活化后半焦表面的金属元素总量高于未活化半焦。

在实验中选用河北褐煤作研究煤样，原煤经过粉碎、筛分后选用粒径为0.3~0.6mm的部分作为实验煤样。实验前将煤样放于105℃的烘箱中干燥2h后使用。煤样的工业分析和元素分析结果如表4-33所示。

表4-33　煤样的工业分析和元素分析结果（质量分数）　　　单位：%

| 工业分析结果 | | | | 元素分析结果 | | | | |
|---|---|---|---|---|---|---|---|---|
| $M_{ad}$ | $A_d$ | $V_{ad}$ | $FC_{ad}$ | $C_{daf}$ | $H_{daf}$ | $O_{daf}$ | $N_{daf}$ | $S_{daf}$ |
| 4.18 | 6.51 | 41.32 | 47.99 | 71.54 | 4.78 | 22.61 | 0.95 | 0.12 |

实验装置如图4-29所示，活化前后半焦的结构特性见表4-34。其实验方法是：催化裂解实验温度选取800℃，实验开始前，将原煤放于烘箱中进行干燥；称量1g催化剂（自制半焦催化剂）放置于外反应管内部垫片上；实验使用高纯$N_2$为载气，实验前，一直通入氮气排出反应管和管路中的空气，同时将反应器加热到指定温度；调整氮气流量至300mL/min，打开加料装置阀门，倒入1g原煤至内反应管内部垫片。原煤在内反应管进行热解反应，生成的热解产物经过外反应管催化剂进行催化裂解反应，所得的热解产物经过后续冷凝装置和采气装置收集。

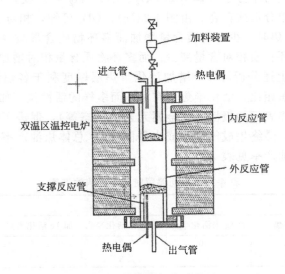

图4-29　催化裂解实验装置

**表 4-34　活化前后半焦的结构特性**

| 样品 | 比表面积/(m²/g) | | 孔容/(cm³/g) | | 孔径/nm |
|---|---|---|---|---|---|
| | BET | 微孔 | 总孔容 | 微孔 | 平均孔径 |
| 900℃未活化半焦 | 11.04 | 0.68 | 0.0034 | 0.00073 | 13.23 |
| 900℃活化半焦 | 211.61 | 160.16 | 0.114 | 0.074 | 2.16 |
| 800℃活化半焦 | 140.30 | 113.39 | 0.075 | 0.053 | 2.134 |

该实验主要内容和结果是:

(1) 制焦温度对半焦催化性能的影响　半焦对气体组成的影响如图 4-30 所示。从图 4-30 中可以看出,随着热解制焦温度的升高,$H_2$、CO、甲烷含量逐渐增加,$CO_2$ 和 $C_nH_m$($C_nH_m$ 包括 $C_2H_6$、$C_2H_4$、$C_3H_8$、$C_3H_6$)含量变化不明显。$H_2$ 增加主要是芳香环类化合物被进一步分解的结果,CO 则主要来自焦油中含氧杂环物质的分解,$CH_4$ 来自焦油中甲基侧链的裂解。对比图 4-30(a)、(b) 发现,在 850～900℃范围内,相对于未活化半焦,增加活化半焦的制焦温度,$H_2$、CO、甲烷含量增加更加明显。可能是由于温度的升高,挥发分和水分脱除更加剧烈,使得半焦孔隙和反应的表面积增加,进而提升其反应活性;尤其是 900℃下煤中挥发分析出更加完全,有利于半焦性能的提升,从而有利于焦油重质组分进一步裂解为轻质组分和气体。

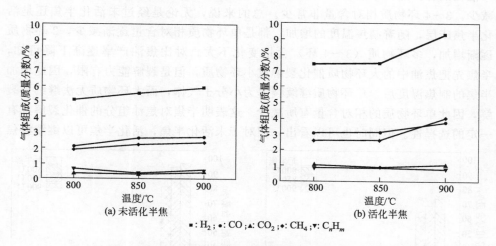

: $H_2$ ; ●: CO ; ▲: $CO_2$ ; ◆: $CH_4$ ; ▼: $C_nH_m$

图 4-30　未活化半焦和活化半焦制焦温度对气体组成的影响

采用不同条件下制备的半焦 1g 作为催化剂时焦油的产率如图 4-31 所示。从图 4-31 中可以看出,制焦温度对半焦的催化性能存在一定影响,提高制焦温度,焦油产率逐渐降低;而半焦经过 $O_2$ 活化后其催化裂解焦油的能力明显提高,特别是 900℃制取的活化半焦。例如,在相同的制焦温度 900℃下,经未活化半焦催化裂解后,焦油产率为 13.06%;而经活化半焦催化裂解后,焦油产率仅为 6.30%。温度对活化半焦的影响较大,低温趋势以开孔为主,反应速度慢,形成孔隙小；提高活化反应温度时，参与活化反应的分子数量增加，反应速度加快，形成更多的微孔。半焦的孔隙结构可以延长焦油在半焦中的停留时间，为半焦催化裂解焦油提供充分的活性位和反应场所；焦油经过半焦催化裂解之后，其中的重质组分转化为轻质组分和气体，轻质组分继续生成更轻的组分和气体，因此焦油的产率下降。

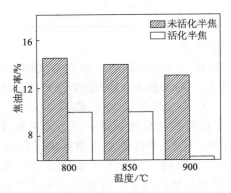

图 4-31　未活化半焦和活化半焦制焦温度对焦油产率的影响

图 4-32 反映了半焦对焦油组分的影响。从图 4-32 中可以看出，相对于未加入催化剂时，加入半焦后，单环物质相对含量显著增多，2 环物质相对含量有所减少，3～4 环物质相对含量非常少。总的来说，无论是经过未活化半焦还是活化半焦床层，随着制焦温度的增加，都是单环物质相对含量逐渐减少，2 环物质逐渐增加，多环物质（3～4 环）含量变化不大。对比焦油产率逐渐下降可知，半焦先把焦油中的大环物质催化裂解成小环物质，但是裂解能力有限，因此增加半焦的制焦温度后，单环物质继续裂解为小分子气体，而大环物质无法继续被裂解，因此单环物质的相对含量有所减少。这表明半焦对焦油组分的催化裂解具有一定的选择性。但同时也可以看出，相对于未活化半焦，活化半焦可以继续将焦

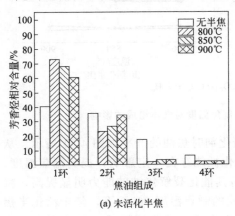

(a) 未活化半焦

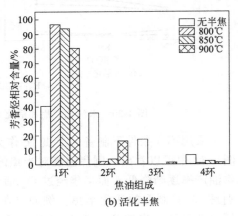

(b) 活化半焦

图 4-32　不同热解温度下制得半焦催化裂解焦油之后的焦油组分分布

油中的大分子物质催化裂解成少环物质和小分子气体组分;这表现为使用活化半焦后,焦油组分中的单环物质相对含量明显多于未活化半焦。

　　(2)半焦用量对焦油催化裂解的影响　半焦用量对气体组成的影响如图4-33所示。与未加入半焦催化剂相比,加入半焦之后,$H_2$、CO含量都有所增加,$CH_4$、$CO_2$和$C_nH_m$变化不明显。对比图4-33(a)、(b)可知,加入活化半焦后,$H_2$、CO含量增加幅度比加入未活化半焦明显,说明活化半焦更利于焦油大分子组分裂解成小分子气体。未活化半焦用量从0.5g增加到1.5g,$H_2$、CO和$CH_4$含量缓慢增加。这是因为增加半焦用量增大了半焦和焦油的接触时间,有利于焦油进一步催化裂解。增加活化半焦用量,$H_2$和CO含量略有增加,其他气体组分含量变化不大。

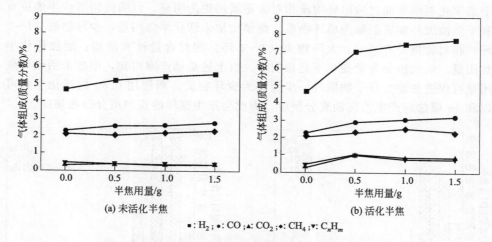

■:$H_2$; ●:CO; ▲:$CO_2$; ◆:$CH_4$; ▼:$C_nH_m$

图4-33　未活化半焦和活化半焦用量对气体组成的影响

　　图4-34考察了反应温度为800℃时,半焦用量对焦油产率的影响。从图4-34中可以看出,未活化半焦和活化半焦对焦油的催化能力有明显差别。加入0.5g

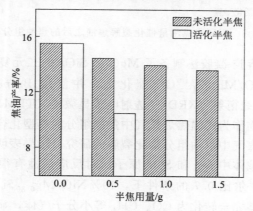

图4-34　未活化半焦和活化半焦用量对焦油产率的影响

未活化半焦后，焦油产率由 15.46％下降到 14.43％，即使进一步增加半焦用量到 1.5g，焦油产率也只下降到 13.59％。而加入 0.5g 活化半焦后，焦油产率下降到 10.48％。另外可以看到，未活化半焦用量对焦油产率的影响比活性半焦用量的影响要明显，原因可能是使用 0.5g 的未活化半焦时，半焦用量不足以脱除焦油，因此进一步增加半焦用量能促进焦油组分进一步裂解为小环物质和气体组分，而小环物质会继续裂解为气体，导致焦油产率下降；而使用 0.5g 的活化半焦时，半焦足以与 1g 煤热解产生的焦油发生反应，因此进一步增加半焦用量对焦油产率影响不大。

半焦用量对焦油组分分布的影响见图 4-35。与未添加半焦催化剂相比，使用半焦之后，单环芳烃含量显著增加，2～4 环物质含量明显减少；且使用活性半焦催化裂解焦油之后单环物质相对含量增加更为明显，说明使用活性半焦更有利于焦油大环物质裂解为单环物质。继续增加未活化半焦用量，少环物质（1～2环）相对含量稍有减少，大环物质（3～4 环）相对含量稍有增加；增加活化半焦用量，焦油组分含量变化不是很明显。由上述焦油产率可知，增加未活化半焦用量可促进焦油大分子物质进一步裂解为少环物质，而使用 0.5g 的活化半焦可以和 1g 煤热解产生的焦油充分反应，因此会产生这样的焦油组分分布规律。

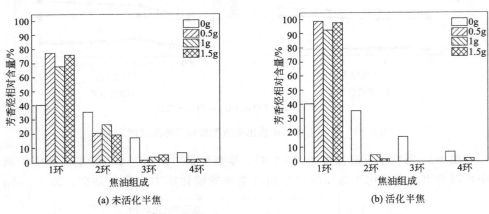

(a) 未活化半焦　　　　　　　　　　(b) 活化半焦

图 4-35　不同半焦用量催化裂解焦油之后的焦油组分分布

李雪玲等采用溶胶-凝胶法制备了 MgO 和 SiO$_2$ 的二元复合氧化物载体，通过浸渍法制得 NiO/Mg$_x$Si$_{1-x}$O$_y$ 催化剂，并使用 Brunauer-Emmett-Teller (BET) 吸附、X 射线衍射 (XRD)、透射电子显微镜 (TEM) 等对其进行表征，以甲苯和萘的混合物作为高温焦炉煤气中焦油组分的模型化合物，在固定床反应器中进行高温焦炉煤气中焦油组分催化裂解的研究。结果表明，催化剂的焙烧温度、反应空速以及载体中 Mg 和 Si 的原子比对反应活性有很大的影响。在反应温度 800℃、水碳摩尔比 0.7 的条件下，10％NiO/Mg$_{0.80}$Si$_{0.20}$O$_y$（质量分数）催化剂能将甲苯和萘完全转化为 CO、CH$_4$ 等小分子气体，显示出很好的催化活性、稳定性以及好的抗积炭性能。

曾令鹏等利用固定床对三层床煤依次经过 450℃ 低温、650℃ 中温和 900℃ 高温的分级热解过程进行模拟实验，研究了上两段中低温和下两段中高温热解相邻两段之间的相互作用，揭示了多层床煤热解提高油气品质的机理。通过中低温热解的相互作用，焦油中轻质组分（沸点低于 360℃ 的馏分）含量增加，热解气中 $CH_4$ 含量增加，$H_2$ 含量减小，说明中低温热解主要通过半焦对热解产物的原位催化提质作用提高焦油品质；通过中高温热解的相互作用，焦油收率和焦油中轻质组分含量增加，$CH_4$ 和 CO 含量升高，$H_2$ 含量下降，表示中高温热解的主要作用是在富含 $H_2$ 气氛下热解提高焦油收率和品质。实验结果表明，多层床煤热解主要通过半焦的原位催化提质和富 $H_2$ 气氛的协同作用提高热解油气品质。

## 4.2.2　两段式反应器

对上述的一段式反应器来说，一般采取间歇式操作，装置简单、操作简便，但难于分别控制煤层和催化剂床层的温度。在煤热解升温过程中，催化剂床层同步升温。一方面，煤热解制取焦油存在最佳的温度范围，催化剂催化裂解气相焦油同样存在最佳的温度，二者之间存在温度的匹配问题；另一方面，在升温过程中处于较低温度时，煤热解产生的气相焦油会通过温度较低的催化剂床层，其反应的实际情况与连续热解过程中催化剂处于较高恒定温度的反应情况存在较大差异。两段式反应器在操作上相对复杂，但可以分别控制煤层和催化剂层的温度，使催化剂床层始终处于恒定的反应温度。

黄黎明等在两个串联的固定床反应器内，研究了和什托洛盖煤热解挥发物的二次裂解行为，考察二段固定床内温度及载体对焦油裂解性能的影响。结果表明：当二段管温度从 400℃ 升至 600℃ 时，焦油产率从 13.3% 降至 12.5%，$H_2$ 产率则由 83.5mL/g 增加至 111.8mL/g；当温度低于 500℃ 时，重质焦油产率无明显变化，但较单固定床明显降低，说明低温裂解可提高焦油品质；当温度≥550℃ 时，焦油裂解程度加剧，致使其重质组分产率较单固定床增加；当二段管温度为 550℃ 时，与不添加催化剂相比，Ni/USY、Ni/HZSM-5(38) 和 Ni/HZSM-5(50) 不同程度提高了焦油中的轻质组分分率，其中 Ni/HSY 的提质效果最明显，可使轻质焦油分率提高到 71.9%，增幅达 28.2%。

实验的煤样来源于新疆和什托洛盖煤田（破碎、筛分至 0.2～0.5mm，干燥），其分析结果见表 4-35。可以看出，该煤样具有较高的挥发分，H/C 较高，其格金焦油产率高达 18.0%。

表 4-35　煤样的工业分析和元素分析结果（质量分数）　　单位：%

| 工业分析结果 | | | | 元素分析结果 | | | | | H/C | O/C |
|---|---|---|---|---|---|---|---|---|---|---|
| $M_{ad}$ | $A_d$ | $V_d$ | $FC_d$ | $C_{daf}$ | $H_{daf}$ | $O_{daf}$ | $N_{daf}$ | $S_{daf}$ | | |
| 5.2 | 15.1 | 45.4 | 39.4 | 77.1 | 6.3 | 15.1 | 1.2 | 0.3 | 0.98 | 0.15 |

煤热解及焦油产物的催化裂解分别在两个串联的固定床反应器中进行

（图4-36）。整个系统所用的热量分别由两个电加热炉（6kW）提供。

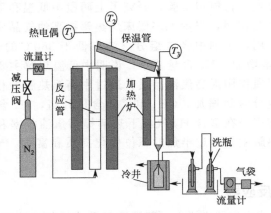

图4-36 实验室规模煤热解-焦油裂解装置

表4-36为各催化剂的EDX表征结果。由此可知，金属Ni在各载体上的负载量均大于96.50%，其中，Ni/USY负载量最大为99.67%，Ni/HZSM-5（38）最小为96.73%。

**表4-36 各催化剂的EDX表征结果**

| 样品 | Ni(质量分数)/% | | 负载率/% |
| --- | --- | --- | --- |
| | 理论值 | 实际值 | |
| Ni/HZSM-5(38) | | 14.51 | 96.73 |
| Ni/HZSM-5(50) | 15.00 | 14.67 | 97.80 |
| Ni/USY | | 14.95 | 99.67 |

表4-37给出了各载体负载活性组分Ni前、后的比表面积和孔结构变化规律。由表4-37可知，负载Ni后，USY、ZSM-5（38）和ZSM-5（50）的比表面积分别由590.6m²/g、309.6m²/g和370.5m²/g下降到465.8m²/g、200.6m²/g和280.5m²/g，降幅分别达21.3%、35.2%和24.3%。各载体的孔径与孔容积均不同程度降低，这是金属Ni进入载体孔道内部的缘故。

**表4-37 载体负载金属Ni前、后的表征结果**

| 参数 | USY | | ZSM-5(38) | | ZSM-5(50) | |
| --- | --- | --- | --- | --- | --- | --- |
| | 负载前 | 负载后 | 负载前 | 负载后 | 负载前 | 负载后 |
| 比表面积/(m²/g) | 590.6 | 465.8 | 309.6 | 200.6 | 370.5 | 280.5 |
| 孔径/nm | 2.5 | 2.0 | 3.5 | 2.5 | 3.0 | 2.3 |
| 孔容/(cm³/g) | 0.37 | 0.31 | 0.27 | 0.19 | 0.21 | 0.17 |

实验内容及研究结果如下：

（1）二段反应温度对焦油裂解性能的影响

① 产物分布。

表 4-38 为二段反应温度对气液产物产率的影响。当温度≤600℃时，水产率几乎不受温度影响，均约为 10.0%。焦油产率随二段反应管温度升高而下降，当二段管温度为 600℃时，焦油产率最低，为 12.5%，较单管下降了 16.7%；气体产率则呈相反趋势，二段管为 600℃时，其值升至 12.5%，意味着一次焦油发生了二次裂解反应。

**表 4-38　不同温度下二次反应的产物产率**

| 温度/℃ | | 产率/% | | | |
|---|---|---|---|---|---|
| 一段管 | 二段管 | 半焦 | 水 | 焦油 | 气体 |
| 600 | — | 62.8 | 11.0 | 15.0 | 11.2 |
| | 400 | 63.1 | 9.8 | 13.3 | 11.4 |
| | 450 | 63.2 | 10.0 | 13.2 | 11.8 |
| | 500 | 63.0 | 9.9 | 13.0 | 12.1 |
| | 550 | 62.9 | 10.0 | 12.6 | 12.3 |
| | 600 | 63.1 | 10.1 | 12.5 | 12.5 |

图 4-37 为不同温度下各气体组分的产率。$H_2$ 产率较单管显著增加，二段管温度为 600℃时达到最大值 111.8mL/g，增幅达到 78.9%，这是一次焦油的二次裂解所致。$CH_4$ 和 $CO_2$ 的产率明显降低，二段管为 600℃时，二者分别较单管降低了 38.9% 和 44.0%；$CH_4$ 的降低可能是因为甲烷在煤中矿物质和热解半焦的催化下发生了裂解，$CO_2$ 的降低则是因为其参与了焦油的重整。

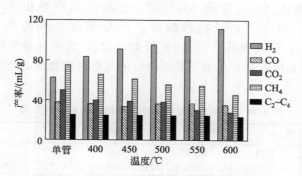

图 4-37　不同二次反应温度下各气体产物产率

② 焦油模拟蒸馏分析。

在此定义煤焦油中的轻质组分为沸点低于 360℃的馏分，高于 360℃的馏分为重质组分。图 4-38 为一次焦油和二次焦油的气相色谱模拟蒸馏曲线。可知，当二段管温度≤500℃时，馏程>360℃的曲线几乎重合，说明低于该裂解温度时，重质组分几乎不发生缩聚反应。当二段管温度≥550℃时，馏程>360℃的曲线与单管热解焦油蒸馏曲线几乎重合，但均明显低于二段管温度≤500℃时该温度段的蒸馏曲线，说明该温度下，热解焦油重质组分开始发生缩聚反应。蒸馏温度＜200℃时，单管热解所得焦油的蒸馏曲线高于二次裂解，意味着二次裂解反应有利于轻质组分裂解成气体，导致热解 $H_2$ 随二段管温度升高而增加。

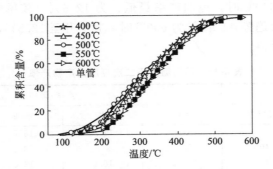

图 4-38　焦油的气相色谱模拟蒸馏曲线

表 4-39 为不同二次反应温度下所得焦油各组分产率。可知，经过二次裂解，焦油中的轻油产率明显下降，但各组分产率变化不一。分析认为，二次裂解过程中存在两个过程：一是焦油组分的裂解，二是焦油组分自身的缩聚。当温度≤500℃时，裂解反应作用强于缩聚反应作用，重质组分以及轻油裂解导致重质油及轻油产率随温度的升高而降低。当温度≥550℃时，缩聚反应作用强于裂解，导致重质油产率逐渐升高。从表 4-39 中还可以得知，随着裂解温度升高，轻油和酚油的降幅最大，分别为 76.36％和 80.77％，此时的裂解温度分别为 550℃和 600℃，也验证了裂解过程不仅有重组分的裂解也有轻组分的裂解。其中，当裂解温度由 400℃增至 600℃时，重质焦油产率由 4.73％增加到了 5.69％，增幅达 20.30％；轻油和酚油产率分别由 0.73％和 0.77％降低为 0.51％和 0.30％，分别降低了 30.14％和 42.00％；洗油含量变化不明显，这是因为随着二段管温度升高，焦油中轻质组分的裂解程度加深，特别是轻油和酚油发生裂解。

表 4-39　不同二次反应温度下所得焦油各组分产率

| 温度/℃ | | 产率/% | | | | | |
|---|---|---|---|---|---|---|---|
| 一段管 | 二段管 | 轻油<br>（＜170℃） | 酚油<br>（170～210℃） | 萘油<br>（210～230℃） | 洗油<br>（230～280℃） | 蒽油<br>（280～360℃） | 重质油<br>（＞360℃） |
| 600 | — | 1.65 | 1.56 | 0.75 | 1.94 | 3.00 | 6.11 |
| | 400 | 0.73 | 0.77 | 0.77 | 2.31 | 3.98 | 4.73 |
| | 450 | 0.67 | 0.96 | 0.90 | 2.28 | 3.55 | 4.83 |
| | 500 | 0.54 | 1.35 | 1.13 | 2.20 | 3.16 | 4.52 |
| | 550 | 0.39 | 0.43 | 0.49 | 2.01 | 3.74 | 5.53 |
| | 600 | 0.51 | 0.30 | 0.59 | 1.80 | 3.59 | 5.69 |

（2）不同载体的 Ni 基催化剂对一次焦油的裂解效果　由上述分析可知，550℃和 600℃裂解所得焦油的组分相差不大，其重质组分含量均超过 40％；从节约能源的角度，选取最适宜的裂解温度为 550℃。

① 气液产物分布。

图 4-39 给出了二段管温度为 550℃时，不同载体的 Ni 基催化剂对煤热解一次挥发性产物二次裂解性能的影响。可知，焦油产率均较无催化剂时降低，说明各催化剂促进了焦油的二次裂解；其中，Ni/USY 为催化剂时降幅最为明显，降幅达 19.8%，焦油产率仅为 10.1%。各催化剂存在时，水产率均增加，Ni/USY 为催化剂时的增幅达 15.0%；这主要由于甲烷裂解产生氢自由基等、含氧官能团的断裂导致氧化反应加剧以及 $CO + 3H_2 \longrightarrow CH_4 + H_2O$ 甲烷化反应。

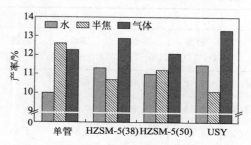

图 4-39　不同载体催化剂对气液产物的影响

② 焦油模拟蒸馏分析。

对不同载体催化剂下所得的焦油进行了模拟蒸馏分析（图 4-40），可知，Ni/USY 为载体时，所得焦油的蒸馏曲线在蒸馏温度<240℃范围内位于另外两条焦油蒸馏曲线的下方，随蒸馏温度升高，该曲线趋势剧增，随后一直位于最上方；Ni/HZSM-5（38）和 Ni/HZSM-5（50）两个催化剂下的焦油蒸馏曲线趋势在全馏程范围内基本相同，Ni/HZSM-5（38）下的稍高一些。

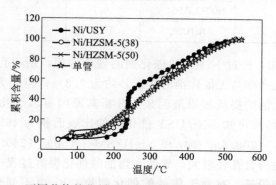

图 4-40　不同载体催化剂下所得焦油的气相色谱模拟蒸馏曲线

分析其焦油中各组分产率（表 4-40），经催化剂作用后，焦油中轻油、酚油和萘油产率均降低［经 Ni/HZSM-5（38）作用，焦油中萘油分率升高］。其中经过 Ni/USY 作用后，焦油中轻油、酚油及萘油产率均不同程度降低，降幅分别为 82.4%、65.2%和 51.9%，但是其洗油产率大幅增加，增幅高达 153%；经催化剂作用后，焦油中重质组分产率均有不同程度的降低。这是因为 Ni/USY

催化剂较 Ni/HZSM-5（38）和 Ni/HZSM-5（50）两种催化剂具有更多的 L 酸和 B 酸性中心，B 酸导致其酚油和萘油等轻质组分裂解成气体的程度加深，L 酸的作用是导致大分子的重油裂解成洗油等轻质组分。

不同载体的 Ni 基催化剂对焦油产率及轻质焦油产率的结果见表 4-40。可知，Ni/USY 为催化剂，轻质焦油分率最高，为 71.9%；Ni/HZSM-5（38）和 Ni/HZSM-5（50）为催化剂时，轻质焦油分率分别为 64.3% 和 67.4%。

表 4-40　不同催化剂下所得焦油各组分产率

| 试验条件 | | 产率/% | | | | | |
|---|---|---|---|---|---|---|---|
| 一段管 | 二段管 | 轻油<br>（<170℃） | 酚油<br>(170~210℃) | 萘油<br>(210~230℃) | 洗油<br>(230~280℃) | 蒽油<br>(280~360℃) | 重质油<br>(>360℃) |
| 600℃ | 无催化剂 | 1.42 | 1.35 | 0.79 | 1.83 | 2.42 | 4.79 |
| | Ni/HZSM-5(38) | 0.83 | 0.86 | 0.85 | 1.99 | 2.66 | 3.51 |
| 550℃ | Ni/HZSM-5(50) | 1.24 | 0.86 | 0.50 | 1.95 | 2.61 | 4.03 |
| | Ni/USY | 0.25 | 0.47 | 0.38 | 4.63 | 1.54 | 2.83 |

表 4-41　不同载体催化剂对焦油品质的影响

| 试验条件 | | 产率/% | | 分率/% |
|---|---|---|---|---|
| 一段管 | 二段管 | 焦油 | 轻油 | 轻油 |
| | 无催化剂 | 12.6 | 7.1 | 56.1 |
| 600℃ | Ni/HZSM-5(38) | 11.2 | 7.2 | 64.3 |
| 550℃ | Ni/HZSM-5(50) | 10.7 | 7.2 | 67.4 |
| | Ni/USY | 10.1 | 7.3 | 71.9 |

由表 4-41 可知，经过 Ni/USY 催化剂的催化作用，所得焦油产率最低，为 10.1%，轻质焦油产率与无催化剂时接近，约为 7.3%；但因为其轻质焦油分率最高，所以其对焦油的提质效果最明显。分析其原因有以下几点：a. 由 3 种催化剂的 BET 测试结果可知，Ni/USY 催化剂的比表面积为 465.8m²/g，远高于 Ni/HZSM-5（38）（200.6m²/g）和 Ni/HZSM-5（50）（280.5m²/g）催化剂，加之其孔道较为曲折且孔径较大，导致在焦油的催化裂解过程中，焦油蒸气在催化剂中的停留时间较长，有利于焦油的催化裂解；b. 由不同载体 Ni 基催化剂的 XRD 谱图可以看出，与 Ni/HZSM-5（38）和 Ni/HZSM-5（50）相比，USY 负载 Ni 后 Ni 金属分散比较均匀、活性位分散，有利于焦油的裂解；c. L 酸的存在可以促进焦油中有机大分子的裂解，从 3 种催化剂的 NH₃-TPD 曲线可以看到，Ni/USY 催化剂具有更多的 L 酸性中心，导致其轻质焦油分分率最大。这也解释了 Ni/HZSM-5（38）催化剂的比表面积最小，而轻质焦油分率却比 Ni/HZSM-5（50）为催化剂时高出约 3 个百分点的现象。由研究可知，

Ni/HZSM-5（38）催化剂比 Ni/HZSM-5（50）更能促进焦油大分子裂解，得到较多的轻质焦油组分。

王茜等针对新提出的流化床两段气化制清洁燃气工艺，利用小型流化床两段反应装置进行焦油脱除实验，比较了热裂解和半焦催化重整对焦油脱除的影响。研究发现，半焦对焦油的催化脱除与反应温度、气体在反应器中的停留时间及半焦的比表面积和孔结构密切相关；在实验操作范围内，随反应温度和停留时间的增加，焦油的脱除效率增加，生成更多的有效气体组分。使用的半焦比表面积越大、孔结构越发达，对煤焦油的催化脱除效果越好。与热裂解效果对比，半焦催化重整不仅能有效脱除焦油，提高有效气体组分的含量，且能明显抑制焦油脱除过程中的积炭生成。基于上述分析，适合流化床两段气化工艺的半焦催化脱除焦油条件为操作温度 1000℃，气体在半焦床层中的停留时间应该在 0.9s 以上。

刘殊远等对比研究了热态半焦（原位热解半焦）和冷态半焦（热解后温度降至常温的半焦）对煤焦油的催化裂解特性。结果表明，相同条件下，热态煤半焦比冷态煤半焦具有更高的催化裂解焦油能力。当裂解温度为 1100℃，热解气体在热态半焦层中的停留时间为 1.2s 时，催化裂解后燃气中的焦油含量可降至 100mg/m$^3$。BET 分析结果表明，热态半焦比冷态半焦具有更大的比表面积和更发达的微孔结构。同时，在不可避免经历相对明显的高温过程中，冷态半焦的碳微晶结构有序度增加，进而导致其活性有所降低。随着气体停留时间的延长或催化裂解温度的提高，燃气中焦油含量迅速降低，但热态半焦与冷态半焦催化裂解焦油的活性差异也变小。半焦催化裂解焦油后，活性明显降低，但使这种半焦与水蒸气发生部分气化反应后，其活性基本得到恢复。

在实验中采用内蒙古锡林浩特褐煤，经粉碎、筛分后选取粒径为 0.5～1.0mm 的物料，在真空干燥箱中 105℃条件下烘干 4h 后密封备用。原料的工业分析及元素分析结果见表 4-42。

表 4-42　煤样的工业分析和元素分析结果（质量分数）　　　单位：%

| 工业分析结果 | | | | 元素分析结果 | | | | |
|---|---|---|---|---|---|---|---|---|
| $M_{ad}$ | $V_{ad}$ | $FC_{ad}$ | $A_{ad}$ | $C_{daf}$ | $H_{daf}$ | $O_{daf}$ | $N_{daf}$ | $S_{daf}$ |
| 12.52 | 31.66 | 41.22 | 14.60 | 54.14 | 3.11 | 14.02 | 0.79 | 0.82 |
| 灰分分析 | CaO | MgO | | $SiO_2$ | | $Al_2O_3$ | | $SO_3$ |
| | 24.16 | 19.22 | | 17.19 | | 15.91 | | 14.16 |
| | $Fe_2O_3$ | $Na_2O$ | | $P_2O_5$ | | $TiO_2$ | | $K_2O$ |
| | 2.51 | 2.18 | | 1.97 | | 1.43 | | 0.41 |

催化热解焦油的实验中，所用半焦为表 4-43 中 C1 和 C2 两种具有代表性条件下所制得的半焦。由表 4-43 可知，这两种条件下所得的半焦结构差别较明显，C1 半焦的比表面积更大，微孔结构也更发达。

表 4-43　实验用冷态半焦的制备条件和表征

| 项目 | 比表面积/(m²/g) | 微孔的比表面积/(m²/g) | 孔容/(mL/g) | 平均孔径/nm |
|---|---|---|---|---|
| C1 冷态半焦 | 280.45 | 170.07 | 0.077 | 9.69 |
| C2 冷态半焦 | 82.70 | 66.86 | 0.032 | 17.35 |

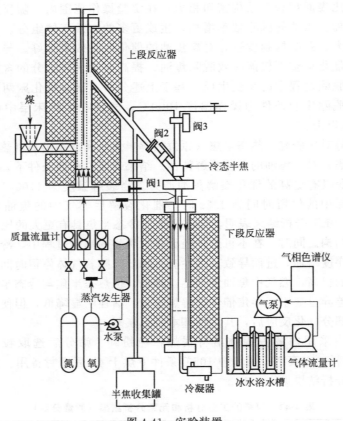

图 4-41　实验装置

　　实验装置如图 4-41 所示。图中的上段反应器（流化床）对煤进行热解，下段反应器（固定床）对焦油进行催化裂解。其实验方法是：

　　半焦催化裂解焦油实验中的热解气和焦油均来自上段流化床反应器中煤的热解产物。实验前，打开阀 1、阀 2 及阀 3 通入高纯氮 20min 以排出反应器及管路内的空气，同时将两个反应器加热至指定温度。

　　利用下段固定床反应器进行热态半焦催化裂解焦油实验时，先打开阀 2，关闭阀 1 和阀 3。根据空白实验确定的一定热解条件下热态半焦流向固定床内的溢流速率，可以确定一定时间内固定床内形成的半焦层高度。当固定床中形成指定高度的半焦层后，关闭阀 2，保持阀 1 和阀 3 开启，使热解气能继续进入固定床，而半焦只能进入半焦收集罐。

　　进行冷态半焦催化裂解焦油实验时，也是先将两个反应器加热至指定温度，通入高纯氮 20min 以排出反应器及管路内的空气。待两段反应器的温度均达到设定值后，打开冷态半焦加料口，迅速加入一定量的冷态半焦，再迅速关闭加料口。然后打开阀 1 和阀 3，以便热解气和焦油能连续进入固定床反应器与半焦接触，而热解产生的半焦则被收集到半焦溢流罐中。后续实验方法与前面相同。

　　该实验的主要内容和研究结果是：

　　（1）气体停留时间的影响　图 4-42 为焦油催化裂解温度为 1100℃时，气体停留时间对 C1 半焦催化裂解焦油效果的影响。气体停留时间定义为半焦层高度与通过半焦层的热解气体流量之比。由图 4-42 可知，当气体停留时间在 0.90s 以内时，无论是经过热态半焦床层还是冷态半焦床层，随着气体停留时间的延长，反应器出口气体中的焦油含量都明显降低，燃气中的 $H_2$ 和 CO 含量也都明显增加。但同时也可看出，热态半焦对焦油的催化裂解效果明显高于冷态半焦。例如，在相同的停留时间 0.90s 下，经热态半焦催化裂解得到的燃气中焦油含量仅为 $0.13g/m^3$，而冷态半焦催化裂解得到的燃气中焦油含量却为 $0.30g/m^3$。燃气中的 $H_2$ 和 CO 含量都具有相同的差别趋势。

　　当气体停留时间继续延长，如从 0.90s 增加至 1.2s 时，经过热态半焦和冷态半焦催化裂解得到的燃气中焦油含量分别为 $0.10g/m^3$ 和 $0.13g/m^3$，两者的差异有缩小的趋势。这可能是因为随着气体停留时间的延长，焦油在半焦上裂解程度加深，在半焦表面形成大量积炭，减少了焦油在半焦上裂解的活性位点，从而降低了半焦的催化活性。因此，热态半焦和冷态半焦的催化活性表现出接近的趋势。CO 和 $H_2$ 的变化也有类似趋势，即停留时间超过 0.90s 时，热解气和焦油经过两种半焦催化裂解得到的 CO 和 $H_2$ 含量也分别趋于接近。

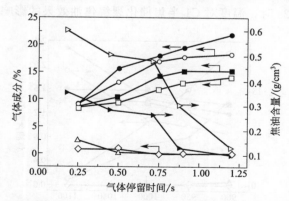

热半焦：■：$H_2$；●：CO；▲：$CO_2$；▼：$CH_4$；▶：焦油

冷半焦：□：$H_2$；○：CO；△：$CO_2$；▽：$CH_4$；▷：焦油

图 4-42　气体停留时间对 C1 半焦催化裂解焦油效果的影响

　　图 4-43 为裂解温度 1100℃时，气体停留时间对 C2 半焦催化裂解焦油效果

的影响。由图 4-43 可知，随着气体停留时间的延长，燃气中的焦油含量和气体
组成的变化趋势与图 4-42 结果基本相同。但比较而言，C2 半焦催化裂解焦油的
活性明显低于 C1 半焦。例如，当气体停留时间同为 1.2s 时，C2 热态半焦和冷
态半焦作用后对应燃气中的焦油含量分别为 0.69 和 1.06g/m³；而 C1 热态半焦
和冷态半焦作用后对应燃气中的焦油含量则分别为 0.10 和 0.13g/m³。C1 和 C2
半焦的催化裂解性能差异与其比表面积和微孔结构有关，比表面积越大、微孔结
构越发达越有利于焦油的吸附与催化裂解。

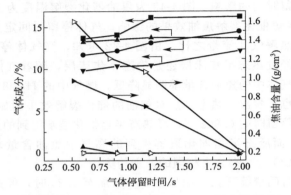

热半焦：■：H₂；●：CO；▲：CO₂；▼：CH₄；▶：焦油
冷半焦：□：H₂；○：CO；△：CO₂；▽：CH₄；▷：焦油

图 4-43　气体停留时间对 C2 半焦催化裂解焦油效果的影响

（2）裂解温度的影响　由于该实验是在热解气化的工艺中考察焦油的催化裂
解，而煤半焦通常需要较高的温度，如 900～1100℃才能达到较高的气化速率，
因此在实验中考察了在半焦气化温度范围内温度对焦油裂解的影响。图 4-44 为
气体停留时间 1.2s 时，温度对 C1 半焦催化裂解焦油效果的影响。

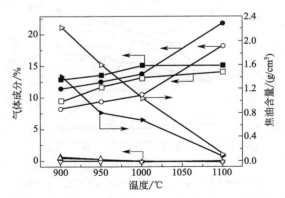

热半焦：■：H₂；●：CO；▲：CO₂；▼：CH₄；▶：焦油
冷半焦：□：H₂；○：CO；△：CO₂；▽：CH₄；▷：焦油

图 4-44　温度对 C1 半焦催化裂解焦油效果的影响

由图 4-44 可知，温度对焦油脱除的影响十分明显。但随着温度升高，热态半焦和冷态半焦催化裂解焦油能力的差别有所减小。例如，当温度从 900℃ 升高至 1100℃ 时，冷态半焦作用后的气体中焦油含量从 2.2g/m³ 降至 0.13g/m³，而热态半焦作用后的燃气中焦油含量则从 1.40g/m³ 降至 0.10g/m³。由图 4-44 可知，一方面，无论对于热态半焦还是冷态半焦，燃气 $H_2$ 和 CO 的含量都随温度升高而增加，说明提高裂解温度，焦油裂解程度加深，产生更多的 $H_2$ 和 CO；另一方面，高温条件下，温度对焦油裂解的影响显著，使得热态半焦与冷态半焦催化裂解焦油的活性差距缩小。

图 4-45 为气体停留时间 2s 时，温度对 C2 半焦催化裂解焦油效果的影响。对比图 4-45 与图 4-44 可知，温度对 C2 半焦催化裂解焦油的影响与对 C1 半焦的影响趋势基本相同。但对于 C2 半焦，当温度升高到 1000℃ 时，热态半焦与冷态半焦催化裂解反应后燃气中的焦油含量已经基本相同，接近 0.2g/m³。这可能是因为对于活性较低的半焦，温度对半焦催化裂解焦油性能的影响更明显。

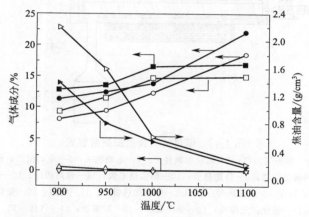

热半焦：■：$H_2$；●：CO；▲：$CO_2$；▼：$CH_4$；▶：焦油
冷半焦：□：$H_2$；○：CO；△：$CO_2$；▽：$CH_4$；▷：焦油

图 4-45    温度对 C2 半焦催化裂解焦油效果的影响

在张蕾等的专利 CN201942645U 中，公布了一种煤热解联合焦油催化裂解装置，如图 4-46 所示。该装置的工作原理为：首先启动外加热系统，使热解反应器 8 的反应温度和催化裂解反应器 16 的催化裂解温度稳定；再打开电动机一 4 和电动机二 5，使电动机一 4 驱动定量加料转子 3 旋转加料，电动机二 5 驱动螺旋推进器 6 旋转加料（在该过程中，可以根据煤在热解反应器 8 中的反应时间 $t$，确定电动机一 4 和电动机二 5 的转速 $n$）；将热解原料煤（粒径为 20～200 目）输送至热解反应器 8 中进行热解，打开密封阀门 11 则热解生成的热解焦落入收集系统 12 中。与此同时，热解产生的焦油及热解气体在催化裂解反应器 16 中进行催化裂解反应，生成气体可燃产物，并从气体出口 21 中排出使用。在焦油及热解气体的催化裂解过程中，焦油及热解气体通过管道 15 进入催化裂解反应器 16，由下向上流动，依次经过气流分布层 17、催化剂层 19 和除雾板 20 后从气体出口 21 排出；其中，气流分布层 17 对油气起均匀分布的作用，除雾板 20 用于脱除气体中的粉尘颗粒，催化剂层 19 对油气起催化分解的作用，且催化剂层 19 由在热解焦收集系统 12 中得到的热解焦或焦油裂解催化剂制成，如采用热解焦收集系统 12 中得到的热解焦，可大大提高煤的综合利用率；同时由于产生的焦油经催化热解裂解为可利用的气体。

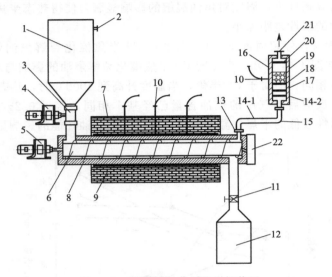

图 4-46　煤热解联合焦油裂解装置

1—加料系统；2—保护气入口；3—定量加料转子；4—电动机一；5—电动机二；6—螺旋推进器；
7—保温层；8—热解反应器；9—外加热层；10—测温热电偶；11—密封阀门；12—热解焦收集系统；
13—两端法兰；14-1—保温加热带一；14-2—保温加热带二；15—管道；16—催化裂解反应器；
17—气流分布层；18—催化剂支撑架；19—催化剂层；20—除雾板；21—气体出口；22—膨胀补偿器

## 4.2.3　催化剂的研究

近些年，研究者进行了煤热解气相焦油原位催化裂解提质的研究，主要是将煤热解反应产生的气相焦油在未冷凝前即进入催化层进行催化裂解，在催化剂和热作用下煤焦油中的重质组分发生裂解及芳构化等反应，最终转化为轻质芳烃、油品、气体等的过程。煤热解气相焦油原位催化裂解具有以下优势：①焦油中重质组分轻质化，利用价值增加；②由于焦油轻质化，因此可有解决目前焦油中重质组分冷凝造成设备堵塞这一工程难题；③催化剂易于分离回收；④焦油形成后处于高温气相状态即进行催化转化，避免了传统催化裂解工艺中焦油再次升温过程中的能源消耗，使得过程更加节能。因此，煤热解气相焦油原位催化裂解提质已成为近年煤热解领域的研究热点。

在原位催化裂解实现气相焦油提质的过程中，催化剂的选择尤为重要。根据文献报道，涉及的催化剂主要有以下四类。

(1) 半焦基催化剂  刘殊远等研究了原位热解半焦和冷态半焦对煤焦油催化裂解特性的影响，结果表明，原位热解半焦比冷态半焦具有更大的比表面积和更加发达的微孔结构，使得相同条件下原位热解半焦比冷态半焦具有更高的催化裂解焦油能力。陈宗定等在研究活化前后半焦原位催化重整褐煤热解焦油的过程中发现，经水蒸气活化后的半焦具有更加丰富的比表面积，孔隙结构和表面金属含量（如 Ca、Fe 等）更高，原位焦油催化重整效果更加明显。Jin 等研究了神木煤热解半焦及商业椰壳活性炭对神木煤热解挥发分的裂解，发现二者均可有效改善油气品质，使煤焦油轻质化和热解气体产率增加；活性炭效果优于半焦，使用活性炭进行催化裂解时，焦油中轻质组分含量可达 76%，认为相比半焦催化剂，活性炭催化剂对焦油的吸附作用、碳缺位、无定型碳及高比表面积均更有利于煤焦油中重质沥青转化为轻油和气体。Han 等在半焦上负载不同金属进而考察半焦和半焦负载型催化剂对煤热解气相焦油的催化裂解性能，研究表明当采用半焦分别负载 Co、Cu、Ni、Zn 四种金属为催化剂且裂解温度为 500℃时，Ni/半焦催化剂下焦油中轻质焦油含量和轻质焦油产率可达最高，分别比无催化剂时提高了 32.7% 和 17.2%。王兴栋等利用两段式固定床反应器，以府谷煤为研究对象研究了半焦和半焦负载 Co 催化剂时煤焦油催化裂解的影响；结果表明半焦和半焦负载钴对煤焦油催化裂解后焦油中沸点低于 360℃的轻质组分含量增加，采用半焦负载钴催化剂，可使焦油中轻质组分含量提高约 28.8%。Han 等在研究煤热解焦油原位催化裂解的过程中，考察了掺杂不同添加剂 Fe、Mg、Ce、Zn 的镍基半焦催化剂对焦油轻质化的影响；结果表明当 Ce/Ni 摩尔比为 0.4 时，用 Ce-Ni-Char 催化剂会使实验所得的轻质焦油（沸点<360℃）产率增加 10.1%，焦油馏分中的轻质组分从 52% 提高至 75%，而且轻过催化裂化后的焦油中 N 和 S 等污染元素的含量分别下降了 50.5%、45.8%，显著提高了轻质焦油的含量及品质。

(2) 金属及金属氧化物催化剂  金属氧化物因其特殊的结构和性质常被用作催化剂，其既可作为活性组分，又可以作为催化剂的载体。如铁原子含有未成对的 d 电子和空轨道，氢分子可以通过化学吸附键被吸附，而后活化并转变为氢原子，氢原子与煤热裂解产生的自由基碎片相结合形成轻质烃类化合物。Xu 和 Tomita 发现金属氧化物（$SiO_2$、$Al_2O_3$、$CaO$、$Fe_2O_3$ 和石英珠）都具有催化裂解芳香烃和脂肪烃化合物的能力，催化活性顺序为：$Fe_2O_3 > Al_2O_3 > CaO > SiO_2 >$石英珠。Wang 等发现金属氧化物 $CaO$ 及 $Fe_2O_3$ 对煤热解产生的 PAHs（多环芳烃化合物）具有较强的催化裂解能力，当催化热解温度为 600℃时，$Fe_2O_3$ 催化作用下 16 种 PAHs 的裂解率高达 60%；700℃时，$CaO$ 催化作用下的裂解率达 53%。

Nelson 等研究表明，负载有 Ni-Mo 活性组分的 $\gamma$-$Al_2O_3$ 有利于降低杂原子含量，提高轻质芳烃产率。赵钢炜发现，浸渍液浓度为 10%Mo 和 8%Ni 的催化剂分别使 BTX 和萘的相对含量提高了 103% 和 190%，10%Ni+8%Mo 的催化剂使 BTX 相对含量提高了 114%。

Jia 等研究了焦油催化裂解过程中 CaO 催化剂的催化活性，结果发现当 CaO 含量为 12%、温度为 750℃时，焦油转化率可高达 94%；这是因为氧化钙的催化作用可降低焦油裂解所需的活化能，促进焦油快速裂解成小分子量的气体。CaO 对煤焦油的裂解作用主要是因为氧化钙内外表面都有很多极性大的活性位，当煤焦油吸附在活性位上时，CaO 的活性位会影响焦油电子云的稳定性进而降低焦油裂解反应的活化能。Li 等在 $H_2$ 气氛下，以印度尼西亚天然褐铁矿为催化剂，在 873~1023K 温度下对原煤热解产物进行催化重整，相比无催化剂，煤热解挥发分被显著分解，所得富含甲烷的煤气收率增加超过 1 倍。

由薛江涛等和 Xu 等的研究可知，碳酸钙经 900℃煅烧 3h 可得到氧化钙催化剂；其比表面积为 $4.2m^2/g$，粒径为 500~700$\mu$m，孔隙率为 143$\mu$L/g，平均孔径 54.5nm。经氧化钙催化裂解后，煤气化气体中焦油含量显著下降；这是因为氧化钙具有催化作用，降低了焦油裂解所需的活化能，促进了焦油快速裂解成小分子量的气体，提高了煤气产量，改善了煤气成分。影响氧化钙催化活性的主要因素仍是积炭，这是因为积炭形成于氧化钙颗粒内表面，覆盖了活化位，阻止了该活化位对其他分子的吸附催化。吕俊复等认为，当积炭量较大且比较集中时，造成了孔隙的堵塞。随积炭量的增加，CaO 的平均孔径、比表面积、大孔的体积份额不断降低，因此造成催化剂失活。

(3) 分子筛及分子筛负载型催化剂　分子筛催化剂具有独特的孔径结构、较大的比表面积、较强的酸性、良好的选择性能等优点，能使热解过程中稠环的芳香类物质转化成化工中有用的化学品及原料。Yan 等比较了两种分子筛，USY 和 Al/SBA-15 催化裂解煤热解气相焦油的性能，发现 USY 分子筛能显著提高焦油中轻质芳烃如 BTX、乙苯和萘的量，其中苯的量增加 5 倍；分析发现，分子筛不仅能裂解芳香化合物的侧链，也能裂解芳香环，苯酚上羟基的裂解是生成大量苯的原因。Takarada 等研究了 $CoMo/Al_2O_3$ 和几种分子筛对加压流化床中煤热解挥发分的裂解，发现有催化剂存在时，液体碳氢化合物的产率增加，其主要成分是 BTX 和萘；液体产物产率与热解气氛、催化剂种类、热解温度和压力密切相关，在 730℃、1MPa、使用 MS-13X 分子筛为催化剂时可获得最高的轻质芳烃产率，8.1% 的 BTX 与 2.8% 的萘和甲酚。Chareon-Panicht 等研究了 $Al_2O_3$ 负载的 Mo、W、Co-Mo、Ni-Mo、Ni-W 催化剂与不同分子筛对 Millmerran 煤加氢热解过程挥发分的裂解，发现 USY 分子筛具有最好的效果，在热解温度为 800℃、5MPa 氢压、600℃的裂解条件下，可获得 14.0%（daf）的 BTX 产率。Kong 等利用 PY-GC/MS 研究了三种不同类型的 Y 型分子筛对煤热解气相焦油的裂解，发现 Y 型分子筛对多环芳烃的裂解和轻质芳烃的生成具有较好的催化活性；长焰煤和焦煤热解焦油中 BTX 的总产率可达 3.8%，其乙苯和萘的总产率分别可达 3.8% 和 4.4%，而原煤热解时分别可达 1.0% 和 1.5%，焦油中多环芳烃的裂解分别可达 23.7% 和 32.8%；焦油中轻质芳烃的产率与煤的种类和催化剂的酸性相关。邹献武等在喷动-载流床反应器中研究了 Co/ZSM-5 分子筛催化剂对霍林河褐煤热解产物分布的影响，发现催化剂的存在会显著改变焦油和煤气的产率及组成；在650℃热解时，焦油中酚类、脂肪烃类和芳香烃类的产率比无催化剂时分别增加203％、51％和78％。高超等研究了HZSM-5（38）负载不同金属对和丰煤热解焦油品质的影响，结果发现Ni基催化剂作用下焦油中轻质焦油分率可高达79.4％，负载的四种金属使得焦油轻质化程度由高到低的顺序为：Ni＞Co＞W＞Mo；当采用USY为载体的Ni催化剂时，焦油产率最低为10.1％，所得焦油中轻质焦油分率最高为71.4％，相比无催化剂时轻质焦油分率提高了27.3％；当采用HZSM-5负载双金属时，研究表明当Mo基催化剂负载Ni金属后轻质焦油产率达10.3％，比无催化剂时轻质焦油产率提高了10.8％。Li等用PY-GC/MS研究了Mo/ZSM-5和HZSM-5催化剂对煤热解挥发性产物催化裂解中芳香烃化合物产率的影响，研究表明Mo/ZSM-5催化剂在较低温度下就已经表现出了较高的催化裂解能力，而且HZSM-5和Mo/ZSM-5催化剂均对轻质芳烃化合物的产率有显著的提高。Liu等研究了HZSM-5负载Ni、Co、MO的催化剂对胜利褐煤热解挥发分的原位裂解，发现可以显著地增加焦油中轻质芳烃的含量，降低焦油中有机含氧化合物的含量；Ni/HZSM-5表现出更好的催化裂解性能，可获得芳烃含量达94.2％的高品质焦油。Amin等研究了ZSM-5和不同Ni负载量的NiO/ZSM-5催化剂对胜利褐煤热解气相焦油的催化裂解，发现使用催化剂时，煤热解焦油产率增加，气体产率降低；催化剂作用于焦油中主要增加的是轻质油（轻油、酚油和萘油），焦油的H/C比增加，焦油中的N、S含量降低；煤气中含氧化合物产率降低，尤其是$CO_2$产率显著降低。

（4）其他类型催化剂 负载型催化剂可通过载体、活性组分、助剂的选择以及制备工艺条件的变化，灵活调控其物理化学性质，进而改善其催化性能，因此，其在煤焦油催化裂解中也得到了较广泛的研究。负载型催化剂和载体有常规的$Al_2O_3$、$SiO_2$等，也可以是分子筛、煤热解半焦、活性炭等，催化活性组分有金属氧化物、过渡金属等。Nelson等在常压流化床中进行次烟煤加氢热解，使产生的气相焦油穿过下游固定床中预硫化过的NiMo/r-$Al_2O_3$催化剂层进行催化裂解反应，发现所得焦油产率降低，但焦油的挥发度增加，焦油中杂原子含量降低；通过对产物的分析，认为催化剂主要将长链脂肪烃裂解成低碳烃，同时长链脂肪烃也通过芳构化反应形成了多环芳烃，并形成积炭。Sonoyama等研究了Loy Yang煤在固定床反应器内773K水蒸气下的热解，气相焦油经含$Al_2O_3$、$ZrO_2$和$CeO_2$的氧化铁催化剂催化裂解，焦油中重质组分的裂解率可达40％（mol）；分析认为，$Al_2O_3$、$ZrO_2$和$CeO_2$的加入，提高了催化剂对焦油中重质组分的裂解能力，水蒸气气氛能提高焦油中酮类物质的含量，且具有消除积炭的作用，使催化剂更耐用。Li等以γ-$Al_2O_3$为载体，制备了一系列不同Ni负载量的NiO/MgO-$Al_2O_3$催化剂，并研究了其催化裂解胜利褐煤热解气相焦油的性能；在自由落下床反应器中，热解温度为600℃时，焦油和水的产率相比无催化剂时提高，而气体产率降低，推测气体在催化剂作用下可能转化成液体产物；对焦油的深入分析发现，催化裂解后焦油的沸程降低，轻质组分总含量随催化剂

Ni 负载量的增加而增加，轻油含量最高增加 43％，焦油中 H、O 含量增加；随 Ni 负载量的增加，焦油中重质组分含量持续降低，说明催化剂对焦油中重质组的分裂解具有显著效果。

由 Richard 等的研究可知，LZ-Y82 是一种合成铝硅酸盐沸石催化剂，具有由配位多面体［SiO₄］⁴⁻和［AlO₄］⁵⁻的空间网络结构组成的三维结构，其中 $SiO_2/Al_2O_3$ 物质的质量比为 5.4。LZ-Y82 是煤焦油催化裂解以及除硫的最有效催化剂，在 500～530℃ 条件下呈现出很高的催化活性，在 450～530℃ 焦油含量从 20.9％ 减小至 14.3％，而在 530～606℃ 焦油含量又增加至 17.2％。

Inaba 等的研究表明，LZ-Y82 沸石催化剂失活的主要因素是积炭和催化剂中毒。在催化裂解煤焦油过程中，该催化剂的催化活性与其比表面积、孔径尺寸以及酸性位密度有关。积炭导致催化剂比表面积下降并且阻塞孔道，在 450～606℃，积炭量与温度的变化呈线性关系，这也与催化剂比表面积下降的规律相吻合。在 606℃ 使用后的催化剂比表面积比在 450℃ 使用后的降低 13％。同时，水蒸气、氮化合物和碱金属能够与催化剂酸性位反应致使其中毒。

## 参 考 文 献

[1] 于振东, 郑文华. 现代焦化生产技术手册［M］. 北京：冶金工业出版社, 2010.

[2] 黄绵延. 长焰煤中温煤焦油综合利用的研究［D］. 鞍山：鞍山科技大学, 2003.

[3] 董振温, 孙琢璇, 聂恒锐. 用毛细管色谱分析舒兰褐煤快速焦化煤焦油［J］. 大连工学院学报, 1981, 20 (4)：29-37.

[4] 王西奎, 金祖亮, 徐晓白. 鲁奇煤气化工艺低温煤焦油的组成研究［J］. 环境科学学报, 1989, 9 (4)：461-473.

[5] 王西奎, 金祖亮, 徐晓白. 鲁奇煤气化工艺低温焦油中酚类化合物的 GC-MS 研究［J］. 环境化学, 1989, 8 (4)：16-22.

[6] 王西奎, 金祖亮, 徐晓白. 鲁奇煤气化工艺低温煤焦油中多环芳烃的研究［J］. 环境化学, 1990, 9 (3)：55-62.

[7] 侯一斌, 杜庆新, 梁振芬. 煤焦油成分的气相色谱-质谱法分析［J］. 质谱学报, 1996, 17 (4)：60-63.

[8] 李洪文, 赵树昌. 鲁奇炉焦油化学组成的研究［J］. 大连工学院学报, 1987, 26 (3)：25-30.

[9] 水恒福, 张德祥, 张超群. 煤焦油分离与精制［M］. 北京：化学工业出版社, 2007.

[10] 王树东, 郭树才. 神府煤新法干馏焦油的性质及组成的研究［J］. 燃料化学学报, 1995, 23 (1)：198-202.

[11] 龙隆渤, 罗长齐, 朱盛维, 等. 固体热载体热解平庄褐煤焦油组成的研究［J］. 燃料化学学报, 1990, 18 (2)：164-168.

[12] 葛宜掌. 煤低温热解液体产物中的酚类化合物［J］. 煤炭转化, 1997, 20 (1)：19-26.

[13] 马宝岐, 任沛建, 杨占彪, 等. 煤焦油制燃料油品［M］. 北京：化学工业出版社, 2011.

[14] 黄戒介, 黄克权. 煤气化热气中焦油蒸汽的催化裂解［J］. 煤化工, 1989 (2)：23-27.

[15] Baker E G, Mudge L K. Catalytic tar conversion in coal gasification systems［J］. Ind Eng Chem Res, 1987, 26 (7)：1390-1395.

[16] Wen Y W, Edward Cain. Catalytic pyrolysis of a coal tar in a fixed-bed reactor［J］. Ind Eng Chem Process Des Dev, 1984, 23 (4)：627-637.

[17] 豆斌林, 高晋生, 沙兴中, 等. 不同催化剂条件下高温煤气中焦油组分的催化裂解［J］. 燃料化学

学报，2000，28（6）：577-579.

[18] 赵国靖，李海涛，豆斌林，等．高温煤气中焦油组分的催化裂解［J］．煤气与热力，2001，21（1）：3-6.

[19] 王兴栋，韩江则，陆江银，等．半焦基催化剂裂解煤热解产物提高油气品质［J］．化工学报，2012，63（12）：3897-3905.

[20] 韩江则，刘少杰，申淑锋．半焦催化裂解原位煤热解焦油的研究［J］．现代化工，2017，37（2）：62-65.

[21] 白晓瑀．煤热解与炭基催化剂裂解耦合提高油气品质［D］．大连：大连理工大学，2015.

[22] 陈昭睿，王勤辉，郭志航，等．热解气停留时间对典型烟煤热解产物的影响［J］．热能动力工程，2015，30（5）：756-761.

[23] 敦启孟，陈兆辉，皇甫林，等．温度和停留时间对煤热解挥发分二次反应的影响［J］．过程工程学报，2018，18（1）：140-147.

[24] Xu W C，Tomita A. The effects of temperature and residence time on the secondary reactions of volatiles from coal pyrolysis［J］. Fuel Process. Teschnol.，1989，21（1）：25-37.

[25] Katheklakis I E，Lu S L，Bartle K D，et al. Effect of freeboard residence time on the molecular mass distributions of fluidized bed pyrolysis tars［J］. Fuel，1990，69（2）：172-176.

[26] Hayashi J，Nakagawa K，Kusakabe K，et al. Change in molecular stucture of flash pyrolysis tar by secondary reaction in a fluidized bed reactor［J］. Fuel Process. Technol.，1992，30（3）：237-248.

[27] 李海滨，杨之媛，吕红，等．煤在流化床中的热解 Ⅱ：稀相段温度和停留时间对气体产物组成的影响［J］．燃料化学学报，1998，26（4）：339-344.

[28] 孔晓俊．分子筛对煤热解气态焦油的催化改质［D］．太原：太原理工大学，2016.

[29] 何媛媛．HZSM-5 分子筛对煤热解气态焦油催化改质的研究［D］．太原：太原理工大学，2017.

[30] 刘玉洁．Y 型分子筛的酸性和孔道在煤热解气态焦油催化改质中的作用［D］．太原：太原理工大学，2018.

[31] 李冠龙．煤热解挥发分催化转化生成 BTEXN 的研究［D］．太原：太原理工大学，2014.

[32] 孙鸣，刘永琦，张丹，等．基于 PY-GC/MS 的中低温煤焦油催化裂解研究［J］．中国矿业大学学报，2019，48（3）：647-654.

[33] 闫伦靖．煤焦油气相催化裂解生成轻质芳烃的研究［D］．太原：太原理工大学，2016.

[34] 王德亮．低变质煤热解油气催化提质研究［D］．北京：中国科学院过程工程研究所，2019.

[35] 梁鹏，王晓航，张希望，等．含尘焦油在改性白云石催化剂上的裂解特征［J］．燃学化学学报，2015，43（8）：932-939.

[36] 陈宗定，张书，王芳杰，等．活化前后半焦原位催化重整褐煤热解焦油研究［J］．煤炭科学技术，2014，42（11）：105-110.

[37] 刘思源，张军，蔡锦羽，等．半焦催化裂解煤焦油的实验研究［J/OL］．洁净煤技术，2019-06-13.

[38] 李雪玲，岳宝华，汪学广，等．NiO/Mg$_x$Si$_{1-x}$O$_y$ 催化剂的制备及其在高温焦炉煤气中焦油组分催化裂解中的应用［J］．物理化学学报，2009，25（4）：762-766.

[39] 曾令鹏，谢放华，韩江则，等．多层床煤热解提高油气品质的机理研究［J］．煤炭转化，2014，37（1）：55-60.

[40] 黄黎明，马凤云，刘月娥，等．煤热解耦合焦油裂解对焦油品质的影响［J］．煤炭学报，2016，41（6）：1533-1539.

[41] 王芳，曾玺，孙延林，等．两段流化床中半焦催化脱除焦油特性［J］．化工学报，2017，68（10）：3762-3769.

[42] 刘殊远，汪印，武荣成，等．热态半焦和冷态半焦催化裂解煤焦油研究［J］．燃料化学学报，2013，41（09）：1041-1049.

[43] 张蕾，张磊，舒新前．一种煤热解联合焦油催化裂解装置：CN201942645U［P］．2011-08-24.

［44］ Jin L，Bai X，Li Y，et al. In-situ catalytic upgrading of coal pyrolysis tar on carbon-based catalyst in a fixed-bed reactor ［J］. Fuel Processing Technology，2016，147 (1)：41-46.

［45］ Han J，Wang X，Yue J，et al. Catalytic upgrading of coal pyrolysis tar over char-based catalysts ［J］. Fuel Processing Technology，2014，122 (1)：98-106.

［46］ Han J，Liu X，Yue J，et al. Catalytic upgrading of in situ coal pyrolysis tar over Ni-char catalyst with different additives ［J］. Energy & Fuels，2014，28 (8)：4934-4941.

［47］ Xu W，Tomita A. Effect of metal oxides on the secondary reactions of volatiles from coal ［J］. Fuel，1989，68 (5)：673-676.

［48］ Wang Y，Zhao R，Zhang C，et al. The investigation of reducing PAHs emission from coal pyrolysis by gaseous catalytic cracking ［J］. The Scientific World Journal，2014 (6)：1-6.

［49］ Nelson P，Tyler R. Catalytic reactions of products from the rapid hydropyrolysis of coal at atmospheric pressure ［J］. Energy & Fuels，1989，3 (4)：488-494.

［50］ 赵钢炜. 褐煤热解定向转化的实验研究 ［D］. 北京：中国科学院工程热物理研究所，2014.

［51］ Jia Y B，Huang J J，Wang Y. Effects of calcium oxide on the cracking of coal tar in the freeboard of a fluidized bed ［J］. Energy & Fuels，2004，18 (6)：1625-1632.

［52］ Jia Y B，Huang J J，Wang Y. Influence of calcium oxide on tar cracking in freeboard of fluidized bed ［J］. Journal of China University of Mining & Technology，2004，33 (5)：552-556.

［53］ Li L，Morishita K，Takarada T. Light fuel gas production from nascent coal volatiles using a natural limonite ore ［J］. Fuel，2007，86 (10)：1570-1576.

［54］ 薛江涛，方梦祥，刘耀鑫，等. 煤气化过程中焦油裂解的试验研究 ［J］. 能源工程，2004，5 (1)：1-5.

［55］ Xu G W，Murakami T，Suda T K，et al. Distinctive effects of CaO additive on atmospheric gasification of biomass at different tempratures ［J］. Industrial and Engineering Chemistry Research，2005，44 (15)：5864-5868.

［56］ 吕俊复，郭庆杰，岳光溪. 焦油裂解过程循环灰催化活性失活及再生研究 ［J］. 煤炭转化，2001，24 (1)：71-75.

［57］ 吕俊复，陈科宇，黄南，等. 循环灰条件下 1-甲基萘催化裂解的实验研究 ［J］. 煤炭转化，2002，25 (2)：74-78.

［58］ Yan L，Kong X，Zhao R，et al. Catalytic upgrading of gaseous tars over zeolite catalysts during coal pyrolysis ［J］. Fuel Processing Technology，2015，138 (3)：424-429.

［59］ Takarada T，Onoyama Y，Takayama K，et al. Hydropyrolysis of coal in a pressurized powder-particel fluidized bed using several catalysts ［J］. Catalysis Today，1997，39 (2)：127-136.

［60］ Chareonpanich M，Zhang Z，Nishijima A，et al. Effect of catalysts on yields of monocyclic aromatic hydrocarbons in hydrocracking of coal volatile matter ［J］. Fuel，1995，74 (11)：1636-1640.

［61］ Chareonpanich M，Takeda T，Yamashita H，et al. Catalytic hydrocracking reaction of nascent coal volatile matter under high pressure ［J］. Fuel，1994，73 (5)：666-670.

［62］ Kong X，Bai Y，Yan L，et al. Catalytic upgrading of coal gaseous tar over Y-type zeolites ［J］. Fuel，2016，180 (2)：205-210.

［63］ 邹献武，姚建中，杨学民，等. 喷动-载流床中 Co/ZSM-5 分子筛催化剂对煤热解的催化作用 ［J］. 过程工程学报，2007，7 (6)：1107-1113.

［64］ 高超. 新疆和丰煤热解及其热解焦油的催化裂解性能研究 ［D］. 乌鲁木齐：新疆大学，2015.

［65］ Li G，Yan L，Zhao R，et al. Improving aromatic hydrocarbons yield from coal pyrolysis volatile products over HZSM-5 and Mo-modified HZSM-5 ［J］. Fuel，2014，130 (2)：154-159.

［66］ Liu T，Cao J，Zhao X，et al. In situ upgrading of Shengli lignite pyrolysis vapors over metal-loaded HZSM-5 catalyst ［J］. Fuel Processing Technology，2017，160 (1)：19-26.

[67]  Amin M N，Li Y，Razzaq R，et al. Pyrolysis of low rank coal by nickel based zeolite catalysts in the two-staged bed reactor [J]. Journal of Analytical and Applied Pyrolysis，2016，118 (1)：54-62.

[68]  Sonoyama N，Nobuta k，Kimura T，et al. Production of chemicals by cracking pyrolytic tar from Loy Yang coal over iron oxide catalysts in a steam atmosphere [J]. Fuel Processing Technology，2011，92 (4)：771-775.

[69]  Li Y，Amin M N，Lu X，et al. Pyrolysis and catalytic upgrading of low-rank coal using a NiO/MgO-Al₂O₃ catalyst [J]. Chemical Engineering Science，2016，155 (2)：194-200.

[70]  Richard R，Eckman A，Alexande J V. Deuterium solid-state NMR study of the dynamics of molecules sorbed by zeolites [J]. Journal of Physical Chemistry，1986，90 (19)：4679-4683.

[71]  Inaba M，Murata K，Saito M，et al. Hydrogen production by gasification of cellulose over Ni catalysts supported on zeolites [J]. Energy & Fuels，2006，20 (2)：432-438.

# 5

# 煤热解与电石制备耦合一体化

电石的化学名称叫做碳化钙，块状固体，颜色通常呈棕黄、灰褐甚至黑色。其中，碳化钙的分子式为 $CaC_2$，相对分子质量为 64.10，它有多重形态的分子结构。通常我们把工业碳化钙称为电石，它是在电石炉中由焦炭和石灰制得的。电石的主要成分是碳化钙，其余成分为游离氧化钙、碳以及硅、镁、铁、铝的化合物及少量的磷化物、硫化物杂质，这些杂质都是由原料中的杂质转移过来的。工业用电石纯度约为含碳化钙 70%～80%，杂质氧化钙约占 24%，碳、硅、铁、磷化钙和硫化钙等约占 6%。化学纯的碳化钙几乎是无色透明的晶体，但只能在实验室中通过加热金属钙和纯碳直接化合的方法制得，而且它不溶于任何溶剂中。极纯的碳化钙结晶是天蓝色的大晶体，其色泽和淬火钢的颜色一样。

电石化学性质活泼，用途广泛，是有机合成工业的重要原料；利用电石为原料可以合成一系列的有机化合物，并为工业、农业、医药提供原料等。电石与水反应生成乙炔气是制备聚氯乙烯树脂（PVC）的重要原料，也可以用于生产醋酸乙烯（VA）、1,4-丁二醇（BDO）、氯丁橡胶（CR）、溶解乙炔、乙炔炭黑等多种化工产品。另外，电石本身也能够生产氰氨化钙（俗称石灰氮），或者作为钢铁冶炼的脱硫剂。

## 5.1 我国电石产业发展概述

### 5.1.1 行业基本情况

我国是世界上最大的电石生产和消费国，产能占世界总产能的 90% 以上。2019 年底国内电石总产能约为 4200 万吨，较上年增长 2.5%；总产量约为 2795 万吨，较上年下降 3.6%。其中，内蒙古、陕西、甘肃及河南等地电石累计产量下降较为明显，均在 5% 以上。

2019 年，我国电石行业平稳运行，产业结构不断优化，产品质量得到提升，但企业在生产运营方面仍面临着巨大压力。据不完全统计，近五成企业基本处于保本与亏损态势，41 家合计产能 600 万～700 万吨的装置长期处于停产与半停产中。

据中国电石工业协会统计，2019 年产量前十位的电石企业其合计产量为 951 万吨，较 2018 年同期产量多出 34 万吨。其名单见表 5-1。

表 5-1　2019 年国内电石产量前十位的企业

| 序号 | 单位名称 |
|------|----------|
| 1 | 新疆中泰矿冶有限公司 |
| 2 | 鄂尔多斯电力冶金股份有限公司氯碱化工分公司 |
| 3 | 新疆中泰化学托克逊能化有限公司 |
| 4 | 新疆圣雄能源股份有限公司 |
| 5 | 内蒙古双欣能源化工有限公司 |
| 6 | 亿利能源股份有限公司达拉特分公司 |
| 7 | 聊城研聚新材料有限公司(原信发电石) |
| 8 | 内蒙古白雁湖化工股份有限公司 |
| 9 | 中盐吉兰泰氯碱化工有限公司 |
| 10 | 新疆天业天能化工公司 |

## 5.1.2　电石生产方法

虽然制备电石有电热法、氧热法、旋转窑法、等离子体法、催化热熔法、低温固态合成法、碳热法以及太阳能法等。但除电弧法处于工业化水平外，其他方法仍处于半工业化试验或实验室阶段，故在此仅对电热法生产电石作以简介。

### 5.1.2.1　反应原理

在电石炉内的化学反应方程式如下：

$$CaO + 3C \longrightarrow CaC_2 + CO - 466kJ \tag{5-1}$$

石灰与炭素材料反应生成碳化钙的全过程是分两个阶段完成的。

第一阶段是两种材料在高温下首先发生下列反应：

$$CaO(s) + C(s) \Longrightarrow Ca(g) + CO \tag{5-2}$$

钙蒸气与固体炭发生如下反应：

$$Ca(g) + 2C(s) \longrightarrow CaC_2 \tag{5-3}$$

在电石生产过程中，电石炉炉膛上部为低温区，下部为高温区，入炉的原料石灰和炭素材料在上层经过预热后，逐渐下移，在炉膛下部高温区发生反应产生大量的钙（Ca）蒸气和一氧化碳（CO）气体，并不断通过炉料孔隙上升；随着气体的上升，遇低温料层而降温时，上述反应［式(5-2)］的逆反应发生，生成 CaO＋C 及部分金属钙，这些物质会凝结在逐渐下移的石灰和焦炭表层；当下移的炉料被加热到 1800～1900℃时，发生上述反应［式(5-3)］，石灰和焦炭表层生成碳化钙层，从而形成预热层下部的半熔融扩散层，此层反应速度较慢。

第二阶段的反应进行过程如下：随着物料的不断下移温度逐渐升高，到一定高温时，石灰表面生成的碳化钙与石灰迅速共熔为 $CaC_2$-$CaO$ 熔融物；其 $CaC_2$ 含量约为 20%，温度约在 2100℃，使反应过渡为液相反应，此区内反应剧烈进行，$CaC_2$ 迅速形成，最终完成反应；液态 $CaC_2$ 沉于炉膛下部，按时排放出炉，经冷却成型即得固体电石产品。

#### 5.1.2.2　生产流程

以炭素材料（焦炭或半焦等）与生石灰为原料，经计量按一定比例加入高温电炉中，利用炉中电弧热和低电压大电流通过炉中混合料，产生大量电阻热加热反应生成电石。熔融电石从电石炉卸到电石锅中，经冷却破碎后装桶。生产工艺流程如图 5-1 所示。

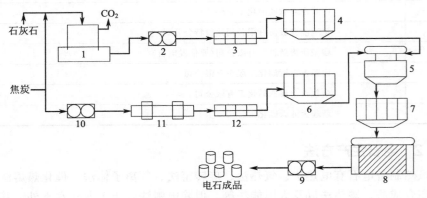

图 5-1　电石生产工艺流程

1—石灰窑；2，9，10—破碎机；3，12—筛分；4—石灰仓；5—配比秤；6—焦炭仓；7—料仓；
8—电石炉；11—回转干燥窑

每生产 1t 电石，原材料及电耗的参考数值为：
① 石灰：810～935kg。
② 焦炭（标煤）：482～650kg。
③ 电极耗：25～35kg。
④ 电耗：3250～3400kW·h。

#### 5.1.2.3　半焦电热法生产电石

生产电石的炭素材料一般常用焦炭、石油焦及无烟煤。

焦炭是焦化厂的产品，其固定碳含量一般在 85% 左右，较好的可达 90%，是电石生产的优良炭素材料。

石油焦是由石油沥青高温焦化得到的，固定碳含量 90% 以上，灰分含量极少，电阻率较大。在生产电石时可用石油焦调节炉料电阻，有利于提高电石炉负荷和产品电石的质量，降低电耗。

电石生产适宜采用软质或半软质的无烟煤。无烟煤电阻率大，但因其反应活性较差，耗电量大，所以一般用在以焦炭为炭素材料时掺烧 30%，只有在缺乏焦炭的地区才全部用无烟煤为炭素材料。

随着我国电石工业的发展，由于焦炭、石油焦和无烟煤的供应不足和价格上涨，多年来半焦（兰炭）已在电石企业得到广泛应用。

从20世纪90年代开始，我国就对半焦制电石进行了工业性试验和实现工业化生产。生产实践表明，用半焦生产电石具有显著特点，主要是具有含碳量高、灰分低、电阻率大、化学活性好、资源丰富、价格低廉等优点。因此半焦是生产电石的一种比较理想的还原剂。冶金焦和半焦的性质见表5-2。

表 5-2　冶金焦和半焦的性质

| 项目 | 粒度/mm | 固定碳/% | 灰分/% | 挥发分/% | 电阻率/(Ω·mm²/m) | 反应活性/% |
|---|---|---|---|---|---|---|
| 冶金焦 | 3～17 | 81.5～83.5 | 14.0～16.0 | 2.16 | 631(块) | 97.6(块) |
| 府谷半焦 | 5～20 | 83.5～84.0 | 8.1～8.8 | 7.7～9.0 | 1185(块) | 32.4(块) |

由表5-3可知，使用府谷半焦比使用冶金焦生产电石一级品率平均提高10%左右，保持在85%左右；电耗平均降低了150kW·h/t左右。

表 5-3　生产记录

| 项目 | 1号炉 | | 2号炉 | |
|---|---|---|---|---|
| 原料 | 冶金焦 | 府谷半焦 | 冶金焦 | 府谷半焦 |
| 产量/t | 2441.7 | 2656 | 2198.9 | 2173.6 |
| 一级品率/% | 62.7 | 89.26 | 73.38 | 82.06 |
| 作业率/% | 89.7 | 89.01 | 84.92 | 92.55 |
| 电耗/(kW·h/t) | 3552 | 3450 | 3624 | 3441 |

经过多年的发展，半焦制电石的水平有了进一步提高，其实际生产技术也更加成熟。为了促进半焦制电石的推广应用，我国于2010年9月26日发布了GB/T 25211—2010《兰炭产品技术条件》，其中对用作电石还原剂的兰炭产品质量指标提出了明确要求。

## 5.2　煤热解与电石制备耦合技术

目前，电热法生产电石的原料主要以优质块状兰炭（半焦）和块状生石灰为主；不仅原料成本高，且块状兰炭与生石灰的接触面积小、传热速率慢，导致反应温度高、耗电量高。近年来由于国际市场石油价格大幅波动和国内相关行业结构调整，使得传统电石行业（高能耗、高污染、低效益）面临严峻的挑战。

综合考虑低价煤粉利用和电石生产的需要，煤基电石生产工艺作为一种新工艺进入人们的视野，见图5-2。以煤粉作为炭质原料，煤粉与石灰粉（CaO）先成型得到钙煤球团，经过热解过程，生成的电石炉料（钙煤炭化球团）热态进入电石炉生产电石。与传统电石生产工艺比较，煤基电石生产工艺具有明显优势：

①使用低阶煤粉代替焦炭、半焦或其他类质原料（包括石油焦等），具有价廉易得的低成本优势；②电石炉料高温进料、炭质原料电阻率高、炭质原料与石灰粉（CaO）紧密接触反应速度加快，单位电石电耗大为降低；③副产焦油、煤气等产品，提高了全系统附加值；④热解煤气中富含 $H_2$，有利于与电石炉尾气（主要为 CO）进行化工综合利用，实现多联产，提高全系统的附加值。因此，煤基电石生产新工艺的开发将对整个电石行业具有突破性意义，也为低阶粉煤的清洁高效利用提供了一个新途径。

图 5-2　煤基电石生产工艺过程

## 5.2.1　电石炉料制备

陈柳池等对粉煤与氧化钙的成型热解特性作了系统研究，在实验中所用的原材料是神木煤、煤沥青、助剂 A 和氧化钙等。其中神木煤的组成分析结果见表5-4，干馏实验结果如表 5-5 所示。

**表 5-4　神木煤的工业分析和元素分析结果（质量分数）**　　单位：%

| 工业分析结果 | | | | 元素分析结果 | | | | |
| --- | --- | --- | --- | --- | --- | --- | --- | --- |
| $M_{ad}$ | $A_d$ | $V_d$ | $FC_d$ | $C_{daf}$ | $H_{daf}$ | $N_{daf}$ | $S_{t,daf}$ | $O_{daf}$ |
| 2.17 | 11.29 | 31.25 | 57.46 | 77.90 | 4.71 | 0.78 | 0.29 | 16.33 |

**表 5-5　神木煤铝甑低温干馏实验结果（干基，质量分数）**　　单位：%

| 焦油 | 半焦 | 热解水 | 气体＋损失 |
| --- | --- | --- | --- |
| 8.54 | 80.86 | 5.16 | 5.44 |

### 5.2.1.1　钙煤球团制备及其性能

影响钙煤球团特性的因素主要是成型体的原料组成以及成型条件。在研究煤粉粒径、黏结剂用量、成型压力、助剂用量、预热温度对钙煤球团特性的影响基础上，确定钙煤球团的最佳制备条件。

（1）不同煤粒粒径对密度的影响　粉煤料的颗粒直径及其占比在很大程度上影响着物料的密度。实验首先对不同粒径配比下的体积密度进行了测试和分析。1# 为粒径小于 0.05mm 的原煤，实验结果表明：

① ＜0.05mm 与 0.05～0.5mm 粒径的煤粒混合。当粒径＜0.05mm 的粉煤占到 30% 时，混合物料的密度（0.65g/cm³）达到最大，将此配比命名为 2#。

② 2# 与 0.5～1mm 粒径的煤粒混合。当 2# 粉煤占到 75% 时，混合物料的密度（0.77g/cm³）达到最大，将此配比命名为 3#。

③ 3# 与 1～2mm 粒径的煤粒混合。当 3# 粉煤占到 75% 时，混合物料的密

度（0.73g/cm³）达到最大，将此配比命名为 4#。

④ 4# 与 2～3mm 粒径的煤粒混合。当 4# 粉煤占到 70% 时，混合物料的密度（0.77g/cm³）达到最大，将此配比命名为 5#。

对不同粒径配比按表 5-6 编号，不同粒径的粉煤按表 5-6 的各编号配比进行混合时得到最大密度。

表 5-6　不同配比煤样编号　　　　　　　　　　　　　单位：%

| 编号 | <0.05mm | 0.05～0.5mm | 0.5～1mm | 1～2mm | 2～3mm |
|---|---|---|---|---|---|
| 1# | 100.00 | — | — | — | — |
| 2# | 30.00 | 70.00 | — | — | — |
| 3# | 22.50 | 52.50 | 25.00 | — | — |
| 4# | 14.63 | 34.13 | 26.25 | 25 | — |
| 5# | 10.24 | 23.89 | 18.38 | 17.50 | 30.00 |

（2）不同条件对钙煤球团性能的影响

① 粉煤粒径。原料粉煤所含的粒径以及其配比方式是影响成型质量的要素之一。在成型实验中，用不同粒径的粉煤及其组合（1#～5#）进行成型；煤：氧化钙＝1∶1，且煤沥青的量选定为 20%，对应助剂 A 的量为 2%，成型压力选定为 55kN，预热温度为 160℃。不同粒度混合制备钙煤球团的冷压强度结果见表 5-7。

表 5-7　不同粒度混合制备钙煤球团冷压强度及落下强度实验结果

| 级配方案编号 | 冷压强度/MPa | 落下强度/% |
|---|---|---|
| 1# | 39.5 | 99.74 |
| 2# | 39.5 | 99.44 |
| 3# | 41.5 | 99.39 |
| 4# | 32.5 | 99.38 |
| 5# | 39.5 | 98.59 |

如表 5-7 所示，3# 冷压强度最高，为 41.5MPa；1# 落下强度最高，为 99.74%。钙煤球团的大颗粒煤粒在成型中主要承担着在钙煤团中作为成型骨架的作用。由上述数据可明显看出 1# 与 2# 钙煤球团中主要为小粒径与较小粒径煤粉的混合，因此钙煤球团的机械冷压强度变化并不明显。而在 3# 中随着 0.5～1mm 粒径煤粒的加入，大粒径的煤可以在钙煤球团中充分均匀地镶嵌，从而形成良好的骨架结构，从而提高了钙煤球团的机械强度。在 4# 中过大的煤粒破坏了次级煤粒紧密的堆叠排列，造成了空隙率增大；二级破碎会造成新的断面，成型用黏结剂无法快速浸入新断面，致使部分断面在无黏结剂条件下成型，使得黏结剂在型煤中分布不均，机械强度下降。5# 中更大煤粒的加入再一次保持了各种粒径煤粒的整齐堆叠契合，相对于 4# 钙煤球团强度再一次上升；但是空隙率

大于单纯小粒径煤的堆叠排列，导致其总体机械强度低于 $1^{\#}\sim3^{\#}$。

②黏结剂量。在钙煤球团制备过程中使用煤沥青作为黏结剂，利用煤沥青良好的黏结性将物料牢固黏结一起；同时通过高温炭化使煤沥青结焦为炭化骨架，利用桥链作用将物料颗粒黏结成块，保证了钙煤球团的强度。选择粒径主体＜0.05mm 的粉煤，氧化钙：粉煤＝1：1，成型压力为 55kN，助剂比（煤沥青：助剂 A）为 10：1，预热温度为 160℃进行实验。利用扫描电子显微镜（SEM），选择了黏结剂添加量为 20％、24％和 28％时的钙煤球团，观察了不同粒径原料制得的钙煤球团微观结构上的差异。

由实验结果可知，28％黏结剂添加量的钙煤球团冷压强度最大，为 60MP；钙煤球团强度明显随黏结剂量的增加而升高。在实验中选择的煤沥青属于典型的憎水类有机黏结剂。其成型机理主要表现为沥青质内部含有的链状或大型环状碳链结构具有活性末端，可以与煤表面的活性基团成键，从而大幅度地提高了煤粒之间紧密的链接；同时复杂碳链相互盘曲缠绕增加了分子间范德华力作用，从而促进了粉煤成型。而煤沥青黏结剂的黏结效果很大程度上取决于软化后的煤沥青对于煤粒表面的浸润程度。

对于不同黏结剂含量的钙煤球团落下强度变化则表现出起伏现象，主要呈现为先上升后趋于稳定，大于 20％黏结剂添加量后落下强度相差不大。

③成型压力。成型压力在一定程度上影响着球团的强度。随施加压力的提升，原料粉煤的弹性和塑性在成型过程中不断变化。选择粒径主体＜0.05mm 的粉煤，粉煤：氧化钙＝1：1，改变成型压力，助剂比（煤沥青：助剂 A）为 10：1，黏结剂量占总钙煤球团的 24％，预热温度为 160℃进行实验。成型压力对钙煤球团制备后的内部结构起到了主导作用。

由实验结果可知，在 65kN 处达到最大冷压强度 59MPa。在钙煤球团压力成型过程中，首先经过压实过程；内部的煤粒间空隙被挤压，煤粒之间相对位置发生改变，空隙被相互填充，黏合的各项因素开始形成并发挥作用，这一阶段可表示为数据中的 55～65kN。在这一阶段中，钙煤球团强度随成型压力增加而增加。之后在 65kN 后进入下一阶段，高压会破坏物料的内部结构；这一阶段中部分大颗粒煤发生破碎产生新的界面，内部颗粒之间排斥力增大，导致冷压强度下降。

各压力制备出的钙煤球团落下强度相差不大，在成型压力为 80kN 时达到最大，为 99.72％。由此可见，过高的压力不利于钙煤球团的制备，同时过高的压力也会增加能耗。

④助剂用量。在钙煤球团的制备过程中加入了助剂 A 来增大煤沥青对物料的浸润效果，降低黏结剂的软化点，节约能源。选择粒径主体＜0.05mm 的粉煤，氧化钙：粉煤＝1：1，黏结剂总量不变，加入助剂 A，成型压力为 65kN，煤沥青：助剂 A 分别为 10：1、8：1、6：1、4：1、2：1。利用扫描电子显微镜（SEM），选择了煤沥青：助剂 A 为 10：1、6：1、2：1 的钙煤球团，观察了不同成型压力下制得的钙煤球团微观结构上的差异。

钙煤球团冷压强度和落下强度实验结果见表 5-8。

表 5-8　在不同助剂比例下钙煤球团冷压强度和落下强度测试结果

| 助剂比例(煤沥青∶助剂 A) | 冷压强度/MPa | 落下强度/% |
|---|---|---|
| 2∶1 | 12 | 99.90 |
| 4∶1 | 28 | 99.60 |
| 6∶1 | 31 | 98.27 |
| 8∶1 | 32 | 96.38 |
| 10∶1 | 56.5 | 99.74 |

选择粒径主体＜0.05mm 的粉煤，成型压力为 65kN，改变助剂比（煤沥青∶助剂 A），预热温度为 160℃进行实验。实验结果呈现明显线性变化，当助剂比例（煤沥青∶助剂 A）为 10∶1 时冷压强度最大为 56.5MPa。随着制备钙煤球团原料中煤沥青比例的增加，冷压强度呈上升趋势。在实际制备过程中可以观测到，随着煤沥青添加量的增加，钙煤球团表面更加平滑，在冷压过程中体现出更明显的塑性。当助剂 A 比例增大时，会极大程度地增加煤粒间的流动性，导致其冷压强度降低。

落下强度主要是应对短时间冲量作用条件下的抗破碎性质。在此过程中考察了钙煤球团的两个性质，一为刚度，一为韧性。在测试结果中，10∶1 和 2∶1 两个极限条件下分别出现了最大强度 99.74% 和 99.90%。随着助剂 A 添加量的增加，钙煤球团的韧性显著增加，继而落下强度得以增大。

⑤ 预热温度。选择粒径主体＜0.05mm 的粉煤，氧化钙∶粉煤＝1∶1，成型压力 65kN，助剂比（煤沥青∶助剂 A）为 10∶1，改变预热温度进行实验。预热温度分别为 100℃、120℃、140℃、160℃、180℃。实验结果表明，当预热温度为 160℃时冷压强度达到最大，为 56MPa；落下强度为先上升后趋于稳定，在 120℃达到最大，为 99.53%。预热温度的实验结果主要体现出一种单峰趋势，表现为总体各项性质随预热温度升高而先升后降的特点。预热温度主要从两点影响型煤性质，一是神木型煤中本身挥发分中的重组分软化参与成型过程，二是作为黏结剂加入助剂 A 后的煤沥青软化部分。由于实验所用的神木煤属于低黏性烟煤，因此沥青软化影响发挥主要作用。在实验中所选用的鞍钢集团提供的煤沥青原料样本测试软化点为 85℃。在 100℃下的搅拌过程中煤中心温度大致位于软化点附近，煤沥青初步具有一定的流动性，但并不足以使其充分浸润煤粒表面，导致煤沥青的黏结性能下降，从而降低了制备出的型煤机械强度。随着预热温度的升高，沥青流动性进一步增强，煤粒间浸润程度增强，黏结剂作用提高，型煤机械强度也进一步提高。在 160℃下型煤达到各项指标峰值。

综上所述，原料煤粒度对于钙煤球团的特性影响实验表明，3# 样品（即加入粒径为 0.05～0.5mm 以及 0.5～1mm 的粉煤）具有最大的冷压强度，为 41.5MPa；而落下强度则随着大粒径煤粒的加入呈现下降趋势，粒径小于 0.05mm 具有最大落下强度，为 99.74%。黏结剂添加量对钙煤球团的特性影响实验表明，原料煤在较低黏结剂含量（黏结剂添加量为 16%）时无法以实验定义的工艺流程制备出完整的钙煤球团。随着黏结剂量的升高,冷压强度呈明显上升趋势;在添加 24%黏结剂量时具有最大落下强度,为 99.86%。成型压力对钙煤球团的特性影响实验表明,原料煤在 65kN 下达到冷压强度峰值 59MPa,而落下强度在 80kN 达到峰值 99.72%。助剂用量对钙煤球团的特性影响实验表明,钙煤球团的冷压强度随着助剂 A 的添加而降低,在实验选取的添加范围内并没有看到明显峰值;落下强度在煤沥青:助剂 A＝2:1 时达到最大值 99.90%。预热温度对钙煤球团的特性影响实验表明,抗压强度和落下强度均在 160℃ 达到峰值 59MPa 和 99.7%。

在现有实验条件下,粒径小于 0.05mm,添加 24%黏结剂,煤:氧化钙＝1:1,煤沥青:助剂 A＝10:1,预热温度 160℃,成型压力为 65kN 时,可制备具有最佳机械强度的钙煤球团。

### 5.2.1.2　钙煤炭化球团性能及其热解特性

影响钙煤球团热解特性的因素有许多,对热解原料而言,主要是球团的组成以及成型条件,而热解的工艺条件也会影响热解反应程度、传热传质过程。在此主要是对煤粉粒径、黏结剂用量、成型压力、热解终温以及恒温时间和升温速率对热解后钙煤炭化球团机械特性与在不同条件下制备的钙煤球团热解特性的影响进行研究。所制备的球团由神木煤、氧化钙、煤沥青、助剂 A 组成,并以神木半焦作炭质,与黏结剂成型后热解,探究黏结剂热解产物的产率及组成;对球团、神木煤、神木煤与氧化钙进行了单独热解,以明确热解反应过程中各成分对热解产物的影响。

(1) 不同条件对钙煤炭化球团性能的影响

① 粉煤粒径。在成型实验中,用不同粒径的粉煤及其组合(1#、2#、3#、4#、5#)进行成型;氧化钙:粉煤＝1:1,且煤沥青的量选定为 20%,对应助剂 A 的量为 2%,成型压力选定为 55kN,其他条件与前述成型方法保持一致;然后进行热解(热解条件选定为:热解终温为 650℃,升温速率设为 5℃/min,恒温时间 30min,载气流量 120mL/min)。对热解后的钙煤球团测定前述冷压强度和落下强度,对测定结果进行分析,探究粉煤粒径对钙煤炭化球团性能的影响。

表 5-9　不同粒径下钙煤炭化球团冷压强度及落下强度

| 级配方案编号 | 冷压强度/MPa | 落下强度/% |
|---|---|---|
| 1# | 4 | 79.27 |
| 2# | 3 | 70.02 |
| 3# | 3 | 82.97 |
| 4# | 2 | 46.69 |
| 5# | 1.5 | 58.36 |

表 5-9 表明,随着粉煤粒径的增大,热解后钙煤炭化球团的冷压强度呈明显下降趋势;1# 冷压强度最大,为 4MPa。粒径越大,黏结效果越差,导致型煤内部结构比较松散,从而抗压强度也会减小。用环境扫描电镜对热解前、后 3# 和 5# 型煤

进行分析，得到的扫描图也证明了此结论；$3^{\#}$ 的落下强度最大，为 82.97％。粒径小的粉煤含量较高时，黏结效果好，型煤密度大，从而落下强度较大；但是若大颗粒粉煤含量过少时，整个型煤内部缺少支撑结构，落下强度反而减小。

② 黏结剂量。在成型实验中，添加不同量的煤沥青（20％、22％、24％、26％、28％）及对应量的助剂 A，且成型所用粉煤粒径选定为 <0.05mm，氧化钙：粉煤＝1∶1，成型压力选定为 55kN，其他条件与前述成型方法保持一致；然后进行热解实验（热解条件同上述）。对热解后的钙煤炭化球团测定前述冷压强度和落下强度，对测定结果进行分析，探究黏结剂量对钙煤炭化球团性能的影响。

实验结果表明，随着黏结剂量的增大，热解后钙煤球团的冷压强度呈先上升后下降趋势；在黏结剂添加量为 26％时达到最大值，为 20MPa。这是因为黏结剂量越大，黏结效果越好，钙煤球团的内部结构越稳定，从而冷压强度也会加大。用环境扫描电镜对黏结剂量分别为 20％、28％的热解前后钙煤球团进行分析，得到的扫描图也证明了此结论。

钙煤炭化球团冷态落下强度随黏结剂量的增大而增大，在黏结剂添加量为28％时达到峰值，为 99.36％；与冷压强度的变化趋势类似，这也是因为当粉煤粒径相同时，黏结剂量越大，黏结效果和成型效果越好，钙煤球团的内部结构越稳定，从而落下强度也会加大。

③ 成型压力。在成型实验中，设定不同的成型压力（55kN、60kN、65kN、70kN、75kN、80kN、85kN、90kN、95kN），从成本角度考虑煤沥青的量选定为 26％，对应助剂 A 的量为 2.6％，成型所用粉煤粒径选定为 <0.05mm，氧化钙：粉煤为 1∶1，其他条件与前述成型方法保持一致；然后进行热解（热解条件同上）。对热解后的钙煤炭化球团测定前述冷压强度和落下强度，对测定结果进行分析，探究成型压力对钙煤炭化球团热解性能的影响。

由实验结果可知，随着成型压力的增大，热解后钙煤炭化球团的冷压强度先上升后下降；在 70kN 处达到峰值 13MPa，在 90kN 和 95kN 处为最小值 9.5MPa。可能有两个因素造成这种现象，一方面，当成型压力较小时，提高压力，能够有效增加各种物料之间的结合紧密程度，使冷压强度得到提升，但是压力增大到一定程度之后，继续提高压力就可能会造成内部发生变形甚至断裂，并且颗粒间排斥力增大，冷压强度反而会降低；另一方面，热解时，气体和液体挥发分从钙煤球团内部的逸出都会受到阻力，成型压力越大，这种阻力也越大，整个逸出过程对钙煤球团结构的破坏程度也越严重，也会出现钙煤炭化球团冷压强度下降的现象。

钙煤炭化球团冷态落下强度随黏结剂量的变化也大致呈先上升后下降的趋势，在 70kN 处达到最大值 98.39％，在 55kN 处为最小值 94.54％。这也是因为压力的增大对钙煤球团内部结构有两种效果相反的影响，因此在压力增大过程中，冷压强度会有一个峰值，然后又开始下降。

④ 热解终温。在成型实验中，成型所用粉煤粒径选定为 <0.05mm，氧化钙：粉煤＝1∶1，成型压力选定为 70 kN，煤沥青的量选定为 26％，对应助剂 A 的量为 2.6％，其他条件与上述成型方法保持一致；然后进行热解，选用不同热解终温

（500℃、550℃、600℃、650℃、700℃、750℃、800℃、850℃、900℃），其他热解条件同上述。对热解后的钙煤炭化球团测定抗压强度和落下强度，对测定结果进行分析，探究热解终温对钙煤炭化球团性能的影响。

实验结果表明，随着热解终温的增大，热解后钙煤炭化球团的冷压强度呈明显上升趋势，在850℃时达到最大值26MPa。温度对钙煤炭化球团的性能影响主要是由煤沥青造成的，热解时，煤沥青在不同温度阶段会产生不同的状态及性质变化；加热至80～200℃时，煤沥青达到熔点，开始软化成熔融态，并释放出少量挥发分；继续加热至400℃左右的过程中，大量挥发分析出，这也是煤沥青的主要热解阶段；温度超过400℃之后，继续有很少的挥发分析出，但此时主要发生缩聚反应，煤沥青开始形成半焦，并且随着温度提高，焦化程度加深。因此，随着热解终温增大，钙煤球团炭化程度加深，结构不断固化，抗压强度也会提升，达到一定温度后强度变化不明显。

实验还表明，随热解终温提高，热解后钙煤炭化球团的冷态落下强度不断加大，在800℃时达到最大值97.38%。这也是因为温度的提高使钙煤炭化球团不断收缩、固化，结构更加稳定。

对于热解后的钙煤炭化球团作为电石炉料，若在热态条件下直接进料，能很大程度上降低电石炉能耗。因而考虑到工艺操作过程的要求，热解后的钙煤炭化球团还应在热态条件下满足一定的抗压和抗摔性能。

由实验结果可知，随着热解终温的增高，热解后钙煤炭化球团的热压强度呈明显上升趋势，在850℃、900℃时达到最大值23MPa；随热解终温增高，热解后钙煤炭化球团的热态落下强度不断加大，在900℃时达到最大值98.55%。这也是因为温度的提高使钙煤炭化球团不断收缩、固化，结构更加稳定。

考虑到球团在电石炉高温条件下也需要一定的强度，将上述700℃热解温度下制备出的钙煤炭化球团放置于高温管式炉中，由室温加热至1200℃，然后取出对其进行热压及落下强度测试。热压强度为51MPa，落下强度为93.05%，能满足抗压摔要求，且性能还有所提高。

由于热解温度不仅会影响钙煤球团热解产物产率，同时还会影响热解后的钙煤炭化球团性能。因此当热解温度达到550℃后，所制得的钙煤炭化球团就能满足一定的强度要求。但考虑到目前电石炉对炭质材料的要求 GB/T 25211—2010《兰炭产品技术条件》，其挥发分量需满足 5%～10%（Ⅱ级）要求。考虑到现有电石炉对炭质材料兰炭的要求，热解温度设定为700℃，减少炉料的挥发分，以避免由于炉料产气过多影响电石炉况。同时，提高热解温度，电石炉料进炉前温度提高，有利于降低电石炉能耗，但热解温度不易过高，以避免对热解工段的设计和操作造成无法克服的困难。

⑤ 恒温时间。在成型实验中，成型压力选定为70kN，煤沥青的量选定为26%，对应助剂A的量为2.6%，成型所用粉煤粒径选定为<0.05mm，氧化钙：粉煤＝1:1，其他条件与前述成型方法保持一致；然后进行热解，选用不同恒温时间（10min、20min、30min、40min、50min），热解终温为700℃，其他热解条件同

上述。对热解后的钙煤炭化球团测定前述冷压强度和落下强度，并对测定结果进行分析，探究恒温时间对钙煤炭化球团性能的影响。

由实验可见，热解后钙煤炭化球团的冷压强度随恒温时间的变化不大，在恒温时间为 30min、40 min 时达到最大值 26MPa。这是因为所用固定床反应器升温速度较慢，在升温过程中钙煤球团已经热解比较充分，煤沥青基本已经完成炭化，结构趋于稳定，再增加恒温时间，也就对钙煤炭化球团冷压强度的提高不明显了。

实验还表明，随着恒温时间增长，钙煤炭化球团冷态落下强度随恒温时间的变化不大，在恒温时间为 30 min 时达到最大值 97.23%。这也是因为此时恒温时间的增长不会使煤沥青焦化程度进一步加深。

⑥ 升温速率。在成型实验中，成型压力选定为 70kN，煤沥青的量定为 26%，对应助剂 A 的量为 2.6%，成型所用粉煤粒径选定为 <0.05mm，氧化钙:粉煤＝1:1，其他条件与前述成型方法保持一致；然后进行热解，选用不同热解升温速率（5℃/ min、7.5℃/ min、10℃/ min、12.5℃/ min、15℃/ min、20℃/ min），热解终温为 850℃，其他热解条件同上述。对热解后的钙煤炭化球团测定抗压强度和落下强度，对测定结果进行分析，探究热解升温速率对钙煤炭化球团性能的影响。

由实验可知，随着热解升温速率的增高，热解后钙煤炭化球团的冷压强度呈下降趋势，当升温速率为 5℃/ min 时达到最大值 26MPa。这主要是因为随着升温速率的提高，钙煤球团中的挥发分析出速率相应增大，使钙煤炭化球团的强度下降。

由实验结果可见，随热解升温速率的增高，热解后钙煤炭化球团的冷态落下强度开始变化不大，之后不断下降，当升温速率为 7.5℃/ min 时达到最大值 96.99%。

实验表明，随着热解升温速率的增高，热解后钙煤炭化球团的热压强度呈下降趋势，当升温速率为 5℃/ min 时达到最大值 24MPa；随热解升温速率的增高，热解后钙煤炭化球团的热态落下强度不断下降，当升温速率为 5℃/ min 时达到最大值 97.23%.

（2）不同条件对钙煤球团热解特性的影响

① 粉煤粒径。在成型实验中，用不同粒径的粉煤及其组合（1#～5#）进行成型；氧化钙:粉煤＝1:1，且煤沥青的量选定为 20%，对应助剂 A 的量为 2%，成型压力选定为 55kN，其他条件与前述成型方法保持一致；然后进行热解（热解条件选定为：热解终温为 650℃，升温速率设为 5℃/min，恒温时间 30min，载气流量 120mL/ min）。测定焦油产率、半焦产率、气体产率和热解水产率 4 个指标，对测定结果进行分析，探究粉煤粒径对钙煤球团热解特性的影响。

热解产率如表 5-10 所示。

表 5-10    不同粒径下钙煤球团的热解特性（质量分数）    单位:%

| 级配编号 | 焦油产率 | 半焦产率 | 热解水产率 | 气体产率 |
| --- | --- | --- | --- | --- |
| 1# | 13.68 | 78.61 | 5.19 | 2.52 |
| 2# | 12.41 | 80.17 | 4.51 | 2.91 |

| 级配编号 | 焦油产率 | 半焦产率 | 热解水产率 | 气体产率 |
| --- | --- | --- | --- | --- |
| 3# | 14.31 | 78.98 | 4.38 | 2.33 |
| 4# | 13.59 | 78.67 | 4.39 | 3.35 |
| 5# | 13.33 | 78.46 | 4.64 | 3.57 |

由表 5-10 可见，焦油、半焦、热解水和气体产率随粒径变化基本保持不变。这说明在实验涉及的范围内改变钙煤球团的平均粒径和粒径分布，对钙煤球和热解产物收率的影响不大。

② 黏结剂量。在成型实验中，添加不同量的煤沥青（20%、22%、24%、26%、28%）及对应量的助剂 A，且成型所用粉煤粒径选定为<0.05mm，氧化钙∶粉煤＝1∶1，成型压力选定为 55kN，其他条件与前述成型方法保持一致；然后进行热解实验（热解条件同上）。测定焦油产率、半焦产率、气体产率和热解水产率 4 个指标，对测定结果进行分析，探究黏结剂量对钙煤球团热解特性的影响。

不同黏结剂添加量与球团热解产物产率的关系曲线如图 5-3 所示。

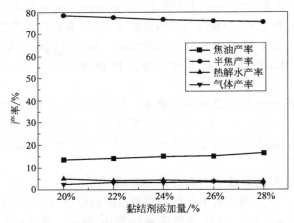

图 5-3　热解产物产率随黏结剂添加量变化曲线

由图 5-3 可知，焦油产率随黏结剂量增加而增大，当黏结剂加量为 28% 时焦油产率最大，为 16.68%。这是因为煤沥青相是热解过程中产生焦油的主要来源，因此随着煤沥青用量的增加，焦油收率增加。半焦产率随黏结剂量增大而减少，热解水产率和气体产率随黏结剂量变化不大。

③ 成型压力。在成型实验中，设定不同的成型压力（55kN、60kN、65kN、70kN、75kN、80kN、85kN、90kN、95kN），从成本角度考虑煤沥青的量选定为 26%，对应助剂 A 的量为 2.6%，成型所用粉煤粒径选定为<0.05mm，氧化钙∶粉煤＝1∶1，其他条件与前述成型方法保持一致；然后进行热解（热解条件同上）。测定焦油产率、半焦产率、气体产率和热解水产率 4 个指标，对测定结

果进行分析，探究成型压力对钙煤球团热解特性的影响。

不同成型压力下球团热解产物的产率如图 5-4 所示。

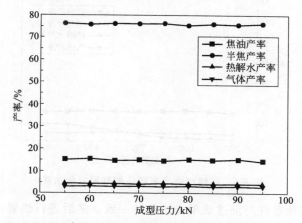

图 5-4 热解产物产率随成型压力变化曲线

由图 5-4 可知，在热解过程中，焦油、半焦、热解水和气体产率随成型压力升高变化不大。一般认为成型压力改变会影响钙煤球团孔隙结构，孔隙结构的改变不仅影响其比表面积，也会影响热解过程中挥发分的逸出，即影响热解过程的传质行为。实验范围内对热解产物产率影响不大说明在实验范围内成型压力的变化对钙煤球团微观孔道的影响有限，即对热解过程传质行为的影响有限。

④ 热解终温。在成型实验中，成型所用粉煤粒径选定为＜0.05mm，氧化钙：粉煤＝1∶1，成型压力选定为 70kN，煤沥青的量选定为 26%，对应助剂 A 的量为 2.6%，其他条件与前述成型方法保持一致；然后进行热解，选用不同热解终温（500℃、550℃、600℃、650℃、700℃、750℃、800℃、850℃、900℃），其他热解条件选定为升温速率 5℃/min、恒温时间 30min、载气流量 120mL/min。测定焦油产率、半焦产率、气体产率和热解水产率 4 个指标，对测定结果进行分析，探究热解终温对钙煤球团热解特性的影响。

图 5-5 为热解温度对钙煤球团热解产物产率的影响。

随着热解终温的升高，煤和黏结剂中的有机结构裂解程度都会加剧，热解转化率相应增加。由图 5-5 可见，半焦收率随着温度的上升逐渐减少；而在考察的温度范围内，焦油产率和热解水产率随热解终温的升高开始略有上升，后期变化并不明显，气体产率随热解终温增大而增大。这是由于温度的升高，煤中弱键首先断裂，相对分子质量较小的一次裂解产物会逸出形成挥发分；一次裂解产物增加的同时，热解温度的升高也会加大热解产物的二次裂解反应，会有更多的液态产物进一步裂解为相对分子质量更小的气态产物，从而减少液态产物，也就是焦油的产率。如果两者平衡就会表现为宏观焦油产率变化不大，而气体产率增加。

⑤ 恒温时间。在成型实验中，成型压力选定为 70kN，煤沥青的量选定为 26%，对应助剂 A 的量为 2.6%，成型所用粉煤粒径选定为＜0.05mm，氧化钙：

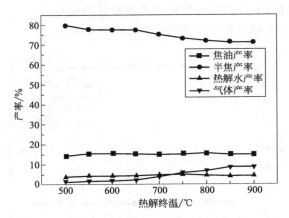

图 5-5　热解产物产率随热解终温变化曲线

粉煤=1:1，其他条件与前述成型方法保持一致；然后进行热解，选用不同恒温时间（10min、20 min、30min、40min、50min），热解终温为 700℃，其他热解条件同上。测定焦油率、半焦产率、气体产率和热解水产率 4 个指标，对测定结果进行分析，探究恒温时间对钙煤球团热解特性的影响。

不同恒温时间对球团热解产物产率的影响如图 5-6 所示。

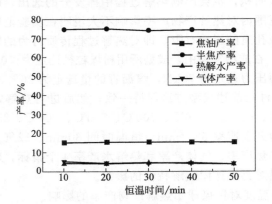

图 5-6　热解产物产率随恒温时间变化曲线

由图 5-6 可见，随着恒温时间增加，半焦、焦油、热解水及气体产率均变化不大。这是因为钙煤球团升温是由外至内的过程，直径较大的钙煤球团内部充分热解，但实验所用装置升温速率较慢，为 5℃/min；因此，钙煤球团在升温过程中已经充分被加热，故到达反应温度后的恒温时间几乎不影响各产物的产率。

⑥ 升温速率。在成型实验中，成型压力选定为 70kN，煤沥青的量选定为 26%，对应助剂 A 的量为 2.6%，成型所用粉煤粒径选定为<0.05mm，氧化钙:粉煤=1:1，其他条件与前述成型方法保持一致；然后进行热解，选用不同热解升温速率（5℃/min、7.5℃/min、10℃/min、12.5℃/min、15℃/min、20℃/

min)，热解终温为850℃，其他热解条件同上。测定焦油产率、半焦产率、气体产率和热解水产率4个指标，对测定结果进行分析，探究升温速率对钙煤球团热解特性的影响。

不同升温速率下的热解产物产率如图5-7所示。

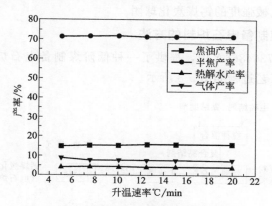

图5-7 热解产物产率随升温速率变化曲线

由图5-7可见，半焦产率随升温速率增大基本不变，焦油产率略有上升，热解水产率基本不变，气体产率随热解升温速率增高而略有下降。在实验涉及的升温速率范围内，升温速率对球团热解产物的产率影响不大。

综上所述，对于不同粒径的原料煤，随着级配粒径的增大，热解后型煤的抗压强度呈明显下降趋势，1#原煤粒径制备的钙煤球团热解后的钙煤炭化球团冷压强度最大，为4MPa；落下强度随粒径的变化并无明显规律，3#样品热解后的钙煤炭化球团落下强度最大，为82.97%；焦油、半焦、热解水和气体产率随粒径变化基本保持不变。对于不同黏结剂量，随着黏结剂量的增大；热解后钙煤炭化球团的冷压强度呈明显上升趋势，落下强度也随黏结剂量的增大而增大；焦油产率随黏结剂量增大而增大，半焦产率随黏结剂量增大而减少，热解水产率和气体产率随黏结剂量变化不大。对于不同成型压力，随着成型压力的增大，热解后钙煤炭化球团的抗压强度先上升后下降，在70kN处达到峰值，为13MPa；落下强度随成型压力的变化也大致呈先上升后下降的趋势，在70kN处达到最大值，为98.39%；焦油、半焦、热解水和气体产率随成型压力变化基本保持不变。对于不同热解终温，随着热解终温的增大，热解后钙煤炭化球团的冷压及热压强度呈明显上升趋势，冷态和热态落下强度也随热解终温的增高而呈上升趋势；半焦产率随热解终温增大而减少，焦油产率和热解水产率随热解终温的变化并不明显，气体产率随热解终温增大而增大。对于不同恒温时间，随着恒温时间的增长，热解后钙煤炭化球团的冷压及热压强度、冷态和热态落下强度以及焦油、半焦、热解水和气体产率均变化不大。对于不同升温速率，随着热解升温速率的增高，热解后钙煤炭化球团的冷压及热压强度均呈下降趋势，热解后钙煤炭化球团的冷态及热态落下强度开始变化不大，之后不断下降；半焦和热解水的产率随热解升温速率增高基本不变，焦油产率略有上升，气体产率略有下降。

在现有实验条件下，当原料煤粒径小于 0.05mm，添加 26％的黏结剂，煤：氧化钙＝1：1，煤沥青：助剂 A＝10：1，预热温度 160℃，成型压力为 70kN，热解终温 700℃，升温速率 5℃/min，恒温时间 30min，载气流量 120mL/min 时，可制备具有一定机械强度的钙煤炭化球团。

### 5.2.1.3 低阶煤制备电石炉料的方法

在专利 CN107364866A 中，提供了一种低阶煤制备电石炉料的方法及复合黏结剂，其生产工艺过程如图 5-8 所示。

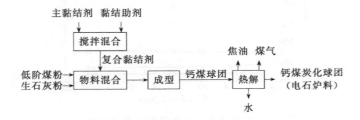

图 5-8 低阶煤电石炉料生产工艺过程

具体实施方法是：

该发明所涉及的复合黏结剂包括主黏结剂和黏结助剂两部分。主黏结剂为中温煤沥青，黏结助剂为二蒽油或二蒽油组分油。经过大量实验发现，复合黏结剂中，主黏结剂和黏结助剂的质量比例为 1：(0.1～0.5) 时，此时既有助于黏结剂在较低温度下均匀分散于粉料表面，又能满足成型球团和热解后的炭化球团各项性能。钙煤球团及钙煤炭化球团的性能包括：落下强度、冷抗压强度和热抗压强度。具体测试过程如下：

① 落下强度：将钙煤球团或钙煤炭化球团从 3m 高度自由释放，跌落在钢板上。选择其中粒径大于 6mm 的部分重新在 3m 高度跌落，重复 10 次。最后用筛选出来的大于 6mm 粒径的部分占原总质量的质量分数表达其落下性能，此为落下强度Ⅰ级。再用筛出的大于 13mm 粒径的部分占原总质量的质量分数表达其落下性能，此为落下强度Ⅱ级。

② 冷抗压强度：每次测试在制备的完整钙煤球团中随机采样三块进行测试。每次将单一钙煤球团或钙煤炭化球团放于 WDW-20 型微机控制电子万能实验机操作面中轴线上，以 10mm/min 速度单向缓慢施力；待其达到最大峰值并且钙煤球团明显崩碎时，记录其最大峰值；重复三次，取其算术平均值作为结果。

③ 热抗压强度：热抗压强度提前将钙煤炭化球团加热至指定温度，后续操作与冷抗压强度测试过程相同。

该发明还涉及低阶煤制电石炉料的方法：

步骤 1，将低阶煤煤粉与生石灰粉按比例均匀混合，其中低阶煤煤粉水分应＜2％，低阶煤煤粉与生石灰粉＜0.05mm。

步骤 2，将主黏结剂和黏结助剂按比例混合，并在约 150～180℃的范围内加热软化，搅拌均匀得到复合黏结剂。

步骤 3，将复合黏结剂加入步骤 1 得到的混合物中，添加量为总质量的 18%～28%，具体添加量根据物料的黏合性能确定。在约 160℃均匀混合，得到成型原料。

步骤 4，将步骤 3 得到的成型原料放入成型设备压制成型，成型压力为 55～160kN，具体所需压力根据物料的黏合性能确定。脱模后得到钙煤球团。

步骤 5，将步骤 4 得到的钙煤球团进行热解，热解温度为 700～900℃，慢速升温，反应压力为常压，所需恒温时间根据炭化球团性能确定。

实施例 1：

以神木地区长焰煤为原料，煤粉与生石灰粉的质量比为 1：1，粒径均<0.05mm。复合黏结剂添加量为 26%，其中主黏结剂：黏结助剂为 10：1，预热温度为 160℃，并在 160℃下与粉料均匀混合。混合均匀的成型料放入成型设备，成型压力为 70kN，脱模后得到钙煤球团；其冷抗压强度为 60.0MPa，落下强度Ⅰ级为 96.29%，落下强度Ⅱ级为 96.29%。制得的钙煤球团进入热解设备，在氮气气氛下热解炭化；热解条件为热解终温 700℃，升温速率 5℃/min，恒温时间 3min，最终得到钙煤炭化球团。制得的钙煤炭化球团在 700℃下的热抗压强度为 22.0MPa，热态落下强度Ⅰ级为 93.45%，热态落下强度Ⅱ为 90.36%。制备得到的钙煤球团和钙煤炭化球团均能达到良好的性能，符合电石炉料要求。

实施例 2：

以神木地区长焰煤为原料，煤粉与生石粉的质量比为 1：1，粒径均<0.05mm。复合黏结剂添加量为 26%，其中主黏结：黏结助剂为 10：1，预热温度为 160℃，并在 160℃下与粉料均匀混合。混合均匀的成型料放入成型设备，成型压力为 70kN，脱模后得到钙煤球团；其冷抗压强度为 60.MPa，落下强度Ⅰ级为 96.29%，落下强度Ⅱ级为 96.29%。制得的钙煤球团进入热解设备，在氮气气氛下热解炭化；热解条件为热解终温 900℃，升温速率 5℃/min，恒温时间 30min，最终得到钙煤炭化球团。制得的钙煤炭化球团在 900℃下的热抗压强度为 23.0MPa，热态落下强度Ⅰ级为 98.55%，热态落下强度Ⅱ级为 98.55%。制备得到的钙煤球团和钙煤炭化球团均能达到良好的性能，符合电石炉料要求。

实施例 3：

以神木地区长焰煤为原料，煤粉与生石灰粉的质量比为 1：1，粒径均<0.10mm。复合黏结剂添加量为 22%，其中主黏结剂：黏结助剂为 10：1，预热温度为 160℃，并在 160℃下与粉料均匀混合。混合均匀的成型料放入成型设备，成型压力为 160kN，脱模后得到钙煤球团；其冷抗压强度为 52.0MPa，落下强度Ⅰ级为 99.90%，落下强度Ⅱ级为 99.78%。制得的钙煤球团进入热解设备，在氮气气氛下热解炭化；热解条件为热解终温 700℃，升温速率 5℃/min，恒温时间 30min，最终得到钙煤炭化球团。制得的钙煤炭化球团在 700℃下的热抗压强度为 17.0MPa，热态落下强度Ⅰ级为 82.36%，热态落下强度Ⅱ级为 80.59%。制备得到

的钙煤球团和钙煤炭化球团均能达到良好的性能，符合电石炉料要求。

## 5.2.2　工业示范项目

"蓄热式电石生产新工艺"是神雾环保技术股份有限公司针对我国煤炭资源现状和传统电石生产系统的耦合。它与传统工艺最大的区别是在解决了传统电石行业高能耗、高污染、低效益难题的前提下，又副产煤气，并拓展了电石下游乙炔化工的应用范围，降低了下游高端能源、化工产品的加工成本。

蓄热式电石生产新工艺成套技术开发及产业化示范项目，已在内蒙古（乌兰察布市）港原化工有限公司建成 $40 \times 10^4$ t/a 的电石装置，并于 2016 年 3 月全线投产。该项目于 2016 年 10 月，由工业和信息化部主持进行了鉴定。

### 5.2.2.1　生产工艺过程

煤热解-制备电石耦合工艺过程见图 5-9。

图 5-9　煤热解-制备电石耦合工艺过程

（1）煤粉制备及混合成型工序　煤粉制备是将原料煤通过磨机，研磨成粒度＜1mm 的粉料；粉料之间再进行成型可以增大物料的接触面积。

混合成型单元的目的是将生产电石用料的生石灰粉（粒度≤1mm）、煤粉 1（粒度≤0.5mm）、煤粉 2（粒度≤1mm）按比例混合，并将三种不同类型的物料通过黏结剂桥连，在一定压力作用下制作成型（生球），达到需要的粒度和强度，经热解后作为电石炉的原料用于生产电石。

成型过程中生石灰粉、煤粉 1、煤粉 2 在黏结剂的作用下充分混合，黏结剂填充在颗粒的空隙及毛细孔中，使得各颗粒表面间固结交错；在外界压力的作用下，分子间的距离靠近，形成了相互吸附作用；而渗透到颗粒里面的黏结剂与颗粒间机械互锁，使颗粒间的作用力更加牢固。

（2）预热炉热解工序　从原料处理单元输送来的经配料成型的原煤、石灰混合生球进入预热炉装料口上部的储料仓，通过设在料仓下料口的螺旋给料机装置，向炉内供料；根据炉底转动速度自动控制物料的流量，满足连续布料的要求。生球在炉底上铺 80～150mm 厚。

预热炉的炉底匀速转动，载着布在炉底上的生球依次经过各个区段。通过调节炉底转动速度，可以改变生球在炉内升温干馏的时间。生球在炉内的升温干馏时间一般为 1～2h。

为了实现生球完全干馏，各反应区必须提供干馏温度条件，其最高炉温可达到 900℃。

布料台面上方的螺旋出料机将熟球连续排出，经由预热炉的卸料阀及与其连接的导管，送入料罐。

在炉内各区，安装在炉膛两侧的蓄热式辐射管燃烧由干馏煤气净化单元处理后的热解气，为物料升温和干馏提供热量。在各反应区通过调节蓄热式辐射管烧嘴的热解气量和空气量控制炉内各区温度，以达到最佳的干馏效果。

预热炉使生球热解产成的热解气组成如表 5-11 所示。

表 5-11　热解气组成（体积分数）　　　　单位：%

| CO | $H_2$ | $CO_2$ | $N_2$ | $C_2H_4$ | $CH_4$ | $O_2$ | 其他 |
|---|---|---|---|---|---|---|---|
| 24.85 | 48.56 | 10.4 | 1.81 | 0.47 | 13.06 | 0.45 | 0.4 |

（3）电石炉工序　由预热工序生产的红热活性球团（熟球）装入到自卸保温料罐内，由电动料罐车将混合料送至电石炉炉顶的料仓内，经下料管送入炉内。炉料进入密闭电石炉，110kV 电源由 4800kVA 变压器经电极将电流导入炉内，电极通过与炉料间产生电弧发热传向装满炉料的炉膛；通过电弧热和电阻热，加热活性球团，并还原、融化成电石。在反应过程中，电极的电压等级和电流强度是根据工艺参数设定的，不同的时期其电压和电流的数值也不同，即输入炉内的功率不同，但电极在炉内总是稳稳地插在炉料中，气体从整个料面均匀地逸出。电弧自始至终不外露，炉料随料面的下降加入炉内，使炉内料面保持一定的高度，电极周围呈现平锥体形状。在整个反应过程中，料层有良好的透气性，可扩大炉膛反应，反应产生的高温气体又能大面积均匀缓慢地通过料层，使炉料得到加热与还原。

当炉内生成的电石熔液及渣达到一定的程度后，用烧穿器打开出料口，放出电石及渣；液态电石通过出料口流入电石锅内，出电石完毕后，用开堵眼机堵上出料口。由出炉车运至冷却厂房进行冷却。产品电石可以达到碳化钙（电石）国家标准 GB/T 10665—2004 的指标要求。

电石炉产生的电石炉气组成见表 5-12。

表 5-12　电石炉气组成（体积分数）　　　　单位：%

| CO | $H_2$ | $CO_2$ | $N_2$ | $CH_4$ | $O_2$ | 其他 |
|---|---|---|---|---|---|---|
| 72~83 | 6 | 6.2 | 1.10 | 1 | 0.3 | 2.4 |

### 5.2.2.2　技术工艺特点

蓄热式电石生产新工艺与传统电石生产工艺的生产成本对比如表 5-13 所示。其新工艺的主要特点是：

① 将煤炭热解工艺与电石生产工艺相耦合。使用价格低廉的中低阶粉状原煤，替代价格高昂的块状焦炭、兰炭、无烟煤等优质资源，作为生产电石的炭素原料。

② 工艺能耗低。采用粉状原料替代块状原料，同时热解后的高温固体产物采用热送工艺，充分利用其显热，提高工艺整体热效率，并降低电石炉电耗。

③ 经济性好。原料价格低廉、电石炉耗电量下降，且热解过程中获得高附加值的焦油和热解气副产物，有效提高工艺整体经济性。

④ 工艺热效率高。采用蓄热式燃烧技术、超细粉碎技术，热解后固体产物采用热送进料技术，整体工艺热效率高。

表 5-13    电石生产新工艺与传统电石工艺生产成本比较

| 类别 | | 传统工艺 | 新工艺 | 备注 | 差额/元 |
|---|---|---|---|---|---|
| | 品种 | 兰炭 | 煤 | — | |
| 原料 | 单耗/(t/t) | 0.74 | 0.875 | — | −194.25 |
| | 单价/(元/t) | 700 | 370 | — | |
| 生石灰 | 单耗/(t/t) | 0.92 | 0.92 | | −40.48 |
| | 单价/(元/t) | 410 | 366 | 新工艺按掺生石灰粉计 | |
| 电耗 | 工艺电/(元/t) | 3080 | 2930 | 0.345 元/(kW·h) | −39.675 |
| | 动力电/(kW·h/t) | 180 | 215 | 0.345 元/(kW·h) | |
| 焦油 | 单耗/(t/t) | — | 0.064 | 1900 元/t | −121.6 |
| 粗苯 | 单耗/(t/t) | — | 0.00895 | 4600 元/t | −41.17 |
| 煤气 | m³/t | — | −284 | 0.155 元/m³ | −44.02 |
| 黏结剂 | 单耗/(元/t) | | 90 | | 90 |
| 电极糊 | 单耗/(t/t) | 0.02 | 0.018 | 4400 元/t | −8.8 |
| 水 | 单耗/(t/t) | 0.9 | 0.736 | 5.5 元/t | −0.902 |
| 人工费用 | 元/t | 85 | 91 | — | 6 |
| 设备折旧 | 元/t | 130 | 170 | — | 40 |
| 其他费用 | 元/t | 40 | 70 | — | 30 |
| 差额合计/(元/t) | | | −324.897 | | |

注：传统工艺数据为指标值。

# 5.3  煤热解与电石制备耦合技术的研究

近些年来，我国对煤热解与电石制备耦合技术进行了一系列研究，并取得一些成果，为促进其发展提供了条件。

## 5.3.1  实验研究

段宾等将兰炭粉与氧化钙经混合球磨、成型、预炭化和高温处理制备电石，考察了炭钙比（兰炭与氧化钙的质量比）和高温处理温度对产品质量的影响。结果表明，基于兰炭粉和氧化钙制备的电石质量指标由炭钙比和高温处理温度决定；炭钙比为 3.5∶1，煅烧温度超过 1800℃时，制得电石的发气量超过 280L/kg，达到 GB 10665—2004《碳化钙（电石）》一等品或优等品标准。

### 5.3.1.1  原料分析

兰炭与氧化钙是电石制备的主要原料，其性质对于反应过程及电石产品质量有很大影响。氧化钙，分析纯；兰炭，因其挥发分较高，所以电石制备计算炭钙比时应消除兰炭中挥发分的影响。将兰炭经 1000℃ 处理得到的炭化物进行工业分析，结果如表 5-14 所示。

**表 5-14    原料工业分析（质量分数）**    单位：%

| 煤样 | $M_{ad}$ | $A_{ad}$ | $V_{ad}$ | $FC_{ad}$ |
|---|---|---|---|---|
| 兰炭 | 5.94 | 8.54 | 17.21 | 82.79 |
| 炭化物 | 0.00 | 14.75 | 2.76 | 97.24 |

### 5.3.1.2    电石制备

① 原料预处理。对原料混合后进行球磨处理，球磨过程中物料不断受到冲击、抗挤压、剪切等作用，有效地改善了颗粒分散性，且减小物料粒径，缩小了粒径分布，使得物料接触更加充分。综合分析确定球磨转速为 300r/min，时间为 20min。

② 成型过程。用于成型的兰炭和氧化钙质量比（炭钙比）不同，电石制备过程中的反应情况也不同，最终制备得到的电石质量也相差较大。

将兰炭与氧化钙按不同炭钙比混合，加入适量水分搅拌混合成型，干燥后收集备用。表 5-15 为兰炭型块冷压强度数据。由此可以看出型块具有较高的冷压强度，可以有效避免在转移过程中破碎。

**表 5-15    兰炭型块冷压强度**

| 炭钙比 | 冷压强度/N | 炭钙比 | 冷压强度/N |
|---|---|---|---|
| 2.5∶1 | 358 | 3.5∶1 | 392 |
| 3∶1 | 474 | 4∶1 | 329 |

③ 预炭化过程。按照下一步高温处理所用石墨化炉对原料的要求，先将兰炭型块在管式炉中预炭化以除去挥发分。预炭化温度为 1000℃，时间为 1h。

④ 高温处理过程。将预炭化得到的炭化物装入石墨坩埚中，盖上盖子置于高温石墨化炉中，通入保护气（Ar）；设置升温程序后打开电源开关开始升温，升至设定温度后保温 2h。反应停止后，冷却至室温即得电石样品。

### 5.3.1.3    结果与讨论

电石发气量是电石质量检测的重要指标，该研究按国家标准 GB 10665—2004《碳化钙（电石）》测定电石样品的发气量。

① 炭钙比对发气量的影响。不同炭钙比条件下制备电石的发气量如表 5-16 所示。由表 5-16 可以看出，不同炭钙比下制得的电石发气量相差较小，且均大于 280L/kg，达到或超过 GB 10665—2004《碳化钙（电石）》一等品标准（280L/kg）。随炭钙比的增大，电石发气量并未呈现出规律性变化，炭钙比为 3.5∶1 时制备的电石其发气量最大，高达 315L/kg，达到 GB 10665—2004 优等品标准（300L/kg）。在研究中炭钙比为 3.5∶1 条件下制得的电石发气量较高，

可能是因为过量的碳减少了钙单质的蒸发，使得反应制的碳化钙更多。而当炭钙比为4时，发气量反而更少，原因可能是炭钙比的增大使得单位质量物料中钙的含量减少，反应生成的碳化钙减少，故发气量降低。

**表 5-16　不同炭钙比下制备电石的发气量**

| 炭钙比 | 发气量/(L/kg) | 炭钙比 | 发气量/(L/kg) |
|---|---|---|---|
| 2.5∶1 | 296 | 3.5∶1 | 315 |
| 3∶1 | 281 | 4∶1 | 280 |

　　② 高温处理温度对电石发气量的影响。实际工业生产中，制备电石所需的温度为2000～2200℃。由于兰炭的反应活性较高，且该实验兰炭粉和石灰进行了混合球磨预处理，二者接触更加紧密，因此增加了传质传热，预计可以在相对较低温度下制备电石，应用于工业生产可有效降低能耗。依据前期研究实践，设定炭钙比为3.5∶1，选取1600℃、1700℃、1800℃、1900℃、2000℃ 5个温度点高温处理制备电石，相应电石产品的发气量见表5-17。如表5-17所示，当处理温度为1600℃时，样品发气量为0，表明该温度下未能制得电石；处理温度为1700℃时，样品的发气量为225L/kg，表明电石已生成，但是质量较低，未能达到GB 10665—2004合格品标准。在1700～2000℃，随着处理温度的升高，电石样品的发气量逐渐升高；温度超过1800℃后，发气量增大幅度趋缓，表明1800℃为该实验条件下制备电石的关键温度。处理温度达到和超过1800℃时，电石样品的发气量均高于280L/kg，达到GB 10665—2004一等品或优等品标准。

**表 5-17　不同处理温度下制备电石的发气量**

| 温度/℃ | 发气量/(L/kg) | 温度/℃ | 发气量/(L/kg) |
|---|---|---|---|
| 1600 | 0 | 1900 | 297 |
| 1700 | 225 | 2000 | 315 |
| 1800 | 289 | | |

　　③ 气体成分检测。采用气相色谱法对电石和水反应产生的气体进行成分和含量分析，进一步验证所产气体为乙炔气体，并分析气体组成。以炭钙比为3.5∶1、高温处理温度为1800℃制备的电石样品为对象，收集其与水作用（经过干燥环节）得到的气体2L，进行气相色谱分析，结果如表5-18所示。由表5-18可知，收集到的气体中乙炔体积分数高达97.26%，表明兰炭与氧化钙反应制得的电石样品中碳化钙的纯度高。

**表 5-18　气体组成**

| 气体 | 体积分数/% | 气体 | 体积分数/% |
|---|---|---|---|
| $C_2H_2$ | 97.26 | 其他 | 2.71 |
| $CO_2$ | 0.03 | — | — |

表 5-19 我国相关煤热解与电石制备耦合技术一体化的专利内容摘要

| 序号 | 1 | 2 | 3 | 4 | 5 |
|---|---|---|---|---|---|
| 发明名称 | 制备电石的系统和方法 | 一种高温压球的双竖炉生产电石的系统 | 一种粉煤热解耦合电石生产和乙炔发生的系统和方法 | 一种制备电石的方法及系统 | 一种生产电石的方法和系统 |
| 公开日期 | 2017-03-29 | 2017-05-03 | 2017-07-18 | 2017-11-17 | 2019-05-10 |
| 公布(告)号 | CN106542532A | CN206142839U | CN106957668A | CN107352541A | CN109734096A |
| 发明人 | 刘维娜，丁力，郭启海，等 | 马政峰，陈娥，薛逊，等 | 刘维娜，丁力，郭启海，等 | 刘维娜，丁力，郭启海，等 | 张扬，侯红强，孙富强，等 |
| 摘要 | 提供了制备电石的系统和方法。该系统包括：煤预处理装置、氧化钙预处理装置、保温输送装置以及电石冶炼装置。其中，热解反应器设置有粉煤入口、热解气出口和固体物料出口，且煤粉入口与煤预处理装置相连；电石冶炼装置有含氧气体入口、固体物料入口、电石出口以及所述保温输送装置设置有含氧物料入口。该系统可以采用中低阶煤作为原料，而且可以通过热解挥发分提取出来，获取高附加值的油气产品；同时充分利用热解产物的显热，降低电石生产的能耗 | 一种高温压球的双竖炉生产电石的系统。所述系统包括石灰竖炉、高温热解机、高温竖炉、压球机以及电石冶炼装置相连。所述电石冶炼装置有含氧气体入口、固体物料出口与固体物料入口；电石冶炼装置有含氧气体出口及电石出口以及所述保温输送装置相连；氧气体出口、氧煤粉出口及电石出口和所述保温处理装置相连。本实用新型的双竖炉型的高温压球的双竖炉生产电石的系统，通过在石灰竖炉、高温竖炉内设置有调节倾角的挡板，可方便地与热解产品的显热，保证原料在炉内的反应时间，保证原料充分反应和效率 | 一种粉煤热解耦合电石生产和乙炔发生的系统和方法。该系统包括分段式热处理单元、电石冶炼单元、乙炔发生单元。分段式热处理单元入口包括煤粉入口和高温固固换热反应区包括油煤气入口和高温区包括固体出口、焦油催化裂解区包括石灰出口，热解气出口；电石冶炼单元包括含氧气体入口、富氧气体出口、电石出口；乙炔发生单元包括富氢还原气入口、水入口以及乙炔出口。本发明的分段式热处理装置，能对粉煤的热解、焦油裂解、电石冶炼、富氢还原气、乙炔发生，实现了热解产品的综合利用 | 一种制备电石的方法及系统。该方法包括如下步骤：粉煤、生石灰和黏结剂混合均匀后压制成型，获得球团；将球团进行筛分，获得第一球团和第一粉料；将第一球团进行第二次筛分，获得第二球团和第二粉料；将第一粉料和第二粉料加入制备球团剂中，用于制备球团；将第二球团进行电石冶炼，获得荒煤气和电石；本发明通过在制备球团活性电石团进行电石冶炼，获得荒煤气和电石。本发明设置球团筛选装置中粉料筛分出带来的易燃烧问题，在热解前降低球团中粉料含量，避免了高温球团筛分中粉料带来的易燃烧问题，保证了电石冶炼单元的安全稳定运行 | 一种生产电石的方法和系统，该系统包括：混合成型单元、热送单元、热送混合成型单元。其中，所述混合成型单元包括第一搅拌装置和成型装置，第二搅拌装置分别与所述成型装置第一搅拌装置和成型装置，所述成型装置和所述成型单元包括直立相连；所述热解单元，所述直立炉煤气净化系统、油气出口和炉包括原料进口，所述原料进口与所述油气系统相连；所述热送装置，所述油气出口和电石炉加料单元和所述热送单元相连；所述热送单元，所述电石炉加料单元和所述热送单元相连；生产电石的系统可以解决现有技术中电石炉原料成本高，能耗高以及传统立式电石炉原料的浪费问题 |

### 5.3.2 技术装置

为了促进煤热解与电石制备耦合技术一体化的发展，现将涉及的专利内容摘要列入表 5-19 中。

## 参 考 文 献

[1]　蒋顺平. 电石行业 2018 经济运行情况及 2019 年市场走势预判 [J]. 中国石油和化工经济分析，2019（4）：43-46.

[2]　熊谟远. 电石生产及其深加工产品 [M]. 北京：化学工业出版社，2004.

[3]　林金元. 兰炭在电石生产中的应用 [J]. 化工技术经济，2004，22（12）：23-35.

[4]　樊生贵. 用兰炭生产电石的技术途径及经济效益的剖析 [J]. 经济师，1994（12）：99-100.

[5]　魏树林. 府谷兰炭在电石生产中的应用 [J]. 山西化工，1995（1）：30-32.

[6]　吴魏民. 还原剂对电石生产与节能的影响 [J]. 中国能源，1996（10）：32-35.

[7]　李志华. 兰炭在电石生产中的应用 [J]. 维纶通论，2003，23（2）：37-39.

[8]　仝新革. 提高电石炉炭材电阻与节能降耗 [J]. 山西化工，1999，19（4）：34-35.

[9]　姜国平. 碳素材料对电石生产节能影响的研究 [J]. 石油化工应用，2010，29（1）：25-27.

[10]　樊生贵. 电石炉用府谷兰炭粒度分析 [J]. 山西化工，1994（4）：12-14.

[11]　GB/T 25211—2010 兰炭产品技术条件

[12]　陈柳池. 粉煤与氧化钙成型热解特性研究 [D]. 大连：大连理工大学，2017.

[13]　李海峰，张为民，赵兴，等. 一种低阶煤制备电石炉料的方法及复合粘结剂：CN107364866A [P]. 2017-11-21.

[14]　马宝岐. 我国低阶煤热解耦合技术新进展 [C]. 2019 第五届中国（榆林）新型煤化工国际研讨会论文集，2019，1-12.

[15]　段宾，施翠莲，张双杰，等. 兰炭粉与氧化钙制备电石的工艺研究 [J]. 无机盐工业，2019，51（1）：67-69，72.

[16]　刘维娜，丁力，郭启海，等. 制备电石的系统和方法：CN106542532A [P]. 2017-03-29.

[17]　马政峰，陈峨，薛逊，等. 一种高温压球的双竖炉生产电石的系统：CN206142839U [P]. 2017-05-03.

[18]　刘维娜，丁力，郭启海，等. 一种粉煤热解耦合电石生产和乙炔发生的系统和方法：CN106957668A [P]. 2017-07-18.

[19]　刘维娜，丁力，郭启海，等. 一种制备电石的方法及系统：CN107352541A [P]. 2017-11-17.

[20]　张扬，侯红强，孙富强，等. 一种生产电石的方法和系统：CN109734096A [P]. 2019-05-10.

# 6

# 煤热解与气基直接还原
# 法炼铁耦合一体化

目前我国的钢铁行业面临高质量和创新发展的机遇。突破钢铁生产的关键性核心技术的途径之一，是推进、开发直接还原铁（DRI）和热压铁块（HBI）生产，改变钢铁生产方式，完善钢铁生产流程。

我国钢铁生产长期以长流程为主导，高炉铁的产能已达 7.7 亿吨/年，占总产量的 99.99%，而直接还原铁产量只有 40 万吨/年。美国直接还原铁炼钢短流程的钢产量占钢总量的 50% 以上；印度钢产量为 4300 万吨/年，直接还原铁产量为 1900 万吨/年。可见，我国高炉铁与直接还原铁生产极不平衡，更谈不上钢铁短流程的开发与形成。

国外直接还原铁生产工艺大致分为两种：一种为气基竖炉生产工艺；另一种为煤基回转窑生产工艺。生产实践证明，前者具有生产规模大、生产成本低、生产操作方便灵活、环境友好等特点，在南美、北美、中东、东南亚等天然气比较丰富的地区被广泛采用。后者由于生产成本高、能耗高等原因只能在特定的条件下采用。

我国由于煤炭资源比较丰富，为发展高炉铁炼钢的长流程提供了炭资源，从而形成了我国单一的钢铁冶金长流程生产模式，造成我国钢铁行业高成本、高耗能、高二氧化碳排放量的被动局面。因此改变钢铁生产方式，节能、减排、超低二氧化碳排放，势在必行。

气基直接还原铁生产的气源主要为焦炉气、天然气、合成气和热解煤气。直接还原铁生产属于氢冶金过程，基本反应式为

$$Fe_2O_3 + 3H_2 = 2Fe + 3H_2O$$

高炉铁生产属碳冶金过程，基本反应式为

$$Fe_2O_3 + 3CO = 2Fe + 3CO_2$$

碳冶金的最终产物是 $CO_2$，而氢冶金的最终产物是 $H_2O$。因此，钢铁厂增加气基直接还原铁的产量是降低 $CO_2$ 排放量最直接、最有效的途径。

我国有大量富余的焦炉煤气用于发电，经研究认为，用同样数量的焦炉煤气生产直接还原铁的工厂经济效益是发电的 7.1 倍。

我国煤热解产业的发展方向是清洁化、大型化和集约化。以煤热解产生的煤气为还原气，用于气基直接还原法炼铁，其还原气来源多、成本低，对促进我国气基还原法炼铁技术的发展具有重要意义。

# 6.1　气基直接还原法炼铁概述

气基直接还原法工艺主要有竖炉法、反应器法和流化床法三种，但在工业化生产中，目前以竖炉法为主，故在此仅对竖炉法作以简介。

## 6.1.1　气基直接还原法工艺

### 6.1.1.1　Midrex 工艺

Midrex 法是 Midrex 公司开发成功的。Midrex 公司为美国俄勒冈州波特兰市 Midland Ross 公司下属的一个子公司，后来被 Korff 集团接管，最后被该集团售予日本神户钢铁公司。该技术的经营权由 Korff 工程公司、奥钢联、鲁奇公司与 Midrex 共享。

Midrex 属于气基直接还原流程，其流程如图 6-1 所示。还原气使用的天然气经催化裂化制取得到，裂化时还有炉顶煤气参与，炉顶煤气含 CO 和 $H_2$ 约 70%。经洗涤后，约 60%～70% 的炉顶煤气被加压送入混合室，与当量天然气混合均匀。混合气先进入一个换热器进行预热，换热器热源是转化炉尾气。预热后的混合气送入转化炉中，由一组镍质催化反应管进行催化裂化反应，转化成还原气。还原气含 CO 及 $H_2$ 共 95% 左右，温度为 850～900℃。转化的反应式为：

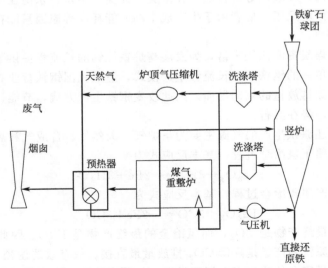

图 6-1　Midrex 工艺流程

$$CH_4 + H_2O \Longrightarrow CO + 3H_2 \qquad \Delta H = 2.06 \times 10^5 J$$

$$CH_4 + CO_2 \Longrightarrow 2CO + 2H_2 \qquad \Delta H = 2.46 \times 10^5 J$$

剩余的炉顶煤气作为燃料,与适量的天然气在混合室混合后,送入转化炉反应管外的燃烧空间。助燃用的空气也要在换热器中预热,以提高燃烧温度。转化炉燃烧尾气含 $O_2$ 小于 1‰。高温尾气首先排入一个换热器,依次对助燃空气和混合气进行预热。经烟气换热器后,一部分经洗涤加压,作为密封气送入炉顶和炉底的气封装置;其余部分通过一个排烟机送入烟囱,排入大气。

还原过程在一个竖炉中完成。竖炉属于对流移动床反应器,分为预热段、还原段和冷却段三个部分。预热段和还原段之间没有明确的界限,一般统称为还原段。

矿石装入竖炉后在下降运动中首先进入还原段,其温度主要由还原气温度决定,大部分区域在 800℃ 以上,接近炉顶的小段区域内,床层温度才迅速降低。在还原段内,矿石与上升的还原气作用,迅速升温,完成预热过程。随着温度的升高,矿石的还原反应逐渐加速,形成海绵铁后进入冷却段。冷却段内,由一个煤气洗涤器和一个煤气加压机,造成一股自下而上的冷却气流。海绵铁进入冷却段后,在冷却气流中冷却至接近环境温度排出炉外。

### 6.1.1.2 HYL-Ⅲ 工艺

HYL-Ⅲ 工艺是 Hojalatay Lamia S. A. (Hylsa) 公司开发成功的,其前身是该公司早期开发的间歇式固定床罐式法 (HYL-Ⅰ、HYL-Ⅱ)。1980 年 9 月,墨西哥希尔萨公司在加拿大蒙特利尔建了一座年生产能力 200 万吨的竖炉还原装置 (HYL-Ⅲ) 并投入生产。HYL-Ⅲ 工艺流程如图 6-2 所示。

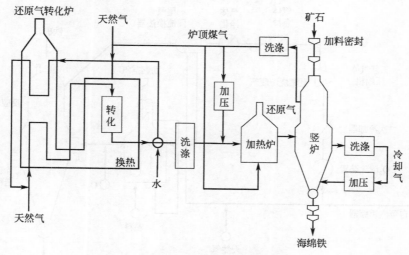

图 6-2 HYL-Ⅲ 工艺流程

还原气以水蒸气为裂化剂、以天然气为原料通过催化裂化反应制取,还原气转化炉以天然气和部分炉顶煤气为燃料。燃气余热在烟道换热器中回收，用以预热原料气和水蒸气。从转化炉排出的粗还原气首先通过一个热量回收装置，用于水蒸气的生产；然后通过一个还原气洗涤器清洗冷却，冷凝出过剩水蒸气，使氧化度降低。净还原气与一部分经过清洗加压的炉顶煤气混合，通入一个以炉顶煤气为燃料的加热炉，预热至 900～960℃。

从加热炉排出的高温还原气从竖炉的中间部位进入还原段，在与矿石的对流运动中，还原气完成对矿石的还原和预热，然后作为炉顶煤气从炉顶排出竖炉。炉顶煤气首先经过清洗，将还原过程产生的水蒸气冷凝脱除，并除去灰尘，以便加压。清洗后的炉顶煤气分为两路：一路作为燃料气供应还原气加热炉和转化炉；另一路加压后与净还原气混合，预热后作为还原气使用。

可使用球团矿和天然块矿为原料。加料和卸料都有密封装置。料速通过卸料装置中的蜂窝轮排料机进行控制。在竖炉中完成还原过程的海绵铁继续下降进入冷却段，冷却段的工作原理与 Midrex 类似。可将冷还原气或天然气等作为冷却气补充进循环系统。海绵铁在冷却段中温度降低到 50℃ 左右，然后排出竖炉。

### 6. 1. 1. 3　Energiron 工艺

在 HYL-Ⅲ 工艺的基础上，由达涅利和 Tenova HYL 共同研究开发的 Energiron 工艺于 2009 年 12 月在阿联酋 Emirates（ESI）钢铁公司投产。其单个反应器的年产能从 20 万吨到 200 万吨不等，能够冶炼各种不同原材料，如 100% 球团、100% 块矿或是前者的混合铁料。Energiron 工艺的特点是可以保证它单独控制 DRI 的金属化率和碳含量，特别是碳含量可随时调整，调整范围为 1%～3.5%，从而满足电弧炉（EAF）炼钢需要。Energiron 工艺流程如图 6-3 所示。

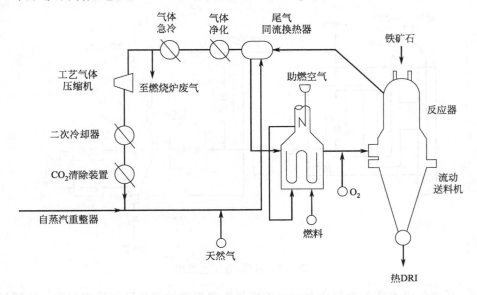

图 6-3　Energiron 工艺流程

由于具有较高的工艺灵活性，Energiron 直接还原厂可以采用以下还原气体：

① 天然气。这种情况下，通过外部或"就地"重整过程，将烃转换成所需的还原气体中的 $H_2$ 和 CO。

② 从煤气化企业或其他炼铁厂产生的合成还原煤气（含 CO、$H_2$ 和 $CH_4$）。

③ 焦炉煤气（COG）。

当使用外部重整器生产还原煤气（$H_2$ 和 CO）时，湿的重整气体首先在一个激冷塔中干燥，然后注入工艺回路中；在回路中它与来自反应器的循环气体混合。所产生的还原气体经加热进入工艺煤气加热器内，随后输送到反应器的配气环路。当反应器使用合成气、COG 或直接使用天然气时，采用相同方案，即根据具体应用调整设备的相应尺寸。

在加热器和反应器之间的管路中注入氧气，目的是提高待使用煤气的可用化学能，从而提高碳含量或者促进铁矿石还原。流出反应器的尾气需要处理，以净化尾气并清除还原反应过程形成的氧化成分（$H_2O$ 和 $CO_2$）。因此，尾气流经尾气同流换热器（热能得以回收，并送往工艺气体加热器，用来加热原料气体）、洗涤和激冷系统（清除气体中的灰尘并将之冷却下来，以消除其中的水分）。然后经过处理的气体被压缩作为工艺气体，通过气体和净化液的接触得到净化。因此，离开吸收器的气体不含氧化成分，并且它的还原能力得到完全恢复，与重整煤气混合，流经工艺煤气加热器，实现一个循环。$CO_2$ 吸收器在清除 $CO_2$ 的同时，也吸收 $H_2S$，结果获得几乎无硫的工艺煤气，从而使最终生产出的 DRI 中硫的残余量很低。

利用相同的工艺布置，反应器可以生产热的或冷的 DRI。

① 热的 DRI 可以经压缩生产成热压块（HBI，用于长距离运输的典型商品），或通过 Hytemp 气动传输系统直接送往电炉（或一个外部冷却器）。

② 常温下，直接从反应器排出冷的直接还原铁（DRI）送往堆料场。此时，将大约 40℃ 的冷却气体通入炉身下部的锥形段，冷却气体沿着 DRI 移动床自下而上流动，在上流过程中可将其中的副产物进行浓缩和消除。

③ Energiron 厂可按零补充水需求设计，主要是因为水是作为该工艺中还原反应的副产物产生，并从气流中浓缩及清除出来，可以加以回收利用。

## 6.1.2 焦炉煤气直接还原铁

### 6.1.2.1 基础研究

王丽丽等对不同氧化度的焦炉煤气对球团铁矿石还原度和还原速率的影响进行了研究，通过研究为气基直接还原过程的实际生产提供基础条件。

还原实验所用铁矿石为球团矿，其成分见表 6-1。

表 6-1 球团矿化学成分（质量分数）    单位：%

| TFe | FeO | S | P | $SiO_2$ |
| --- | --- | --- | --- | --- |
| 63.00 | 0.10 | 0.006 | 0.023 | 7.21 |

　　实验采用三段式竖炉还原设备，配气按还原度不同共分 7 组。其中第 1 组为焦炉煤气未经氧化时的成分；第 2 组为国外在生产实践中使用的由天然气经裂解后的煤气成分；第 3～7 组为以焦炉煤气为基础，经部分氧化后，按氧化度不同而配置的煤气成分。为简化配气，将一些含量较低、对还原反应影响较少的成分忽略，如 $N_2$、Ar、$H_2S$、$O_2$、$NH_3$ 等。配气方案见表 6-2。

**表 6-2　不同氧化度的煤气配气方案（体积分数）**　　　单位：%

| 组别 | 配气 | $H_2$ | CO | $CO_2$ | $CH_4$ | $H_2O$ | $H_2/H_2O$ | $CO/CO_2$ | 氧化度 |
|---|---|---|---|---|---|---|---|---|---|
| 1# | 焦炉煤气 | 59.4 | 6.3 | 2.1 | 29.1 | 3.1 | 19.16 | 3.00 | 0.070 |
| 2# | 裂解后天然气 | 60.0 | 31.2 | 2.2 | 3.3 | 3.3 | 18.18 | 14.18 | 0.057 |
| 3# | 配制气 1 | 68.3 | 23.5 | 1.9 | | 6.3 | 10.84 | 13.37 | 0.087 |
| 4# | 配制气 2 | 66.7 | 23.4 | 2.0 | | 7.9 | 8.44 | 11.70 | 0.099 |
| 5# | 配制气 3 | 65.2 | 23.0 | 2.4 | | 9.4 | 6.94 | 9.58 | 0.120 |
| 6# | 配制气 4 | 63.2 | 22.5 | 2.9 | | 11.4 | 5.54 | 7.76 | 0.143 |
| 7# | 配制气 5 | 60.7 | 21.9 | 3.5 | | 13.9 | 4.37 | 6.26 | 0.174 |

　　注：氧化度 $=\dfrac{\varphi(H_2O)+\varphi(CO_2)}{\varphi(H_2)+\varphi(CO_2)+\varphi(H_2O)+\varphi(CO)}$，$\varphi$ 为各物质的体积分数。

　　实验结果如下：

　　（1）还原气成分对还原速率和还原度的影响　图 6-4 为 7 组还原气体还原速率随时间的变化。可以看出在整个还原实验过程中，3# 还原气体的还原速率是最大的，其次是 1# 还原气体，而 7# 还原气体的还原速率最小。

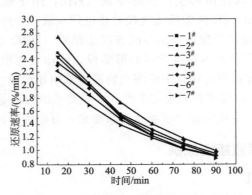

图 6-4　还原速率随还原时间的变化曲线

　　图 6-5 为 7 组还原气体还原度随时间的变化，前 30min 还原度急剧增大，说明还原反应最快；随着时间的增加，还原度的增加速率减小；到 90min 后，还原度基本不变，还原反应终止。3# 还原气体的还原度最大，其次是 1# 还原气体，7# 还原气体的还原度最小，其他 4 组气体的还原度相差不大。

　　（2）煤气的不同氧化度对还原度的影响　图 6-5 为 7 组还原气体还原度随时

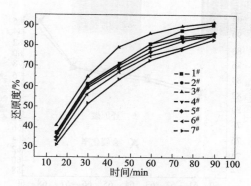

图 6-5　还原度随还原时间的变化曲线

间的变化，3$^{\#}$ 还原气体的还原度最大，由表 6-2 可知它的氧化度为 0.087。1$^{\#}$
还原气体的还原度大于 2$^{\#}$ 还原气体的还原度，而 1$^{\#}$ 还原气体的氧化度小于 2$^{\#}$
还原气体的氧化度。3$^{\#}$～7$^{\#}$ 还原气体，还原度逐渐减小，而氧化度逐渐增大。

（3）温度对还原度的影响　图 6-6（a）～（c）分别是焦炉煤气、含氢量为
68.3% 和 66.7% 的还原气不同温度下还原度随时间的变化曲线。图 6-6 表明，同
一配气条件下，在整个还原实验过程中，还原区温度越高，还原度越大，球团矿
在 900℃ 时的还原度最大。

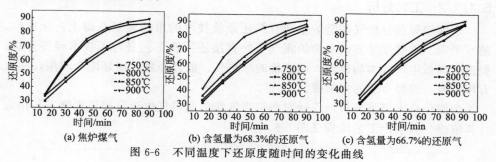

图 6-6　不同温度下还原度随时间的变化曲线

（4）氢气含量对还原度和金属化率的影响　图 6-7 是还原度和金属化率随
H$_2$ 含量变化的曲线图，只考虑 5 组配制气体，由图 6-7 中可以看出，随着氢气含
量的增加，还原度和金属化率增大；氢气含量最大的 3$^{\#}$ 还原气体（配制气 1），
还原度和金属化率最大，分别为 90.79%、86.17%。

综上所述，其研究结论是：

① 实验中，3$^{\#}$ 还原气体的实验球团矿还原度最大，其次是 1$^{\#}$ 还原气体，
7$^{\#}$ 还原气体的还原度最小，其他 4 组气体的实验球团矿还原度相差不大。

② 在整个还原实验过程中，同一配气条件下，还原区温度越高，还原度越
大，实验球团矿在 900℃ 时的还原度最大。

③ 5 组配制气体中，随着氢气含量的增加，实验球团矿的还原速率、还原
度和金属化率增大；在该实验中氢气含量最大达到 68.3%，还原度为 90.79%，

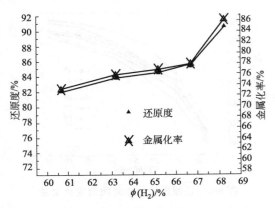

图 6-7　还原度和金属化率随 $H_2$ 含量变化的曲线图

金属化率为 $86.17\%$。

④ 当还原气体的氧化度为 $0.087$ 时，实验球团矿的还原度和金属化率达到最大值。当还原气体氧化度小于 $0.087$ 时，还原度和金属化率随着氧化度的增加而增加；还原气体氧化度大于 $0.087$ 时，还原度和金属化率随着氧化度的增加而减少。

#### 6.1.2.2　工艺分析

李佳楣等在分析气基竖炉生产直接还原铁技术的市场前景基础上，从成本、盈亏平衡、敏感性等方面对焦炉煤气竖炉直接还原铁工艺进行了技术经济分析，提出了降低生产成本的建议，即廉价的原料气、能源介质，搞好综合利用，回收有用资源，选择合适的规模等。

为简化技术经济分析，仅针对焦炉煤气作为原料气生产直接还原铁工艺作为计算依据。其生产工艺流程见图 6-8。

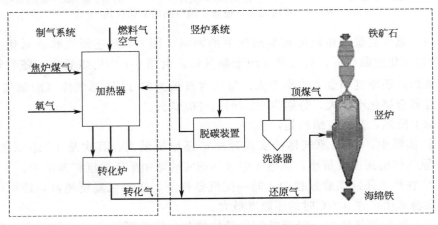

图 6-8　焦炉煤气直接还原工艺流程

焦化厂副产的净化后的焦炉煤气经预热后进入转化炉，在转化炉中，焦炉煤气中的 $CH_4$ 分解为 CO 和 $H_2$；出转化炉的还原气与经过脱碳并预热的竖炉炉顶煤气进行混合后，温度降至 850℃左右，进入气基竖炉还原铁矿石。铁矿石自竖炉顶部加入，依靠重力与上行的高温还原气逆流接触，逐渐被加热、还原生成海绵铁。

从竖炉顶部排出的炉顶煤气大部分经洗涤降温、脱碳并加热后与转化后的焦炉煤气混合回用，少部分与脱碳解吸气混合后作加热炉燃料。

气基竖炉生产直接还原铁技术作为典型的非高炉炼铁工艺，是实现钢铁生产短流程，即废钢/海绵铁（DRI）-电炉流程的重要环节。直接还原炼铁流程具有流程短、不用炼焦煤、节能减排效果明显的优势，是降低能耗、减少 $CO_2$ 排放、改善钢铁产品结构、提高钢铁产品质量、实现绿色冶金的重要发展方向。

通过对我国钢铁市场的调研情况分析发现，国内部分冶金及重型机械制造企业，特别是特钢企业对优质直接还原铁仍然是有需求的。这些企业目前大多采用外购废钢的方式，由于废钢价格高昂而且质量不稳定，因此严重影响其产品质量。为解决原料供应可靠及原料质量稳定的问题，需要自己解决铁源，而这些企业往往规模不大，不可能建设高炉系统，但小高炉在政策和环保方面受到制约，只能考虑非高炉炼铁的方式。气基竖炉在建设规模、产品质量、环境保护和政策优惠等方面均能满足要求，可谓为特钢厂炼铁单元的最佳选择。

气基竖炉生产直接还原铁技术在国外已普遍使用，技术成熟。国外气基竖炉原料气多采用天然气，但我国属于多煤少天然气的国家，国内天然气价格较贵，导致我国直接还原铁（DRI）产业发展严重滞后。针对我国多煤少天然气的资源特点，发展利用煤制气、焦炉煤气加大型化竖炉作为我国直接还原技术发展的主流方向已成为绝大多数冶金工作者的共识。化工行业已广泛应用的洁净煤气化技术，使用烟煤、褐煤等非焦煤可生产富含 CO 及 $H_2$ 的还原气；独立焦化厂副产的焦炉煤气及部分钢铁联合企业富余的焦炉煤气，通过一定方式转化后也可制得富含 $H_2$ 及 CO 的还原气，从而可以解决气基竖炉的气源问题，为气基竖炉的推广提供了必要的条件。

目前，国内只有隧道窑、回转窑等煤基法生产海绵铁；该海绵铁由于杂质含量高、金属化率较低、产品质量不稳定，不能满足电炉炼钢对原料的要求。而气基竖炉生产的直接还原铁具有生产规模大、杂质含量低、金属化率大于 90%以上等特点，可作为电炉炼钢的优质原料。因此，以重废（重型废钢）为对象，进行气基竖炉的技术经济分析比较。

（1）成本、盈亏平衡计算 以生产规模为年产 80 万吨海绵铁的焦炉煤气气基竖炉直接还原工艺为例，配套建设 110 万吨/年的球团车间，$9000m^3/h$ 制氧厂，80 万吨/年的焦炉煤气竖炉车间及配套公铺设施；工艺上为了充分利用能源，采用回流煤气脱碳、炉顶煤气余热回收等措施提高能源利用等。

产品的生产成本与经济效益除了与采用的工艺技术相关以外，与企业所处地区的原燃料价格也有密切关系。技术经济分析所采用的价格取值来自 2016 年 8

月辽宁地区的价格，铁精矿（品位 66%）378 元/吨，焦炉煤气 0.5 元/m³，电 0.53 元/(kW·h)。经测算，年产 80 万吨直接还原铁的制造成本为 1200 元/吨，其成本构成如表 6-3 所示。

表 6-3　直接还原铁制造成本表

| 项目 | | | 单位成本/(元/吨) | 比例/% |
|---|---|---|---|---|
| 固定成本 | 工资及附加 | | 32.91 | 2.74 |
| | 折旧 | | 53.16 | 4.43 |
| | 修理 | | 26.58 | 2.22 |
| | 其他制造费用 | | 34.18 | 2.85 |
| | 长期借款利息 | | 21.71 | 1.81 |
| | 合计 | | 168.54 | — |
| 可变成本 | 原料（铁精矿） | | 554.17 | 46.18 |
| | 辅料（膨润土） | | 7.55 | 0.63 |
| | 燃料及动力 | 焦炉煤气 | 359.40 | 29.95 |
| | | 电 | 134.76 | 11.23 |
| | | 其他 | −24.42 | −2.03 |
| | 合计 | | 1031.46 | — |

图 6-9 为量本利图。从图 6-9 可知，销售收入线与总成本线的交点即为盈亏平衡点（BEP），也叫保本点。在此基础上，增加产销量，销售收入超过总成本，收入线与成本线之间的距离为利润值，形成盈利区；反之，形成亏损区。

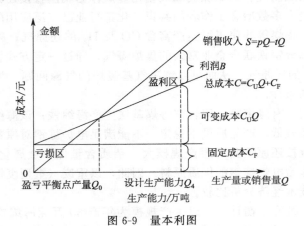

图 6-9　量本利图

产销量盈亏平衡点计算公式如下：

$$\text{BEP}(Q_0) = \frac{C_F}{p - C_U - T_U}$$

式中，BEP（$Q_0$）为盈亏平衡点时的产销量；$C_F$ 为固定成本；$C_U$ 为单位产品变动成本；$p$ 为单位产品销售价格；$T_U$ 为单位产品营业税及附加。

以辽宁地区同期 8 月份重型废钢价格 1383 元/吨作为产品销售价格，计算可得盈亏平衡点（产销量）为 38.4 万吨，盈亏平衡点（生产率）为 47.9%，说明该项目适应市场需求的变化能力强。

（2）铁精矿、焦炉煤气价格敏感性分析　暂不考虑固定成本因素，从表 6-3 可见，可变成本中铁精矿、焦炉煤气所占总成本比例较大。现以铁精矿价格 378 元/吨、焦炉煤气 0.5 元/米$^3$，成本价格 1200 元/吨为基础进行敏感性分析。铁精矿、焦炉煤气价格变化对成本的影响见图 6-10。

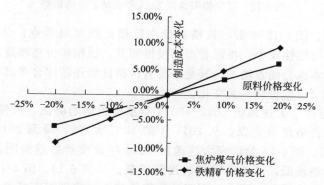

图 6-10　铁精矿、焦炉煤气价格变化对产品成本的影响

由图 6-10 可见，铁精矿、焦炉煤气的变化对整个产品的成本影响较大。铁精矿价格降低 20%，产品成本价格降低 9.2%；焦炉煤气价格降低 20%，产品成本价格降低 6%。

（3）铁精矿、重废价格走势分析　铁精矿消耗占直接还原铁原料制作成本的比例较大，其价格的波动，对直接还原铁制造成本影响较大，因此有必要对其进行价格预测。

图 6-11 为辽宁朝阳地区 2012～2016 年铁精矿价格趋势图。可见，从 2012 年开始，铁精矿的价格持续走低，从 2012 年的 738 元/吨，降到 2016 年 368 元/吨，跌幅 50%。图 6-12 为辽宁朝阳地区 2016 年铁精矿价格趋势图。从整个趋势看，上半年价格较低，从 4 月份开始逐渐回暖。

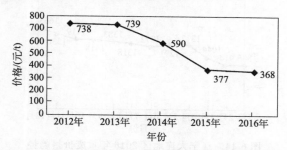

图 6-11　辽宁朝阳地区 2012～2016 年铁精矿价格趋势

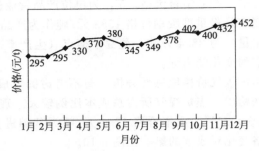

图 6-12　辽宁朝阳地区 2016 年铁精矿价格趋势

　　从图 6-11、图 6-12 来看，铁精矿价格已接近跌至最低点；从经济周期看，再大幅下降的可能性较小，将随着市场慢慢回升。铁精矿价格将逐渐回暖，直接还原铁制造成本也会随着增加，其是否具有价格优势还需综合考虑，比如考虑作为售价参考值（重废价格）的变化。

　　图 6-13 为辽宁大连地区 2012～2016 年重废价格趋势图。可见，从 2011 年开始，重废的价格持续走低，从 2011 年的 3087 元/吨，降到 2016 年 1280 元/吨，跌幅 58%。图 6-14 为辽宁大连地区 2016 年重废价格趋势图。从整个趋势看，上半年价格较低，从 4 月份开始逐渐回暖。从图 6-13、图 6-14 来看，重废价格已接近跌至最低点，再大幅下降的可能性较小，将随着市场慢慢回升。随着重废价格的回暖，气基竖炉产直接还原铁工艺的生产制造成本优势会越来越明显。

图 6-13　辽宁大连地区 2012～2016 年重废价格趋势

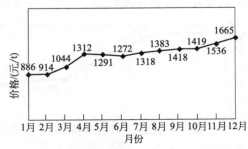

图 6-14　辽宁大连地区 2016 年重废价格趋势

综上所述，焦炉煤气气基竖炉生产直接还原铁工艺，其盈亏平衡点（生产率）为 47.9%，说明该项目适应市场需求的变化能力强。同时，2016 年 8 月期间，其制造成本 1200 元/吨低于同期重型废刚价格 1380 元/吨；从辽宁大连地区 2012～2016 年重废价格趋势图可见，2016 年开始已经处于平稳低谷期，再往下跌的可能性或者跌幅不会太大，说明作为该工艺生产的产品价格竞争优势也会随着重型废钢价格的上涨又上升。当然，随着时间推移原材料价格也会上涨，具体技术经济指标需根据当期各原材料价格进行核算。

气基竖炉生产直接还原铁工艺是一项成熟的工艺技术。从市场需求及我国特殊的资源条件分析，也具备一定的发展空间，国内直接还原铁将随我国电炉钢比例的增加而稳定看好。发展气基竖炉直接还原生产海绵铁工艺的关键是要尽可能降低气基竖炉生产直接还原铁的生产成本，应该从以下几个方面考虑。

① 选取优质廉价的原料气、能源介质降低产品成本。原料气占总成本的 29.95%，原料气成本下降能显著降低海绵铁的生产成本。可以考虑利用独立焦化厂放散的焦炉煤气或钢铁联合企业技术创新后富余的焦炉煤气，以及采用廉价煤种制造的成本较低的煤制气。

② 搞好综合利用，回收有用资源，降低产品成本。气基竖炉生产直接还原铁工艺生产过程中会产生大量炉顶煤气、脱碳解吸气以及蒸汽，可供回收利用。充分回收相关能源，将降低产品成本。

③ 研究规模经济，发展气基竖炉直接还原工艺。采用焦炉煤气气基竖炉生产直接还原铁工艺，生产 1 吨 DRI 消耗约 600～700m³ 焦炉煤气。单一企业富余 COG 量都不太多，不太可能采用此工艺路线建设很大规模的生产装置。因而，针对以焦炉煤气作为还原气建设年产 40 万～80 万吨海绵铁的气基竖炉直接还原装置较为适宜。

# 6.2 煤热解与气基直接还原法耦合技术

近些年来，我国对煤热解与气基直接还原法耦合技术作了研究，对促进其发展创造了条件。

李松庚等在专利 CN102888235B 中，提出了一种固体燃料热解与铁矿石还原耦合的装置及方法。该方法利用铁矿石作为催化剂将煤热解挥发分中的重质大分子物质催化裂解成小分子物质，获得轻质焦油；同时利用煤热解挥发分中的还原性组分将铁矿石还原，使原本两个独立的工业生产过程（煤热解与炼铁）耦合在一起，产生相互利用和相互促进的作用，获得煤热解与炼铁的双重效益。该工艺过程如图 6-15 所示。

图 6-15 中的实施步骤如下：

① 煤从进料管 6 加入热解反应器 1，在由载流气进气管 7 通入的惰性气体或富氢还原性气体作用下，在压力为 0.1～10MPa、温度为 500～800℃的条件下发生热解反应，得到热解油（焦油）、热解气和热解半焦，热解半焦由反应器底部

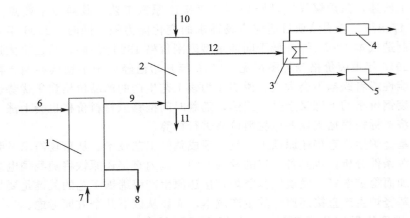

图 6-15　煤热解与铁矿石还原耦合工艺过程

1—热解反应器；2—逆流移动床反应器；3—冷凝分离器；4—气体净化器；5—液体净化器；

6—煤进料管；7—载流气进气管；8—热解半焦出料管；9—热解油气输出管；

10—铁矿石进料管；11—单质铁出料管；12—轻质焦油和热解气的混合料输出管

的热解半焦出料管 8 排出；

② 热解油、热解气从热解反应器 1 上部的热解油气输出管 9 排出，并从逆流移动床反应器 2 下部进入，与由铁矿石进料管 10 送入的铁矿石逆流接触，使热解油中的重质组分在铁矿石作用下，于温度 500～1000℃下继续裂解，生成轻质焦油，同时铁矿石被还原为单质铁，从逆流移动床反应器 2 底部的单质铁出料管 11 排出；

③ 由逆流移动床反应器 2 裂解产生的轻质焦油与热解气经冷凝分离器 3 分离后，再分别经气体净化器 4 和液体净化器 5 得到热解气和轻质焦油产品。

实施例：

褐煤原料从进料管加入流化床热解反应器，在由载流气进气管通入的载流气氮气作用下，于压力为 0.1MPa、温度为 650℃的条件下发生热解反应，得到热解油、热解气和热解半焦，热解半焦由热解半焦出料管排出，得到半焦产品；由热解油气输出管排出的热解油、热解气，从逆流移动床反应器下部进入，并与由铁矿石进料管送入的铁矿石逆流接触，在 950℃使热解油中的重质组分在铁矿石作用下继续裂解，生成轻质焦油，同时铁矿石被还原为单质铁，并从反应器底部的单质铁出料管排出；裂解产生的轻质焦油和热解气通入冷凝分离器，经冷凝分离器分离，并分别经气体、液体净化器净化后，得到热解气和轻质焦油产品。

## 6.2.1　铁矿石的催化作用

铁矿石主要用于钢铁工业，冶炼含铁量不同的生铁（含碳量一般在 2% 以上）和钢（含碳量一般在 2% 以下）。铁矿石的种类很多，用于炼铁的主要有磁铁矿（$Fe_3O_4$）、赤铁矿（$Fe_2O_3$）、褐铁矿（$mFe_2O_3 \cdot nH_2O$）和菱铁矿（$FeCO_3$）等。

由于铁矿石在自然界中的存在形式具有多样性，因此其不同的结构对煤热解过程中的催化效果也存在差异。

杜淑凤等以黑龙江西林黄铁矿（$FeS_2$）、黑龙江松江磁铁矿、吉林伊通磁铁矿和辽宁大石桥黄铁矿 4 种不同天然含铁矿物（2 种粉碎方式）作催化剂以及西林黄铁矿（湿式粉碎）作催化剂时不同反应条件下（表 6-4）的依兰煤的加氢直接液化结果见表 6-5。

**表 6-4　实验条件**

| 实验号 | 5202 | 5303 | 5204 | 5205 | 5206 | 5207 | 5208 | 5209 | 5210 | 5211 |
|---|---|---|---|---|---|---|---|---|---|---|
| 催化剂 | （干）伊通 | （湿）伊通 | （干）松江 | （湿）松江 | （干）大石桥 | （干）西林 | （湿）西林 | （湿）西林 | （湿）西林 | （湿）西林 |
| 反应温度/℃ | 450 | 450 | 450 | 450 | 450 | 450 | 450 | 460 | 460 | 460 |
| 煤浆浓度/% | 40 | 40 | 40 | 40 | 40 | 40 | 40 | 40 | 40 | 45 |
| 煤浆流量 /(kg/h) | 8 | 8 | 8 | 8 | 8 | 8 | 8 | 8 | 10 | 8 |

注：催化剂添加量为干煤的 3%（质量分数），反应压力为 17MPa，煤浆浓度为质量分数。

**表 6-5　实验结果（质量分数）**　　　　　单位：%

| 实验号 | 沥青烯产率 | 水产率 | 气产率 | 转化率 | 氢耗 | 萃取油收率 | 蒸馏油收率 |
|---|---|---|---|---|---|---|---|
| 5202 | 11.22 | 12.29 | 12.78 | 92.27 | 3.71 | 59.69 | 51.38 |
| 5203 | 11.75 | 12.98 | 13.72 | 94.35 | 3.67 | 59.57 | 52.43 |
| 5204 | 9.890 | 14.00 | 13.61 | 94.47 | 4.00 | 60.97 | 50.82 |
| 5205 | 13.66 | 13.19 | 13.19 | 95.32 | 3.85 | 59.13 | 51.91 |
| 5206 | 13.46 | 13.39 | 13.76 | 94.96 | 3.81 | 58.16 | 53.43 |
| 5207 | 8.32 | 12.96 | 12.89 | 95.52 | 3.88 | 65.23 | 54.34 |
| 5208 | 6.42 | 13.41 | 12.83 | 96.14 | 4.23 | 67.71 | 55.91 |
| 5209 | 3.97 | 13.84 | 16.72 | 97.58 | 5.01 | 68.06 | 58.90 |
| 5210 | 10.15 | 12.82 | 14.78 | 94.79 | 4.38 | 61.42 | 51.18 |
| 5211 | 4.81 | 14.86 | 16.23 | 96.77 | 4.92 | 66.79 | 56.11 |

从表 6-5 中的数据可以看出，在相同反应条件下，干式粉碎的 4 种天然含铁矿物催化剂中西林黄铁矿（实验号 5207）的催化活性最高，萃取油收率达 65.23%，蒸馏油收率 54.34%。大石桥黄铁矿（实验号 5206）次之，萃取油收率达 58.16%，蒸馏油收率达 53.43%；松江磁铁矿（实验号 5204）和伊通磁铁矿（实验号 5202）催化活性相对较低，萃取油收率 60% 左右，而蒸油收率在 50% 左右。从表 6-5 可以看出，不同的粉碎方式对伊通磁铁矿（实验号 5202、5203）和松江磁铁矿（实验号 5204、5205）的催化活性影响不大，但对西林黄铁矿（实验号 5207、5208）的催化活性影响较大，湿式粉碎的西林黄铁矿（实验号 5208）催化活性明显高于干式粉碎，湿式粉碎的西林黄铁矿（实验号 5208）

萃取油收率比干式粉碎的（实验号 5207）要高 2.5%，蒸馏油收率也要高出 1.5%左右。

赵洪宇等为探讨铁矿石对哈密低阶煤热解特性的影响，采用热重分析仪（TG/DTG）和实验室固定床反应器（Fixed Bed）对哈密低阶煤进行热解实验，研究了两种铁矿石对哈密煤热解反应性、热解气和焦油分布规律的影响；利用傅里叶红外光谱（FT-IR）和色谱-质谱分析仪（GC-MS）对焦油中官能团的变化以及焦油中的物质组成进行了分析对比。结果表明，当热解温度升高至 150℃ 时，原煤中添加铁矿石的煤样失重速率峰逐渐向高温阶段推移；当热解温度高于 450℃，不同铁矿石对原煤热解的催化作用差异更加明显，且镜铁矿＞原生矿物质＞赤铁矿；当两种铁矿石添加量分别为 20%时，热解焦油和热解气都能得到较高的收率；对于煤样 HM-JT 来说，此时焦油产率为 7.88%，热解气相产物 $H_2$、$CO_2$、$CH_4$、CO 产率与未添加镜铁矿的原煤煤样相比分别提高了 4.27%、3.76%、4.39%、3.61%。对于煤样 HM-CT 来说，焦油催化裂解效果一直受到铁矿石添加量的影响。在镜铁矿和赤铁矿添加量分别增加到 20%的过程中，煤样热解生成焦油的产率逐渐下降，而轻质焦油产率和轻质焦油分数逐渐增大到 6.37%、58.48%、5.34%、56.22%，焦油中氧脱除率分别达到 43.16%、36.89%。随着铁矿石的加入，焦油中二甲苯相对含量由 4.32%分别降低到 3.78%、3.93%，而甲苯相对含量由 1.11%升高至 1.32%、1.45%；焦油中邻甲酚和二甲酚分子中的甲基取代基被脱除生成苯酚和甲酚，且镜铁矿对焦油中苯系物和酚类化合物的脱甲基作用强于赤铁矿。

实验中的低阶原煤煤样来自新疆哈密（原煤煤样被命名为 HM），利用颚式破碎机以及粉碎机破碎至 0.6mm 以下，在 105℃真空条件下干燥 12h 后装瓶备用。酸洗后煤样被命名为 HM-Dem，哈密原煤煤样的工业分析和元素分析结果见表 6-6。

表 6-6 煤样的工业分析和元素分析结果

| 煤样 | 工业分析结果(质量分数)/% | | | | 元素分析结果(质量分数)/% | | | | | 原子比 | |
|---|---|---|---|---|---|---|---|---|---|---|---|
| | $M_{ad}$ | $A_d$ | $V_{daf}$ | $FC_{daf}$ | $C_{daf}$ | $H_{daf}$ | $N_{daf}$ | $S_{daf}$ | $O_{daf}$ | H/C | O/C |
| HM | 18.40 | 4.72 | 48.72 | 51.28 | 69.12 | 6.11 | 1.17 | 0.45 | 23.15 | 1.06 | 0.25 |
| HM-Dem | 12.20 | 0.31 | 46.98 | 53.02 | 67.45 | 6.53 | 0.99 | 0.30 | 24.73 | 1.16 | 0.27 |

实验所用的两种铁矿石分别是鄂西某赤铁矿（CT）和甘肃某镜铁矿（JT），矿石用粉碎机破碎至＜0.6mm，80℃干燥 12h 后装瓶备用。两种铁矿石的成分复杂，除了主要的铁元素以及造岩矿物外，还含有多种微量元素，这些成分构成了复杂的矿石结构。两种铁矿石中主要的化学成分分析数据见表 6-7。

表 6-7 两种铁矿石的成分分析结果（质量分数）  单位：%

| 铁矿石样 | TFe | $Al_2O_3$ | $SiO_2$ | P | CaO | MgO |
|---|---|---|---|---|---|---|
| CT | 41.43 | 4.8 | 26.53 | 0.39 | 4.35 | 3.27 |
| JT | 33.77 | 2.24 | 24.21 | 0.24 | 1.90 | 2.49 |

实验采用卧式管式固定床热解炉，常压下载气 $N_2$ 流量为 20mL/min，分别进行原煤、添加不同比例赤铁矿和镜铁矿煤样的热解产物分布规律研究。

王萍在矿物质对神木煤热解特性的影响研究中，采用的三种矿石是：

1# 矿石主要成分是针铁矿 [FeO（OH）]，这种矿石在高温下结构会发生变化，在 300℃时，针铁矿就有明显的失重，FeO（OH）转变为 $Fe_2O_3$，在氢气气氛下容易被还原为单质铁。此外，矿石中还含有 $Al_2O_3$、$SiO_2$ 等一些矿石中常见的物质，矿石本身无磁性，呈黄色。

2# 矿石主要成分是 $Fe_3O_4$，其中还含有白云石（$CaCO_3 \cdot MgCO_3$），白云石对煤焦油的催化裂解作用显著；矿石的热稳定性较好，只有在高温下才能被氢气还原为单质铁；矿石中的铁、锰也会与不同量的钙、镁形成铁白云石，呈黑色，有磁性。

3# 矿石为稀土，主要以 $CePO_4$、$LaPO_4$ 为主，除此之外还含有 $Fe_2O_3$ 和高含量的碱金属氧化物 CaO 及 MgO，CaO 对煤热解具有催化作用。3# 矿石的热稳定也较好，即使在高温下也不容易被氢气还原为单质，呈灰色，无磁性。

煤样和矿石按照煤：矿石为 10：1 的比例混合，在研钵中研磨约 10min，以便混合均匀，装瓶备用。三种矿石的成分分析结果如表 6-8 所示。

**表 6-8 不同矿物样品的成分分析结果（质量分数）** 单位：%

| 项目 | 1# | 2# | 3# |
|---|---|---|---|
| $Fe_2O_3$ | 79.2 | 87.00 | 13.30 |
| $SiO_2$ | 9.93 | 1.50 | 2.24 |
| $Al_2O_3$ | 8.65 | 0.40 | — |
| CaO | 0.53 | 5.11 | 17.90 |
| $CeO_2$ | — | 1.05 | 31.30 |
| $La_2O_3$ | — | — | 16.70 |
| MgO | 0.24 | 1.66 | 3.04 |
| $SO_3$ | 0.49 | 0.89 | 4.30 |
| $TiO_2$ | 0.27 | 0.35 | — |
| $K_2O$ | 0.26 | — | — |
| $P_2O_5$ | 0.20 | — | 6.36 |
| MnO | — | 1.19 | — |
| BaO | — | — | 1.67 |
| 其他 | 0.23 | 0.85 | 3.19 |

在氢气气氛 600℃添加矿石煤样热解时，对焦油组成的主要影响是：添加 1# 矿石煤样的热解焦油中轻质芳烃类的含量明显增加，相比原煤热解焦油中的含量提高了 1.20%，2# 和 3# 矿石对热解焦油中轻质芳烃类的含量影响不大；添

加三种矿石煤样的热解焦油中酚类含量均有所提高，一次提高为 4.08%、1.31%、0.70%，1# 矿石的作用最为明显；矿石对萘类的含量影响不大，与原煤几乎持平；矿石的加入降低了煤焦油中脂肪烃类的含量，1# 矿石最为显著，2# 和 3# 矿石的影响程度相近，三种矿石依次使煤焦油中的脂肪烃类含量降低为 2.33、0.64%、0.71%；煤添加矿石后热解焦油中的稠环芳烃类明显增加，依次增加了 0.70%、0.10%、0.25%。矿石的加入一方面增加了煤焦油中酚类、轻质脂肪烃的含量，使所得焦油轻质化，另一方面也增加了焦油中稠环芳烃类的含量。

王美君等以神东、新疆煤为研究对象，采用微量热重、常量固定床实验装置分别对原煤、脱矿煤、载铁煤在热解过程中的质量变化和气相产物进行了对比分析，研究了铁基矿物质对煤热解特性的影响。结果表明：煤热解出现最大失重速率和气相产物最大释放量的温区均与煤的变质程度有关，较低变质程度的神东煤在 450℃ 左右出现最大失重，而新疆煤则为 600℃；神东煤热解生成 $CH_4$、$CO$ 和 $CO_2$ 的最大释放温度小于新疆煤。载 Fe 煤热过程中生成的气相产物总量大于原煤和脱矿物煤，显示了 Fe 的催化作用。该催化作用主要表现在热解达到最大失重速率温度之后的缩聚阶段，这引起了 $H_2$ 的生成量增大。Fe 催化作用受煤变质程度的影响，对变质程度较低的神东煤作用明显大于新疆煤。

柯娅妮等为了深入了解铁矿石对煤热解的影响，寻求廉价有效的热解催化剂，在两段控温固定床反应器中，以白马钒钛铁矿石作为催化剂研究了其对煤热解气、液产物产率及组成变化的影响，并探讨了可能的催化作用机理。实验结果表明：在 500～800℃ 温度下，添加铁矿石后，气体产率增加，且其中的 $H_2$、$CO_2$、$CH_4$ 产率增加，$CO$ 和其他烃类气体的产率下降；虽然焦油产率降低，但焦油的 H/C 原子比例增加，且其中的苯系、萘系等轻质组分含量增加。钒钛铁矿显著提高了焦油中轻质组分的含量，使焦油轻质化，改善了煤热解油品的品质。

实验所选煤样为陕西府谷烟煤。实验前将煤进行粉碎、过筛，煤样粒度为 1.6～2.0mm，在 105℃ 下干燥 4h 后密封储存备用。实验煤样的工业分析与元素分析结果见表 6-9。

**表 6-9　煤样的工业分析和元素分析结果（质量分数）**　　　单位：%

| 工业分析结果 | | | 元素分析结果 | | | | |
|---|---|---|---|---|---|---|---|
| $V_{ad}$ | $A_{ad}$ | $FC_{ad}$ | $C_{daf}$ | $H_{daf}$ | $N_{daf}$ | $S_{daf}$ | $O_{daf}$ |
| 35.91 | 3.71 | 60.39 | 78.14 | 4.72 | 1.2 | 0.25 | 11.98 |

选取白马钒钛铁矿石作为催化剂，经筛选后粒度为 106～150μm，白马钒钛铁矿石主要成分 $Fe_2O_3$、$TiO_2$、$MgO$、$SiO_2$、$Al_2O_3$、$SO_3$、$CaO$、$MnO$、$Na_2O$、$Cr_2O_3$ 的含量分别为 71.465%、9.612%、6.115%、5.575%、4.167%、1.013%、0.415%、0.383%、0.148%、0.085%。实验前将铁矿在

80℃下干燥 5h。

实验结果如下：

（1）铁矿石对热解产物产率分布的影响　铁矿石对煤热解气、液、固三相产物产率分布的影响如图 6-16 所示。从图 6-16 可知，在实验温度范围内，煤热解固体产物半焦的收率基本未变化，表明催化剂反应段条件变化与煤热解产生的总挥发分产率无关。随着催化剂床层温度的升高，气体产率增加而液体产率减少。这种气体和液体分布的变化是由在催化剂段内初始热解气相产物的二次反应引起的。温度升高，初始热解产物在催化剂床层发生的裂解反应程度增强，从而使得气体产率升高，液体产率下降。热解气、液产率分布的变化表明，铁矿石作为催化剂对煤热解产物的分布有一定的调配作用。

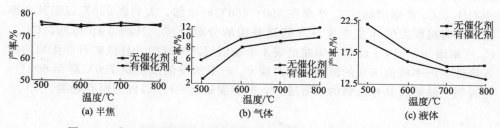

图 6-16　有/无铁矿石催化剂温度对煤热解气、液、固产物产率的影响

图 6-17 显示了在不同实验温度下，铁矿石催化剂对煤热解液体产物中焦油产率的影响。铁矿石催化剂使得焦油产率显著下降。初始热解产物中含有大量自由基碎片，这些碎片能与焦油大分子结合成活性焦油碎片，从而被催化剂表面吸附进行进一步的重整反应，生成气体和小分子焦油。而温度升高，铁矿石的裂解活性增强，使得初始气相产物可直接在催化剂段进行催化重整，使得焦油产率下降得更加剧烈。在实验温度范围内，白马钒钛铁矿使得焦油产率分别下降了23.98％、38.6％、36.97％、62.4％。

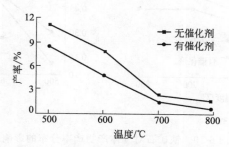

图 6-17　铁矿石对热解焦油产率的影响

热解液体产品中热解水的质量分数如图 6-18 所示。加入铁矿石后，液体产品中热解水的质量分数上升；在高温条件下，初始热解产物中的含氧自由基会重新结合、羟基缩合分解，导致了水的生成；铁矿中含氧化合物促进了水的生成。

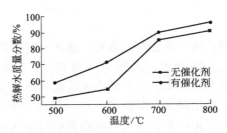

图6-18　铁矿石对液体产品中热解水质量分数的影响

（2）铁矿石对气体产物组成的影响　铁矿石催化条件下气体产物产率的分布如图 6-19 所示。无机气体中 $H_2$、CO 产率增加，$CO_2$ 产率减少；有机烃类气体中 $CH_4$、$C_2$ 产率增加，$C_3$ 产率在 $500 \sim 600℃$ 时增加，大约在 650℃ 以后其产率减少。有机烃类气体主要来自含侧链基团的分解反应。从图 6-19 可知，$CH_4$、$C_2$ 产率增加，而 $C_3$ 烃类气体在出现 1 个极值后产率减少，且铁矿石催化剂的加入降低了产率极值出现的温度，即对应 $C_3$ 产率的极值温度从 700℃ 降至 600℃。这表明，铁矿石具有极强的裂解能力，能够裂解除 $CH_4$ 以外的所有烃类。

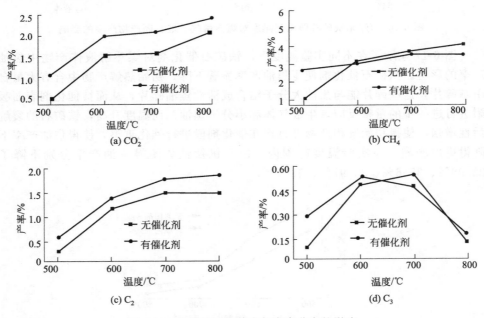

图 6-19　铁矿石对气体产物产率分布的影响

（3）铁矿石对热解焦油性质的影响　铁矿石催化后的焦油与原煤热解焦油的元素分析结果比较见表 6-10。由表 6-10 可知，经过铁矿石催化后，焦油中的 C 含量减少，H 含量增加，焦油的 H/C 原子比升高；表明催化剂可以催化焦油中的重质组分，改善了焦油的品质，实现了焦油的轻质化。

表 6-10 有/无催化剂热解焦油的元素分析结果（质量分数） 单位：%

| 温度/℃ | 催化剂 | $C_{daf}$ | $H_{daf}$ | $O_{daf}$ | $N_{daf}$ | $S_{daf}$ | H/C 原子比 |
|---|---|---|---|---|---|---|---|
| 500 | 无 | 79.180 | 5.927 | 13.056 | 1.690 | 0.147 | 7.5 |
| | 有 | 66.330 | 7.240 | 23.854 | 2.490 | 0.086 | 10.9 |
| 600 | 无 | 79.180 | 5.927 | 13.056 | 1.690 | 0.147 | 7.5 |
| | 有 | 68.710 | 6.421 | 23.229 | 1.470 | 0.170 | 9.4 |
| 700 | 无 | 76.770 | 5.211 | 16.236 | 1.580 | 0.203 | 6.8 |
| | 有 | 61.120 | 6.751 | 30.848 | 1.110 | 0.171 | 11.1 |

没有加催化剂时，煤热解反应过后，石英管反应器末端粘满焦油，且底端筛板被堵，不易清洗；而经过铁矿石的催化热解反应后，石英管反应器焦油收集处仅有极少数焦油粘在管壁上，这表明铁矿石催化剂能够裂解煤初始热解产物中的重质组分，避免了对反应器的污染和堵塞。

将焦油进行 GC/MS 的定性分析，由此可知加入铁矿石催化剂后焦油组分发生如下变化：①500～600℃时，脂肪烃的相对含量减少幅度较大，苯及其衍生物和萘及其衍生物的相对含量增加；②当催化剂反应段温度高于 600℃时，3 环以上的芳香烃及其衍生物的相对含量增加；③500～600℃酚类的相对含量增加，700～800℃酚类的相对含量减少，杂环及含氧化合物的相对含量并没有明显的变化规律。

## 6.2.2 耦合技术工艺研究

贺璐对煤热解与铁矿石耦合工艺作了系统研究，其工艺过程方案如图 6-20 所示。该工艺方案以铁矿石作为催化剂，将煤热解挥发分中的重质组分催化裂解成小分子产物获得轻质焦油；同时利用煤热解挥发分中的还原性组分将铁矿石还原，使原本两个独立的工业生产过程（煤热解与炼铁）耦合在一起，产生相互利用和相互促进的作用，获得煤热解与炼铁的双重效益。

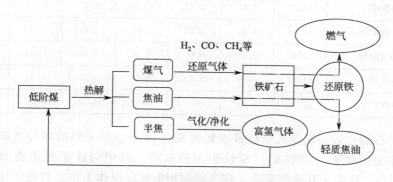

图 6-20 富氢气氛下煤热解与铁矿石还原耦合过程

在研究中采用内蒙古宝日褐煤（Baori，BR）作为研究对象，研究了铁矿石对陕西神木烟煤（Shenmu，SM）、内蒙古锡林郭勒褐煤（Xilinguo，XL）、河北唐山烟煤（Tangshan，TS）三种不同煤种煤样的影响。所用煤样破碎、研磨至粒度 $75\mu m$ 以下，并在 $105℃$ 的鼓风干燥箱中恒温 4h 后置于干燥器中保存。煤样的工业分析及元素分析结果见表 6-11。

表 6-11 煤的工业分析和元素分析结果（质量分数）　　　单位：%

| 煤样 | 工业分析结果 | | | | 元素分析结果 | | | | |
|---|---|---|---|---|---|---|---|---|---|
| | $M_{ad}$ | $V_{ad}$ | $A_{ad}$ | $FC_{ad}$ | $C_{daf}$ | $H_{daf}$ | $N_{daf}$ | $S_{daf}$ | $O_{daf}$ |
| BR | 8.5 | 44.0 | 12.0 | 44.0 | 62.6 | 4.3 | 0.8 | 0.3 | 20.1 |
| SM | 2.4 | 33.8 | 7.7 | 58.5 | 73.8 | 4.9 | 1.2 | 0.3 | 12.2 |
| XL | 9.9 | 31.8 | 26.4 | 41.8 | 55.0 | 3.9 | 0.8 | 1.0 | 13.0 |
| TS | 1.2 | 23.6 | 30.4 | 46.0 | 57.8 | 3.2 | 0.9 | 0.9 | 6.8 |

实验中所采用的铁矿石分别为褐铁矿、赤铁矿、菱铁矿、磁铁矿四种铁矿石。这四种铁矿石中铁化合物的主要存在形态依次为 $FeO(OH)$、$Fe_2O_3$、$FeCO_3$、$Fe_3O_4$。为了避免铁化合物在实验过程中的热分解反应对实验结果造成干扰，分别对褐铁矿和菱铁矿进行了预处理。褐铁矿放入马弗炉中在 $450℃$ 煅烧 1h 脱除结合水，而菱铁矿放入马弗炉中在 $600℃$ 煅烧 1h 脱除二氧化碳。预处理后褐铁矿和菱铁矿中的铁均以 $Fe_2O_3$ 的形式存在。在实验中讨论的褐铁矿和菱铁矿如无特殊说明都是指煅烧后的铁矿石。铁矿石的主要元素组成见表 6-12。

表 6-12 铁矿石成分分析结果（质量分数）　　　单位：%

| 类型 | 组成 | | | | | | |
|---|---|---|---|---|---|---|---|
| | TFe | $SiO_2$ | $Al_2O_3$ | CaO | MgO | P | S |
| 褐铁矿（原始） | 40.24 | 8.40 | 0.65 | 11.95 | 1.17 | 0.04 | 0.09 |
| 褐铁矿 | 42.29 | 8.83 | 0.68 | 12.56 | 1.23 | 0.04 | 0.09 |
| 赤铁矿 | 64.66 | 4.34 | 1.80 | 0.01 | 0.08 | 0.02 | 0.01 |
| 菱铁矿（原始） | 43.66 | 3.99 | 0.60 | 3.38 | 3.84 | 0.03 | 1.46 |
| 菱铁矿 | 51.47 | 4.70 | 0.71 | 3.98 | 4.53 | 0.04 | 1.72 |
| 磁铁矿 | 62.65 | 4.20 | 0.39 | 0.71 | 4.73 | 0.01 | 0.11 |

铁矿石的比表面积及孔结构参数如表 6-13 所示。所考察的四种铁矿石比表面积顺序为褐铁矿＞菱铁矿＞赤铁矿≈磁铁矿，其中褐铁矿的比表面积达到 $64.65m^2/g$，远高于其他铁矿石。在气固两相催化反应体系中，较高的比表面积赋予了催化剂在与气相反应物作用过程中具有更高的接触面积，有利于提高铁矿石对高温煤热解产物的催化反应活性。

表 6-13 铁矿石的结构特性

| 类型 | 比表面积/(m²/g) | 孔容/(cm³/g) | 孔径/nm |
|---|---|---|---|
| 褐铁矿 | 64.65 | 0.0495 | 4.16 |
| 赤铁矿 | 2.58 | 0.0517 | 12.98 |
| 菱铁矿 | 24.82 | 0.0788 | 10.95 |
| 磁铁矿 | 3.32 | 0.0038 | 8.04 |

该研究的主要内容及结果如下：

① 采用 PY-GC/MS 快速裂解仪研究了不同铁矿石的催化裂解作用及其对煤热解产物分布的影响规律，结果表明所考察四种铁矿石中，褐铁矿催化裂解作用最为显著，促进了煤热解产物中轻质芳烃的生成；铁矿石物化性质表征结果表明，铁矿石的比表面积与轻质芳烃产率存在正相关性；以正十九烷和甲酚为模型化合物，结合气体中含氧气体产率与轻质芳烃产率变化关系发现，含氧化合物的脱氧转化可能是褐铁矿催化裂解焦油生成轻质芳烃的主要途径；褐铁矿催化多煤种热解反应结果显示，煤中含氧量越高，褐铁矿的催化效果越显著，间接验证了褐铁矿对焦油中含氧化合物脱氧转化的催化作用。

② 进一步利用 PY-GC/MS 开展了操作条件对铁矿石催化煤热解产物裂解的影响规律研究。结果表明，提高反应温度、$H_2$ 气氛下增加反应压力（0.1～0.9MPa）均有利于轻质芳烃的形成，但加压与 $H_2$ 气氛对褐铁矿的催化裂解性能并未表现出明显促进作用；同时热解产物分析结果表明，铁矿石的催化作用主要体现在促进酚类及其他含氧化合物的脱氧分解以及芳烃化合物的形成；褐铁矿多循环及再生实验证明，催化反应过程褐铁矿还原为低价态铁而提高催化活性，多次循环及再生后的褐铁矿保持较高活性。

③ 利用固定床装置，研究了热解气氛下铁氧化物的还原特性；以模拟热解气和焦油模型化合物为原料，分别考察了还原温度、时间以及焦油含量对三氧化二铁还原程度的影响。研究结果表明，提高还原温度和反应时间，均有利于促进 $Fe_2O_3$ 的还原，但单纯热解气对铁氧化物的还原能力较低，而焦油的加入能够推进 $Fe_2O_3$ 向高品质 $Fe_3C$ 的还原进程；提高热解气相产物中的焦油蒸气分压，将有利于促进铁矿石的还原，获得高品质的深度还原铁产物，初步验证了铁矿石催化煤热解反应过程能够获得高品质还原铁的可行性。

④ 基于 PY-GC/MS 快速裂解仪和固定床装置上的实验结果，设计并搭建了一套煤热解耦合铁矿石还原的连续反应装置，并通过煤热解、铁矿石催化裂解反应参数优化实验，考察了不同温度和空速条件下褐铁矿催化煤热解产物分布的影响。获取优化工艺参数：热解温度 550℃，固相停留时间 15min，催化裂解温度 700℃，空速 7651h⁻¹；此时焦油中轻质焦油产率为 3.78%（质量分数），含量达到 85.12%（质量分数），较热裂解条件分别提高 6.70% 和 29.42%。褐铁矿催化煤连续热解反应产物分析结果表明，焦油轻质化主要来自重质焦油的裂解以及含氧化合物的转化，并进一步对煤催化热解反应过程含氧化合物的转化路径作

出阐释。

⑤ 对煤连续热解耦合铁矿石还原反应获得的褐铁矿进行了孔隙结构、物相组成、积炭量、微观形貌、还原度等物化性质的表征分析，对铁矿石还原反应的基本过程进行了阐述，铁矿石经预热脱水处理形成具有较高比表面积的多孔结构，促进褐铁矿向还原态铁 $Fe_xO_y$（$y/x < 1.5$）转化；反应条件对铁矿石还原影响的结果显示，空速对铁矿石还原的影响高于反应温度，优化工况下（700℃，$3825h^{-1}$）获得的铁矿石以 $Fe_3O_4$ 和 $FeO$ 形式存在，还原度可达 24%。结合热重分析结果发现，耦合过程获得的含碳铁矿石具有较高的还原活性，能够作为炼铁的优质原料。

⑥ 建立了煤热解与铁矿石还原耦合工艺的㶲分析体系，采用㶲分析法对比研究了独立的煤热解、铁矿石预热工艺和煤热解与铁矿石还原耦合工艺的㶲损失；㶲分析结果表明高温裂解气物理㶲的回收能够有效地减少煤热解与铁矿石还原全过程的㶲损失，与煤热解、铁矿石预热独立工艺相比，耦合工艺㶲损失降低了 10.4%；耦合反应获得的含碳铁矿石可作为优质的球团烧结原料，当原料中含碳铁矿石的掺混比例超过 50% 时，即可实现烧结系统的热量自给，不产生外配焦粉成本。

### 6.2.3  耦合一体化的研发

黄杨柳等为了开发以低阶煤为还原剂的直接还原铁技术，采用低阶末煤分级热解生产热解煤气、焦油和半焦，利用热解煤气经升温后作为末煤热解和热半焦再次热解的热载体，热半焦再次热解得到的富 $CH_4$、$H_2$ 和 CO 煤气作为低品位铁矿直接还原的还原剂，生产海绵铁。研究表明：低阶煤热解耦合低品位铁矿直接还原技术与传统的基于天然气的气基直接还原技术相比，具有生产成本低、原料来源广的特点。

采用末煤自身热解产生的煤气作为热载体，利用沸腾（流化）床技术对末煤进行快速热解，产生高热值煤气、煤焦油和高固定碳、高热值半焦粉；然后利用高热值煤气和高固定碳的半焦粉作为还原剂，还原低品位铁矿石，产生海绵铁。其工艺流程如图 6-21 所示。

利用预热分级系统，将原煤分成 ≤3mm 的末煤和 3~15mm 的粒煤，同时利用煤气加热炉的高温烟道气对原煤进行预热干燥。末煤进入末煤热解炉，利用来自煤气加热炉的 650~750℃ 煤气对末煤快速流化加热、闪速热解，热解形成的 600~650℃ 热解焦油气经初步除尘后进入粒煤直立炉，利用高温热解焦油气的余热对粒煤进行加热、热解；同时粒煤在直立炉内形成的移动滤料层对热解焦油气进行过滤，将焦油气中 ≥30μm 的粉尘捕集下来，经粒煤滤料层过滤后约 300℃ 的焦油气被进一步精细除尘后送去焦油回收系统回收焦油。热解产生的半焦粉送入冶金还原炉内作为还原剂使用。

经精细除尘后的热解焦油气利用自身产生的 80℃ 左右的焦油进行激冷降温，回收大部分焦油，然后再利用间冷器将热解焦油气降温至 20~30℃ 回收剩余焦

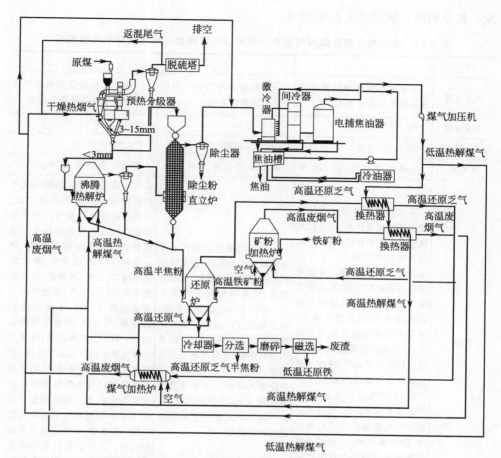

图 6-21 全煤气循环低阶末煤热解与低品位铁矿直接还原一体化工艺流程

油，最后利用电捕焦油器将热解焦油气里的焦油雾滴回收除尽。除尽焦油后的低温洁净煤气分成两部分，一部分与冶金铁矿石加热炉出口的高温废烟气换热后利用加热炉升温至 900℃ 左右后分成两股，一股作为热解的热载体送入沸腾热解炉，另一股作为冶金还原气送入还原炉；另一部分低温洁净煤气作为热解热载体煤气的调温用气。

进入冶金还原炉的高温煤气将进入还原炉的热半焦进一步加热到 900℃ 左右，使热半焦再一次进行热解，产生大量的富氢气体；富氢气体和进入还原炉的高温煤气一起与还原炉内的高温铁矿进行还原反应，产生海绵铁。出冶金还原炉的冶金乏气作为铁矿的加热热源，在铁矿加热炉内将铁矿加热至 1100~1200℃；高温铁矿进入还原炉，高温废烟气经换热后与煤气加热炉出口的高温废烟气混合作为原煤预热干燥的热源。出原煤预热干燥系统后的废烟气一部分作为返混气调节干燥烟气的温度，另一部分经除尘脱硫后排空。

近些年来，我国对煤热解与气基直接还原法炼铁耦合系统和方法进行了研发，其专利内容摘要列于表 6-14 中。

表 6-14  我国相关煤热解与气基直接还原法炼铁耦合一体化的专利内容摘要

| 序号 | 1 | 2 | 3 |
|---|---|---|---|
| 发明名称 | 一种利用热解油气冶炼直接还原铁的系统和方法 | 一种利用洁净热解气冶炼直接还原铁的系统 | 一种采用低阶煤热解煤气生产直接还原铁的设备及方法 |
| 公开日期 | 2017-11-28 | 2018-03-23 | 2018-11-13 |
| 公布(告)号 | CN107400747A | CN207130293U | CN108795457A |
| 发明人 | 吴道洪，范志辉，李志远，等 | 范志辉，李志远，邓君，等 | 储满生，李胜康，李峰，等 |
| 摘要 | 一种利用热解油气冶炼直接还原铁的系统和方法，该系统包括依次相连的热解炉、加热装置和气基竖炉。该方法通过该系统来实施。通过本发明的系统和方法，本发明高温热解油气的显热得到充分高效利用，能源利用效率高；本发明无需使用大量的天然气，而使用价格低廉的低阶煤做原料生产还原气，使得天然气稀缺地区建设气基竖炉生产线，生产优质直接还原铁，产品成本显著降低；本发明无需使用大量昂贵的重整催化剂，维护成本低，且对气基竖炉还原气中的硫含量无严格限制 | 一种利用洁净热解气冶炼直接还原铁的系统，该系统包括依次相连的热解炉、旋风分离器、高温净化室的气基竖炉。通过本实用新型的系统，本实用新型高温热解油气的显热得到充分高效利用，能源利用效率高；本实用新型系统简单，降低了生产成本；本实用新型无需使用大量昂贵的重整催化剂，维护成本低，且对气基竖炉还原气中的硫含量无严格限制 | 一种采用低阶煤热解煤气生产直接还原铁的设备及方法。采用低阶煤热解煤气生产直接还原铁的设备包括外热式直立热解炉、油-气-水分离装置、第一旋风分离器、改质炉、第二旋风分离器、竖炉、换热器、净化除尘器和第一加压泵，所述外热式直立热解炉与油-气-水分离装置连通；所述油-气-水分离装置与第一旋风分离器连通；所述第一旋风分离器与改质炉连通，所述改质炉与竖炉连通；所述竖炉的气体出口端的管路上依次设置有换热器、净化除尘装置和第一加压泵；所述第一加压泵与第二旋风分离器、外热式直立热解炉连通。上述设备具有结构紧凑，布置连贯同时又利于各种废物回收利用，使用寿命长，投资小的优点 |

## 参 考 文 献

[1] 杜长坤．冶金工程概论 [M]．北京：冶金工业出版社，2012．

[2] 张建良，刘征建，杨天钧．非高炉炼铁 [M]．北京：冶金工业出版社，2015．

[3] 张福明，曹朝真，徐辉．气基竖炉直接还原技术的发展现状与展望 [J]．钢铁，2014，49（3）：1-10．

[4] 张奔，赵志龙，郭豪，等．气基竖炉直接还原炼铁技术的发展 [J]．钢铁研究，2016，44（5）：59-62．

[5] 应自伟，储满生，唐珏，等．非高炉炼铁工艺现状及未来适应性分析 [J]．河北冶金，2019（6）：1-7．

[6] 齐渊洪，钱晖，周渝生．中国直接还原铁技术发展的现状及方向 [J]．中国冶金，2013，23（1）：9-14．

[7] 刘文权，苏步新．全球直接还原铁生产重心转移及思考 [J]．中国钢铁业，2016（5）：31-34．

[8] 李佳楣，郭敏，张涛．气基竖炉生产直接还原铁工艺的技术经济分析［J］．钢铁研究，2017，45（5）：59-62.
[9] 张志霞．世界非高炉炼铁现状［J］．山西冶金，2019（1）：71-73.
[10] 赵庆杰，魏国，沈峰满．直接还原技术进展及其在中国进展［J］．鞍钢技术，2014（4）：1-6，24.
[11] 王丽丽．焦炉煤气直接还原铁矿石动力学研究［D］．包头市：内蒙古科技大学，2011.
[12] 潘铁，王丽丽，赵文广．不同还原气氛对球团矿还原性的影响［J］．包钢科技，2015，41（2）：17-19，23.
[13] 李松庚，宋文立，郝丽芳，等．固体燃料热解与铁矿石还原耦合的装置及方法：CN102888235B［P］．2014-04-02.
[14] 杜淑凤，舒歌平，陈绍毅．依兰煤液化过程中天然矿物催化剂影响的研究［J］．洁净煤技术，2000，6（2）：32-34.
[15] 赵洪宇，李玉环，宋强，等．外加铁矿石对哈密低阶煤热解特性影响［J］．燃料化学学报，2016，44（02）：154-161.
[16] 王萍．矿物质对神木煤热解及燃烧特性的影响［D］．大连：大连理工大学，2013.
[17] 王美君，杨会民，何秀风，等．铁基矿物质对西部煤热解特性的影响［J］．中国矿业大学学报，2010，39（3）：426-430.
[18] 柯娅妮，崔丽杰，李松庚．白马钒钛铁矿石对煤热解产物影响研究［J］．煤炭科学技术，2016（8）：203-207.
[19] 贺璐．煤热解与铁矿石还原耦合工艺的基础研究［D］．北京：中国科学院大学，2018.
[20] 黄杨柳，娄建军，张秋民，等．低阶煤热解与低品位铁矿直接还原一体化研究［J］．洁净煤技术，2015，21（1）：69-72.
[21] 吴道洪，范志辉，李志远，等．一种利用热解油气冶炼直接还原铁的系统和方法：CN107400747A［P］．2017-11-28.
[22] 范志辉，李志远，邓君，等．一种利用洁净热解气冶炼直接还原铁的系统：CN207130293U［P］．2018-03-23.
[23] 储满生，李胜康，李峰，等．一种采用低阶煤热解煤气生产直接还原铁的设备及方法：CN108795457A［P］．2018-11-13.

# 7

# 煤热解与甲烷活化耦合一体化

甲烷作为天然气的主要成分，具有储量大、H/C 原子比高等特点，是氢气的最佳潜在替代源，是最有前途替代煤加氢热解过程中氢气的一种气体。目前许多研究发现，在甲烷催化转化过程中，存在许多已经被证实的中间体，如·$CH_3$、·$CH_2$、·$CH$、·$H$ 等自由基。如果这些生成的自由基能够与煤热解过程中产生的自由基相接触，则可以大幅提高自由基的稳定速率和效率，从而提高煤热解过程的焦油收率。但是许多研究结果显示，甲烷在低温下相当稳定，和煤基本上没有反应，作为热解气氛时焦油收率与惰性气氛相当。究其原因，甲烷是结构十分稳定的小分子，四个 C—H 键的平均键能为 414kJ/mol，尤其是 $CH_3$—H 的解离能更高，为 435kJ/mol，在常温甚至低温下很难被活化，1200℃以上才能发生部分热裂解；因此在甲烷气氛下，煤热解表现出与惰性气氛相当的焦油收率。

为此，一些学者在提高煤和甲烷的反应性方面展开研究工作。Steinberg 等在研究褐煤与甲烷在非催化条件下的共热解时发现，煤的转化没有提高，甲烷几乎没有转化，但是气体中的碳氢化合物提高。Calkin 在甲烷气氛下研究煤的快速热解时发现，对于某些煤种，煤中的矿物质和半焦可以促进甲烷裂解生成乙烯或者其他低分子化合物。Egiebor 和 Gray 研究发现，在氧化铁存在条件下，甲烷对于煤液化存在一定的供氢作用；当少量 NO 或 $O_2$ 加入 $CH_4$ 时可以促进甲烷与煤的反应，提高液体产物 BTX 的收率。Qin 在 2MPa 甲烷中加入 10% 的 NO条件下，考察了浸渍氢氧化锂催化剂煤样的低温热解。结果显示，在相同条件下液体产品收率高于惰性气氛，甚至某些情况下高于加氢热解下的焦油收率。这主要归结于甲烷在氢氧化锂催化剂的作用下发生活化，与煤热解产生的自由基共同作用的结果。由此可见，甲烷在氧化剂或催化剂存在的条件下可以与煤热解发生耦合反应。

对于热力学非常稳定的甲烷分子来说，目前报道的活化方式有催化转化、高温热裂解、燃烧或催化燃烧、等离子体活化等使 C—H 键解离。常采用的方法有催化转化、高温裂解及等离子体技术。大连理工大学煤化工研究所基于甲烷活化方式不同，开发出多种甲烷活化与煤热解耦合过程，以提高低温煤焦油收率的热解工艺。

# 7.1 煤热解与甲烷部分氧化耦合工艺

甲烷部分氧化制合成气是一个温和的放热反应，在催化剂作用下可以在较低的温度下（700℃）下达到90%以上的热力学平衡转化率，反应接触时间短（小于0.01s），能够避免高温非催化部分氧化所伴生的燃烧反应，氢气选择性高达95%。因此，在催化剂作用下，甲烷部分氧化是一种低温高活性甲烷活化技术。大连理工大学胡浩权等于2005年开发了以甲烷部分催化氧化与煤热解耦合的工艺。

## 7.1.1 耦合工艺实验

王静采用如图7-1所示的双层固定床反应器进行了甲烷部分氧化与煤热解耦合实验。该热解反应器分为两部分，反应气体入口一端为催化剂层，另一端为煤热解反应层，中间用气体分布板隔开。实验时，甲烷和作为氧化剂的气体混合后进入热解反应器的催化剂层，经过催化剂层活化后进入煤层，对煤进行热解。该热解反应器的优点是催化剂和煤层近距离接触，能保持新生成反应气的活性；催化剂和煤不直接混合，易于催化剂的回收。

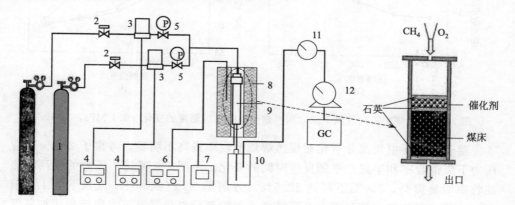

图 7-1  双层固定床热解反应装置

1—气瓶；2—针型阀；3—质量流量计；4—流量显示仪；5—压力表；6—控温仪；7—热电器；
8—加热炉；9—反应器；10—冷阱；11—背压阀；12—湿式流量计

在实验中，采用的催化剂为甲烷催化氧化过程中通常采用的三氧化二铝负载镍催化剂（$Ni/Al_2O_3$）。催化剂制备采用浸渍法，以一定浓度的 $Ni(NO_3)_2$ 水溶液浸渍 20~60 目 γ-$Al_2O_3$ 小球 4h，在水浴上蒸干后，100℃烘干 24h，然后在 800℃焙烧 4h，最后在 700℃下 $H_2$ 还原 10min，从而制得 10%$Ni$/γ-$Al_2O_3$ 催化剂。

表 7-1 为实验选择的义马煤的工业分析、元素分析和硫形态分析结果。由表 7-1 可见，义马煤（YM）具有较高的挥发分。

**表 7-1 义马煤（YM）的工业分析、元素分析和硫形态分析结果（质量分数）**

单位：%

| 煤样 | 工业分析结果 | | | 元素分析结果 | | | | 硫形态分析结果[①] | | | |
| --- | --- | --- | --- | --- | --- | --- | --- | --- | --- | --- | --- |
| | $M_{ad}$ | $A_d$ | $V_{daf}$ | $C_{daf}$ | $H_{daf}$ | $N_{daf}$ | $O_{daf}^{②}$ | $S_t$ | $S_p$ | $S_s$ | $S_o^{②}$ |
| YM | 9.2 | 19.9 | 40.6 | 76.1 | 4.1 | 1.0 | 16.5 | 1.84 | 1.26 | 0.19 | 0.39 |

① $S_t$ 为总硫，$S_p$ 为黄铁矿硫，$S_s$ 为硫酸盐硫，$S_o$ 为有机硫。
② 差减得到。

图 7-2 为常压下，义马煤在 $N_2$、$H_2$ 和甲烷与氧气的摩尔比为 4∶1，总气体量为 500mL/min 的甲烷部分氧化气氛中焦油和半焦产率随温度的变化。由图 7-2 可知，甲烷部分氧化与煤热解耦合，焦油收率得到明显提高；半焦产率随着温度的升高而下降，而且耦合过程的半焦产率在高温阶段与加氢热解相当。

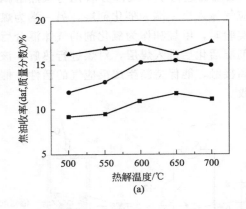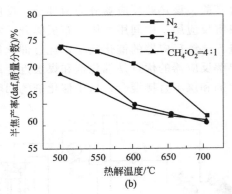

图 7-2 义马煤在不同气氛下焦油和半焦产率随反应温度的变化（0.1 MPa，25min）

鉴于常压下甲烷部分氧化对煤热解焦油收率提高不明显，考察了 2MPa 反应压力下焦油收率和半焦产率随反应时间的变化。由图 7-3 可见，压力的提高使焦油收率明显提高，700℃下可达 22.5%，分别是 $N_2$ 气氛和 $H_2$ 气氛下的 1.6 倍和 1.4 倍；半焦产率随温度上升而降低，甲烷部分氧化气氛下半焦产率比加氢气氛下有所提高。通过对焦油、半焦和热解气的质量衡算，可以发现耦合过程产物收率大于 100%，说明了 $CH_4$ 反应气参与了产物的形成。

### 7.1.2 煤种的适应性

甲烷部分氧化与煤热解耦合过程可以提高煤焦油收率，但是该热解工艺是否对其他煤种具有适用性有待进一步研究。实验分别选择了兖州煤和大同煤进行耦合热解，其具体工业分析、元素分析及硫形态分析结果见表 7-2。与义乌煤相比，兖州煤具有较少的灰分和挥发分。

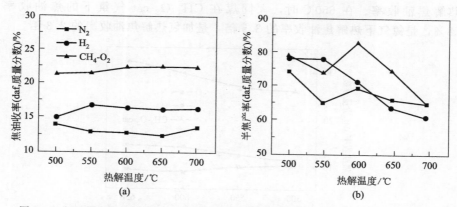

图 7-3　义马煤在不同气氛下焦油和半焦产率随反应温度的变化（2MPa，25min）

表 7-2　煤样分析数据（质量分数）　　　　　　　单位：%

| 样品 | 工业分析结果 | | | 元素分析结果 | | | | 硫形态分析结果 | | | |
|---|---|---|---|---|---|---|---|---|---|---|---|
| | $M_{ad}$ | $A_{ad}$ | $V_{daf}$ | $C_{daf}$ | $H_{daf}$ | $N_{daf}$ | $O_{daf}$ | $S_t$ | $S_p$ | $S_s$ | $S_o$ |
| 兖州煤 | 3.8 | 10.9 | 45.4 | 78.4 | 5.4 | 1.5 | 10.5 | 3.78 | 1.92 | 0.39 | 1.47 |
| 大同煤 | 3.9 | 12.9 | 31.8 | 76.9 | 4.1 | 0.5 | 16.6 | 1.60 | 0.78 | 0.49 | 0.33 |

　　兖州煤在热解温度为 550～700℃、压力为 2MPa、热解时间为 30min、气体流量为 500mL/min 的氮气、氢气和 $CH_4$-$O_2$-cat（$CH_4$：$O_2$ 比为 4：1）气氛下的焦油收率见图 7-4。从图 7-4 中可以看出，$CH_4$-$O_2$-cat 气氛下的热解焦油收率远远高于相同条件下 $N_2$ 和 $H_2$ 气氛下的焦油收率；在 $CH_4$-$O_2$-cat 气氛下，焦油收率随温度的升高而升高，700℃时达到 41.5%，是相同温度下氮气气氛的 2.3 倍，氢气气氛的 1.7 倍。

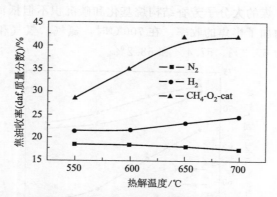

图 7-4　兖州煤在不同气氛下的热解焦油收率（2MPa，30min）

　　图 7-5 为热解温度 500～650℃时，大同煤在三种气氛下热解焦油收率的对比。由图 7-5 可见，在 $CH_4$-$O_2$-cat 气氛下的焦油收率同样远远高于氢气气氛下

的热解焦油收率。在 650℃ 时，大同煤在 $CH_4$-$O_2$-cat 气氛下的焦油收率为 31.8％，是氮气下热解焦油收率的 3.5 倍，是加氢热解焦油收率的 2.3 倍。

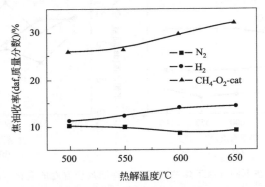

图 7-5　大同煤在不同气氛下的热解焦油收率（2MPa，30min）

## 7.1.3　耦合工艺产物

由图 7-6 可见，不同气氛下兖州煤的热解半焦产率均随热解温度升高而降低。在相同温度下，氢气气氛的半焦产率最低，$CH_4$-$O_2$-cat 气氛的热解半焦产率最高。这说明甲烷部分氧化与煤热解耦合过程中，相当一部分半焦来源于甲烷和氧气反应的产物。$CH_4$-$O_2$-cat 气氛下半焦增重的机理还不清楚，推测可能是 $CH_4$-$O_2$-cat 反应系统中的某些产物或中间产物与煤的大分子骨架发生反应所致。甲烷在催化剂作用下发生部分氧化反应，生成的主要产物有 $H_2$、CO、$CO_2$、$C_2H_4$、$C_2H_6$ 等；其中 $H_2$ 气氛下降低热解半焦产率，而 CO、$CO_2$ 和甲烷在 700℃ 以下对煤热解失重几乎没有影响。因此可能是 $C_2H_4$ 和 $C_2H_6$ 与煤中的大分子芳香骨架结构发生烷基化反应，引起半焦增重。另外，碳在半焦上的沉积也会引起半焦增重。煤的大分子芳香结构烷基化和碳沉积不但抵消了 $H_2$ 引起的半焦产率降低，还增加了半焦的收率。在 700℃ 时，氮气、氢气和甲烷氧化气氛下的半焦产率分别为 67.3％、57.4％和 68.2％。

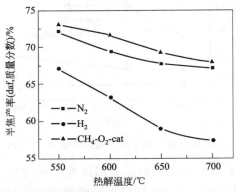

图 7-6　兖州煤在不同气氛下的热解半焦产率（2MPa，30min，气体流量为 500mL/min）

大同煤（图 7-7）和义马煤（图 7-8）的半焦产率变化规律与兖州煤的半焦产率变化规律相似，即半焦产率沿 $H_2 < CH_4\text{-}O_2\text{-cat}$ 逐渐增加。大同煤在 $CH_4\text{-}O_2\text{-cat}$ 气氛下半焦增重比较明显，而义马煤在整个温度区间内，氮气气氛和 $CH_4\text{-}O_2\text{-cat}$ 气氛的半焦产率差别不大。由此可见，煤在 $CH_4\text{-}O_2\text{-cat}$ 气氛下的热解反应性同煤的性质密切有关。

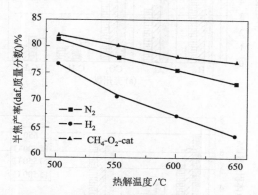

图 7-7　大同煤在不同气氛下的热解半焦产率（2MPa，30min）

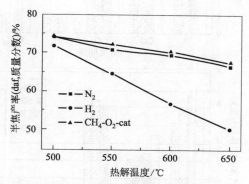

图 7-8　义马煤在不同气氛下的热解半焦产率（2MPa，30min）

图 7-9 是兖州煤、大同煤和义马煤在 $CH_4\text{-}O_2\text{-cat}$ 气氛下热解气体组成的分布。在相同条件下，三种煤的热解气体组成相似，随温度的变化趋势也相似，说明热解煤的性质对热解气体组成的影响较小。从热解气体组成来看，其主要成分为 $H_2$、$CO$、$CO_2$、$C_2H_4$ 和 $C_2H_6$；主要来源于甲烷催化氧化过程，而煤本身热解所生成的气体对热解气体的影响可以忽略不计。

刘全润的研究表明，提高热解压力、增加热解时间可降低半焦中的硫含量，提高脱硫率；不同气氛下的脱硫行为与原煤中硫的存在形态有关。对兖州煤来说，在 700℃ 条件下，加氢热解脱硫最高；大同煤在耦合过程的脱硫率与加氢热解相近；而义马煤在 650℃，耦合过程脱硫率明显优于加氢热解。说明耦合过程热解和加氢热解一样，均可有效促进煤中硫的分解脱除。Attar 认为，热解过程

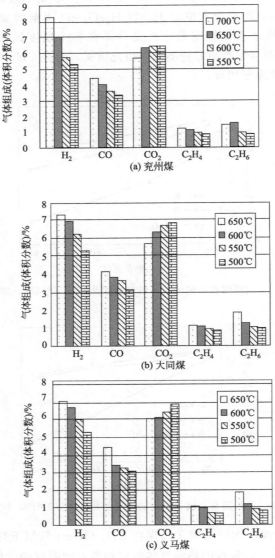

图 7-9　煤在 $CH_4$-$O_2$-cat 气氛下的热解气体组成
（2MPa，30min，$CH_4/O_2=4/1$，总流量 500mL/min）

中含硫化合物首先裂解为自由基，自由基的稳定来源于周围的供氢化合物，如氢自由基或其他具有供氢性质的自由基。加氢热解条件下，含硫自由基经由外部提供活性氢而稳定；在甲烷部分氧化气氛下，除产生的氢外，还可提供多种使含硫自由基稳定的其他自由基，因而也可以提高煤的热解脱硫率。由此可见，将甲烷部分氧化与煤热解过程耦合可显著提高热解焦油产率，该工艺过程具有普适性。对不同煤种，在合适的条件下焦油产率是加氢热解焦油产率的 1.7～2.3 倍，远大于其他煤热解方法得到的焦油产率。焦油产率的提高和脱硫率的增加主要是利用甲烷催化氧化过程中产生的大量高活性、具有供氢性质的自由基来稳定煤热解自身产生的自由基，大大提高了煤热解的过程效率。

## 7.2　煤热解与甲烷/二氧化碳重整耦合工艺

采用甲烷部分氧化与煤热解耦合技术，可以明显提高焦油收率和实现半焦的有效脱硫，尤其是在较高压力下效果更为明显。但由于氧气的存在，特别是在加压条件下，无论是从安全性方面还是反应的控制方面都是具有挑战性的课题。如果过程条件控制不当，一方面会导致甲烷的过度氧化形成 $CO_2$、CO 等；另一方面会使煤热解过程中形成的焦油发生氧化反应，形成含氧化合物或燃烧形成 $CO_2$ 等，降低焦油收率。因此，开发其他相关的甲烷活化与煤热解工艺是工业化应用的需要。

$CO_2$ 作为主要的温室气体，大量排放对于地球环境的污染与恶化起着不可估量的作用。2008 年我国已成为世界上 $CO_2$ 最大排放国之一，$CO_2$ 排放总量达 75 亿吨，因此国家面临严峻的 $CO_2$ 减排压力。利用甲烷/二氧化碳重整反应使得这两种气体转化为极具利用价值的合成气（$H_2$ 和 CO）既可以有效减少温室气体的排放，又可作为费托合成的原料气。相对于 $CH_4$ 和 $O_2$ 气氛下的部分氧化，甲烷/二氧化碳重整反应不仅能在反应过程中生成大量的自由基，而且消除了甲烷与氧气反应发生爆炸的可能性，这对国家的能源战略、煤的高效利用以及社会的可持续发展有着重大的积极作用。考虑到 $CO_2$、甲烷重整与甲烷部分氧化有相似的机理，拟选择 $CO_2$ 作为氧化剂来代替氧气。为此，实验中进行了甲烷/二氧化碳重整与煤热解相结合的工艺（CRMP）研究。

### 7.2.1　耦合工艺实验

刘佳禾等研究了热解温度、停留时间、$CO_2/CH_4$ 流量比等对煤热解与甲烷/二氧化碳重整耦合过程的影响。在实验中所用的煤样为平朔煤（PS）、神东煤（SD）、灵武煤（LW）和哈密煤（HM）。实验前将煤样磨至小于 100 目，放入广口瓶中备用。煤样的工业分析和元素分析结果见表 7-3。

表 7-3　煤样的工业分析和元素分析结果（质量分数）　　　　单位:%

| 煤样 | 工业分析结果 | | | 元素分析结果 | | | | |
|------|------|------|------|------|------|------|------|------|
| | $M_{ad}$ | $A_d$ | $V_{daf}$ | $C_{daf}$ | $H_{daf}$ | $N_{daf}$ | $S_{daf}$ | $O_{daf}$ |
| PS | 2.23 | 17.93 | 37.19 | 80.41 | 5.20 | 1.38 | 1.06 | 11.95 |
| SD | 9.80 | 4.50 | 33.72 | 79.53 | 4.16 | 0.91 | 0.48 | 14.92 |
| LW | 12.60 | 5.16 | 30.91 | 79.71 | 3.84 | 0.71 | 0.45 | 15.29 |
| HM | 7.51 | 4.67 | 24.52 | 83.26 | 3.44 | 0.77 | 0.33 | 12.20 |

　　所用催化剂为 Ni/MgO 负载型催化剂，催化剂的 Ni 负载量为 10%（质量分数），焙烧温度为 800℃，还原温度为 850℃。煤在 $H_2$ 或 $N_2$ 气氛下热解的气体流量均为 400mL/min，未做说明时，热解过程不添加催化剂，其他条件与煤在 $CH_4$-$CO_2$ 气氛下热解的实验条件相同。

　　(1) 热解温度对耦合过程的影响　在研究热解温度对煤热解与甲烷/二氧化碳重整耦合过程的影响时，其他反应条件为：停留时间为 30min，$CO_2$/$CH_4$ 流量比为 1，$CH_4$ 流量为 400mL/min。

　　图 7-10 是热解温度为 500~800℃时，平朔煤在 $CH_4$-$CO_2$、$H_2$ 和 $N_2$ 气氛下热解的焦油产率。在 $CH_4$-$CO_2$ 气氛下，平朔煤热解的焦油产率随着热解温度的升高而显著增加。当热解温度为 750℃时，平朔煤在 $CH_4$-$CO_2$ 气氛下的焦油产率达到 33.5%（质量分数），分别是相同条件 $H_2$ 和 $N_2$ 气氛下热解的 1.6 和 1.8 倍。继续升高热解温度，焦油产率基本保持不变。与 $CH_4$-$CO_2$ 气氛下的焦油产率相比，$H_2$ 和 $N_2$ 气氛下的焦油产率随热解温度升高的变化不明显。

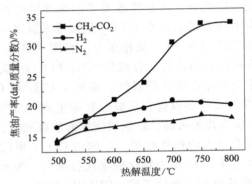

图 7-10　热解温度对平朔煤在 $CH_4$-$CO_2$、$H_2$ 和 $N_2$ 气氛下热解的焦油产率影响

　　在煤热解过程中，煤大分子结构中桥键的断裂产生了大量的自由基，当这些自由基与其他较小的自由基，如 H 自由基结合时，可以提高这些自由基的稳定速率和效率，产生包括焦油和煤气等在内的挥发性产物。如果热解过程中的 H 自由基较少，则这些自由基相互聚合形成半焦。由于 $H_2$ 气氛下的热解过程存在大量的 H 自由基，因此其焦油产率高于 $N_2$ 气氛下的焦油产率。

　　图 7-11 为 $CH_4$-$CO_2$、$H_2$ 和 $N_2$ 气氛下，平朔煤热解的水产率随热解温度的变化曲线。500℃时，平朔煤在三种气氛下热解的水产率分别为 2.0%、1.4% 和 0.9%（质量分数）。随着热解温度的升高，$CH_4$-$CO_2$ 气氛下的水产率增加，750℃时达到 25.8%（质量分数），比相同条件 $H_2$ 和 $N_2$ 气氛下的水产率提高 23.3% 和 24.4%（质量分数）。在甲烷/二氧化碳重整反应中存在着逆水气变换和甲烷化等副反应，由于甲烷/二氧化碳重整反应生成 $H_2$，因此这两个反应可以轻易发生。逆水气变换反应为吸热反应，升高温度有利于反应的进行，并导致水产率的升高；甲烷化反应也可以生成水。因此 $CH_4$-$CO_2$ 气氛下的水产率随热

解温度的升高而明显增加。

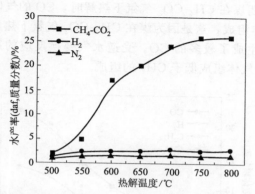

图 7-11　热解温度对平朔煤在 $CH_4$-$CO_2$、$H_2$ 和 $N_2$ 气氛下热解的水产率影响

热解温度为 500~800℃时，平朔煤在 $CH_4$-$CO_2$、$H_2$ 和 $N_2$ 气氛下热解的半焦产率如图 7-12 所示。500℃时，三种气氛下的半焦产率分别为 80.7%、75.5% 和 79.2%（质量分数）。此后半焦产率均随热解温度的升高而降低，750℃时的半焦产率分别降低到 69.2%、62.3% 和 65.8%（质量分数）。由于 H 是自由基的稳定剂，它的存在减少了自由基间相互聚合的机会，因此相同热解温度时，平朔煤在 $H_2$ 气氛下的半焦产率最低。以半焦为催化剂进行甲烷/二氧化碳重整反应时，半焦表面容易生成积炭，因此煤在 $CH_4$-$CO_2$ 气氛下热解时生成的积炭在半焦上的沉积导致了 $CH_4$-$CO_2$ 气氛下较高的半焦产率。

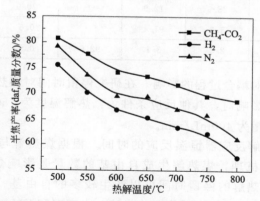

图 7-12　热解温度对平朔煤在 $CH_4$-$CO_2$、$H_2$ 和 $N_2$ 气氛下热解的半焦产率影响

图 7-13 为平朔煤在 $CH_4$-$CO_2$ 气氛下热解的气体组成随热解温度的变化曲线。除 $CH_4$ 和 $CO_2$ 外，热解过程产生的气体包括 $H_2$、CO、$C_2H_4$ 和 $C_2H_6$ 等，每种气体的组成均随热解温度的升高而增加。由于甲烷/二氧化碳重整反应生成 $H_2$ 和 CO，因此平朔煤在 $CH_4$-$CO_2$ 气氛下热解时 $H_2$ 和 CO 的气体组成较高。

表 7-4 为热解温度 750℃时，平朔煤在 $CH_4$-$CO_2$、$H_2$ 和 $N_2$ 气氛下热解的气体组成对比。平朔煤在 $CH_4$-$CO_2$ 气氛下热解时，CO 的气体组成远远高于 $H_2$ 和 $N_2$ 气氛下的气体组成，这是因为煤在 $CH_4$-$CO_2$ 气氛下热解时发生了甲烷/二氧化碳重整反应，生成了较多的 CO。受逆水气变换反应的影响，$CH_4$-$CO_2$ 气氛下热解时 $CO_2$ 的气体组成低于 $CH_4$ 的组成。

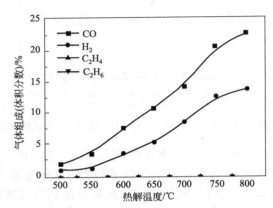

图 7-13 热解温度对平朔煤在 $CH_4$-$CO_2$ 气氛下热解的气体组成影响

表 7-4 750℃ 时平朔煤在 $CH_4$-$CO_2$、$H_2$ 和 $N_2$ 气氛下热解的气体组成（体积分数）

单位：%

| 热解气氛 | $CH_4$ | $CO_2$ | $H_2$ | $N_2$ | CO | $C_2H_4$ | $C_2H_6$ |
|---|---|---|---|---|---|---|---|
| $CH_4$-$CO_2$ | 37.0 | 28.9 | 12.9 | — | 20.9 | 0.2 | 0.1 |
| $H_2$ | 2.0 | 5.3 | 91.4 | — | 0.6 | 0.5 | 0.2 |
| $N_2$ | 1.3 | 2.3 | 3.1 | 92.6 | 0.5 | 0.1 | 0.1 |

（2）停留时间对耦合过程的影响　在研究停留时间对煤热解与甲烷/二氧化碳重整耦合过程的影响时，其他反应条件为：热解温度为 750℃，$CO_2$/$CH_4$ 流量比为 1，$CH_4$ 流量为 400mL/min。

停留时间为热解反应器恒温反应的时间。根据煤热解与甲烷/二氧化碳重整耦合过程的反应机理，煤热解生成自由基的数量是影响焦油产率的重要因素，而适当延长煤热解的停留时间可以产生较多的自由基。图 7-14 为停留时间对平朔煤在 $CH_4$-$CO_2$ 气氛下热解的焦油、水产率和 $CH_4$ 转化率影响。随着停留时间的增加，焦油和水产率增加；当停留时间由 30min 提高到 40min 时，焦油和水产率变化不明显。$CH_4$ 转化率在反应过程中基本保持不变，但 $CH_4$ 分解产生的 $CH_x$ 基团随着停留时间的增加而增多。因此可以认为在 30min 之内，随着停留时间的增加，煤热解产生的自由基增多，焦油产率也随之升高。继续增大停留时间，热解自由基增加较少，因此停留时间大于 30min 时，焦油产率变化不明显。

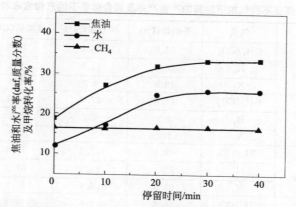

图 7-14 停留时间对平朔煤在 $CH_4$-$CO_2$ 气氛下热解的焦油、水产率和 $CH_4$ 转化率影响

（3） $CO_2/CH_4$ 流量比对耦合过程的影响　在研究 $CO_2/CH_4$ 流量比对煤热解与甲烷/二氧化碳重整耦合过程的影响时，其他反应条件为：热解温度为 750℃，停留时间为 30min，$CH_4$ 流量为 400mL/min。

图 7-15 为平朔煤在 $CH_4$-$CO_2$ 气氛下热解的焦油、水产率和 $CH_4$ 转化率随 $CO_2/CH_4$ 流量比的变化曲线。焦油、水产率和 $CH_4$ 转化率均随 $CO_2/CH_4$ 流量比的增加而显著增加。当 $CO_2/CH_4$ 流量比大于 1 时，焦油、水产率和 $CH_4$ 转化率的变化不明显。

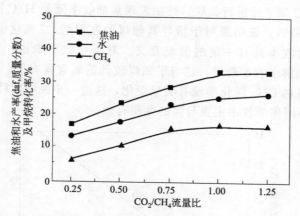

图 7-15   $CO_2/CH_4$ 流量比对平朔煤在 $CH_4$-$CO_2$
气氛下热解的焦油、水产率和 $CH_4$ 转化率影响

## 7.2.2 煤性质的影响

在研究煤的性质对煤热解与甲烷/二氧化碳重整耦合过程的影响时，反应条件为：热解温度为 750℃，停留时间为 30min，$CO_2/CH_4$ 流量比为 1，$CH_4$ 流量为 400mL/min。

表 7-5　四种煤在不同气氛下热解的产物产率及耦合体系下的产物收率和 $CH_4$ 转化率

| 煤样 | 气氛 | 平朔煤(PS) | 神东煤(SD) | 灵武煤(LW) | 哈密煤(HW) |
|---|---|---|---|---|---|
| 焦油收率<br>(daf,质量分数)/% | $CH_4/CO_2$ | 33.5 | 23.6 | 17.5 | 13.1 |
| | $H_2$ | 20.4 | 11.9 | 6.8 | 5.8 |
| | $N_2$ | 18.5 | 9.2 | 4.9 | 3.7 |
| 水收率<br>(daf,质量分数)/% | $CH_4/CO_2$ | 25.8 | 37.2 | 44.1 | 27.5 |
| | $H_2$ | 2.5 | 6.1 | 6.1 | 7.6 |
| | $N_2$ | 1.4 | 3.1 | 4.7 | 4.8 |
| 半焦收率<br>(daf,质量分数)/% | $CH_4/CO_2$ | 69.5 | 77.7 | 75.3 | 80.0 |
| | $H_2$ | 62.3 | 64.4 | 67.3 | 72.1 |
| | $N_2$ | 65.8 | 66.4 | 70.0 | 73.7 |
| $CH_4$ 转化率/%[①] | $CH_4/CO_2$ | 16.8 | 16.0 | 16.3 | 16.9 |

① 为反应时间内的平均转化率。

由表 7-5 可知，四种煤在 $CH_4$-$CO_2$ 气氛下热解的焦油收率均明显高于对应 $H_2$ 和 $N_2$ 气氛下的焦油收率，验证了煤热解与甲烷/二氧化碳重整耦合工艺提高焦油收率具有一定的普适性。另外，四种煤在 $CH_4$-$CO_2$ 气氛下热解的半焦收率均高于 $H_2$ 和 $N_2$ 气氛下的半焦产率，这主要与煤在 $CH_4$-$CO_2$ 气氛下热解时可能发生碳沉积有关。此外，在相同气氛下，平朔煤在 $CH_4$-$CO_2$ 气氛下热解的焦油收率高于其他三种煤，这主要与平朔煤具有较高的挥发分含量有关。

为了获得一般性规律，实验将四种煤在 $CH_4$-$CO_2$ 气氛下热解的焦油收率与各自原煤的 H/C 原子比进行关联，结果发现焦油收率随着 H/C 原子比的增加而线性增加（图 7-16），该结果对于指导其他煤种在甲烷/二氧化碳与煤热解耦合工艺中提高焦油收率具有一定的借鉴意义。对于水收率来说，平朔煤在 $CH_4$-$CO_2$ 气氛下的热解水收率最低，这与平朔煤较低的氧含量有关。四种煤在 $CH_4$-$CO_2$ 气氛下热解的 $CH_4$ 转化率没有明显变化，这进一步说明四种煤在 $CH_4$-$CO_2$ 气氛下热解的不同焦油收率主要与煤的性质有关。

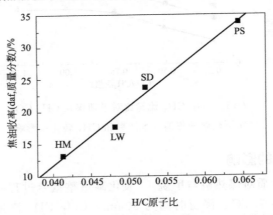

图 7-16　$CH_4$-$CO_2$ 气氛下煤热解焦油收率与 H/C 原子比的关系

综合上述结果可以发现，与常规煤热解类似，具有高挥发分和高 H/C 原子比的煤种更适合煤热解与甲烷/二氧化碳重整耦合过程，有利于获得高的焦油收率。平朔煤的 H/C 原子比最大，所以其焦油收率最高。

## 7.3 煤热解与甲烷芳构化耦合工艺

甲烷芳构化反应包括有氧条件和无氧条件两种途径。在有氧条件下进行的甲烷芳构化反应，虽然在热力学上比较有利；但是甲烷有可能会发生进一步氧化反应，降低了目标产物的选择性，而且反应过程会放出大量的热量，需要及时放出。而在无氧条件下，甲烷的芳构化反应则可有效地克服在有氧条件下芳构化反应的弊端，有利于工业生产中反应温度的控制，其反应式为：

$$6CH_4 \longrightarrow C_6H_6 + 9H_2 \qquad \Delta H = -530kJ/mol$$

甲烷无氧芳构化反应为总体积增大的反应，提高温度有利于增加 $C_6H_6$ 的平衡产率，而提高压力则对于 $CH_4$ 转化不利，因此该反应需要较高的温度及较低的压力。从热力学上分析，在无氧条件下，高温时甲烷更容易裂解为积炭，因此必须开发高活性和高选择性的催化剂，抑制积炭反应的发生。

周逊等采用甲烷芳构化与煤热解耦合（MAP）工艺，研究了甲烷在 Mo 催化活化下对煤热解过程产物分布的影响。在实验中采用神木煤，其组成分析结果如表 7-6 所示。甲烷无氧芳构化反应选用 Mo/HZSM-5 催化剂。

**表 7-6　神木煤的工业分析和元素分析结果（质量分数）**　　　单位：%

| 工业分析结果 | | | 元素分析结果 | | | | |
|---|---|---|---|---|---|---|---|
| $M_{ad}$ | $A_d$ | $V_{daf}$ | $C_{daf}$ | $H_{daf}$ | $O_{daf}$ | $N_{daf}$ | $S_{daf}$ |
| 4.83 | 5.61 | 37.22 | 80.20 | 5.62 | 11.24 | 1.11 | 1.83 |

### 7.3.1 耦合过程

（1）Mo 担载量对 MAP 过程热解产物的影响　图 7-17 表示的是在 $CH_4$ 流速 25mL/min、热解温度 700℃、反应时间 30min 的工艺条件下，MAP 过程在不同钼担载量催化剂条件下焦油产率和水产率的变化曲线。由图 7-17 可见，焦油产率随着 Mo 担载量的增加出现了先增后减少的趋势，当担载量为 4%（质量分数）时，催化剂有着最佳的催化反应性能，其焦油产率为 21.5%（质量分数）。这是因为甲烷无氧芳构化所需要的催化剂是一种双功能催化剂，即甲烷首先在活性 Mo 物种上裂解成为反应活性物种，然后转移到分子筛酸性位上继续进行聚合、环化等步骤，最终生成芳烃等产物。担载 2%（质量分数）Mo 的催化剂由于形成的活性 Mo 物种减少，因此只有少量的甲烷得到活化，所以相对于担载 4%（质量分数）Mo 的催化剂，其焦油产率比较低。而当担载 6%（质量分数）和 8%（质量分数）的 Mo 时，一方面过量氧化钼颗粒凝聚堵塞分子筛孔道；另一方面随着 Mo 担载量的增加，分子筛中的酸性位被覆盖而逐渐减少，从而影响了催化剂的反应性能。研究表明，当 Mo 担载量为 4%时，芳烃收率值较高。不同的 Mo 担载量对 MAP 过程中水产率的影响不大，基本保持不变。

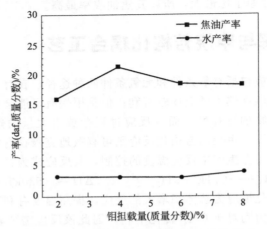

图 7-17　钼担载量对焦油产率和水产率的影响

（2）反应温度对 MAP 过程热解产物的影响　反应温度对煤热解、加氢热解以及 MAP 过程的影响实验是在固定床热解反应器中，压力为 0.1MPa、气体流速为 25mL/min、甲烷气氛下的催化剂为 4% Mo/HZSM-5、终温停留时间为 30min 的条件下进行的。

图 7-18 显示了煤在 $N_2$ 气氛下热解、加氢热解以及 MAP 过程热解时，反应温度变化对焦油产率的影响。神木煤热解的最佳温度是在 450℃ 左右，而在 600～800℃ 时，已经偏离了热解的最佳温度。因此，从图 7-18 中可以看到煤在 $N_2$ 和 $H_2$ 气氛下热解的焦油产率都随着温度的增加而缓慢下降。在不同的温度下，加氢热解的焦油产率始终要大于在氮气气氛下热解的焦油产率。这主要归因于 $H_2$ 在高温下会产生大量 H 自由基，使得煤热解出的可挥发组分得到稳定，从而提高焦油产率。在 MAP 过程中，煤热解的焦油产率随反应温度的升高呈现先增加后减少的趋势，且幅度较为明显；在 700℃ 时，焦油产率达到 21.5%（质量分数），比同条件 $H_2$ 和 $N_2$ 气氛下热解的焦油产率分别提高了 6% 和 7%。在 600℃ 时，甲烷芳构化反应比较微弱，可以看到焦油产率只是比 $H_2$、$N_2$ 气氛下略高。甲烷无氧芳构化反应随着温度的增加，平衡转化率相应提高，因此随着反应温度的提高，焦油产率也开始增加。当达到 700℃ 之后，甲烷的裂解反应开始占据主导地位，催化剂积炭比较严重，影响了催化剂的活性，从而使得焦油产率开始下降。

图 7-19 显示的是煤在 $N_2$ 气氛下热解、加氢热解以及 MAP 过程热解时，反应温度变化对水产率的影响。可以看到三个过程中，水产率都随着热解温度的升高而平稳下降。其中，在不同的温度下，加氢热解的水产率始终是最高的，这主要是因为热解过程中大量的氢自由基与煤中裂解出的羟基结合生成了水，导致水

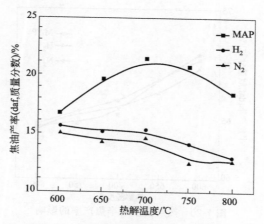

图 7-18　热解温度对焦油产率的影响

产率增加；从 700℃ 起，MAP 过程的水产率开始高于 N₂ 气氛下热解的水产率，其主要原因也归结为在 700℃ 之后甲烷的裂解反应相对于无氧芳构化反应占据了主导地位，使得甲烷裂解出较多的氢气，因此水产率变大。

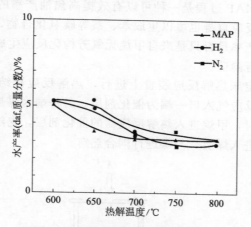

图 7-19　热解温度对水产率的影响

图 7-20 显示的是煤在 N₂ 气氛下热解、加氢热解以及 MAP 过程热解时，反应温度变化对半焦产率的影响。在高温区热解（大于 700℃），缩聚反应最为明显和激烈，而且部分半焦会进一步分解，放出少量气体。由图 7-20 也可以得出类似结论，三个过程的半焦产率都随着热解温度的升高而下降。当没有外加小分子自由基时，热解的煤中可挥发组分无法被稳定下来，它们或者进一步裂解为小分子气体，或者相互缩聚为半焦。因此，在不同温度下 N₂ 气氛热解的半焦产率始终是最高的，这也从侧面证明了煤热解过程的自由基机理。

综上所述，MAP 过程的最佳工艺条件为：热解温度 700℃，CH₄ 流速 25mL/min，4％Mo/HZSM-5。在最佳工艺条件下，MAP 过程的焦油产率、水

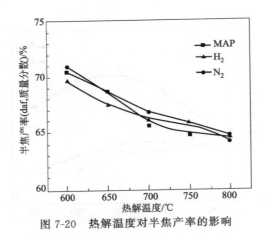

图 7-20　热解温度对半焦产率的影响

产率和半焦产率（质量分数）分别为 21.5％、3.3％、65.6％。在 MAP 过程反应的 30min 内，催化剂几乎没有积炭。

## 7.3.2　协同作用

由上述可知，MAP 过程是一种可以有效提高焦油产率的新热解工艺。然而甲烷的无氧芳构化反应自身也可以生成苯、萘等碳氢化合物，因此 MAP 过程所增加的那部分焦油产率是否只是来自甲烷无氧芳构化反应生成的碳氢化合物，需要设计如下实验进行验证。

实验在常压固定床热解反应装置上进行，热解反应器结构见图 7-21。热解反应器分为两层，反应气入口一端为催化剂层，另一端为煤热解反应层，中间用石英棉隔开。实验时，甲烷进入热解反应器的催化剂层，先经过催化剂层活化并发生芳构化反应后进入煤层，与煤进行耦合热解。

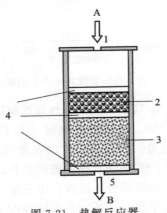

图 7-21　热解反应器

1—气体进口；2—催化剂床层；3—煤层；4—石英棉；5—气体出口；A—甲烷；B—产品

在此分别考察 MAP 过程（图 7-21 中 2 处放入 1g 催化剂，3 处放入 5g 煤样）、煤在 $CH_4$ 气氛下热解（图 7-21 中 3 处放入 5g 煤样）和甲烷无氧芳构化反应（图 7-21 中 2 处放入 1g 催化剂，3 处放入 10g 石英砂）在 700℃、不同 $CH_4$ 流速下的焦油或碳氢化合物产率。单独的甲烷无氧芳构化反应在 25mL/min 的时候碳氢化合物产率最高，达到 2.9%（质量分数）；甲烷气氛下煤热解的焦油产率随流速变化不大，在流速为 65mL/min 时焦油产率达到最大，为 17.2%（质量分数）。MAP 过程的焦油产率随 $CH_4$ 流速的变化趋是：在流速 25mL/min 时，MAP 过程具有最大焦油产率，为 21.5%（质量分数）。从数值上可以很明显地看出，在不同 $CH_4$ 流速下，无氧芳构化生成的碳氢化合物产率与煤在 $CH_4$ 气氛下热解的焦油产率之和要小于 MAP 过程所得到的焦油产率。也就是说，MAP 过程所得到的较高焦油产率不仅仅是来自甲烷芳构化生成的碳氢化合物，还有部分来自甲烷芳构化反应与煤热解耦合的部分。这是因为在甲烷芳构化过程中，产生的中间产物如 H、$CH_x$ 等自由基稳定了煤热解中的可挥发组分，使其焦油产率得以提高。从而证明了甲烷芳构化与煤热解过程不是两个彼此孤立的反应，它们之间具有协同作用，可以提高焦油产率。当 $CH_4$ 在 15～25mL/min 较低流速下时，协同作用效果较为明显；当流速达到 65mL/min 时，协同作用效果微弱，这恰好与芳构化反应在不同 $CH_4$ 流速下发生的强弱相一致。这主要是因为在适宜芳构化反应的工艺条件下，甲烷能尽可能多地被活化，此时就会产生大量的自由基来和煤热解出来的可挥发组分结合；反之，芳构化反应不明显，催化活化甲烷效果不佳，就无法产生足够的自由基与可挥发组分相结合。研究结果表明，甲烷芳构化与煤热解过程不是两个彼此孤立的反应，它们之间具有协同作用；而且协同作用的大小与发生芳构化反应的强弱相一致。

## 7.4　煤热解与甲烷/水蒸气重整耦合工艺

在甲烷催化活化过程中，无论是部分氧化还是甲烷/二氧化碳重整或芳构化，催化剂的稳定性都是目前存在的主要问题，也是制约这些耦合过程的关键因素之一。甲烷/水蒸气重整（SRM）作为目前工业制氢的主要途径，可利用水蒸气的消碳作用，降低催化剂的积炭，从而提高其稳定性。

甲烷/水蒸气重整（SRM）技术具有产业化方面的优势，是目前甲烷间接转化过程使用最广泛的技术，其主要反应是：

$$CH_4 + H_2O \longleftrightarrow CO + 3H_2 \qquad \Delta H_{298K} = 206.3kJ/mol$$

SRM 反应具有较低的反应热、较低的反应温度以及较高的单位甲烷产氢率等优势。将煤热解过程与 SRM 反应相结合，不仅可以较好地实现煤热解与甲烷活化温度的匹配，而且从能耗和甲烷利用效率来说有利于实现工业化。

### 7.4.1　耦合过程

郑彭选用双鸭山煤，使煤样粉碎至＜100 目，60℃真空干燥 24h 后放入广口瓶中备用。煤样的工业分析和元素分析结果见表 7-7。

表 7-7　双鸭山（SYS）煤样的工业分析和元素分析结果（质量分数）　单位：%

| 煤样 | 工业分析结果 | | | | 元素分析结果 | | | | |
|------|------|------|------|------|------|------|------|------|------|
| | $M_{ad}$ | $A_d$ | $V_{daf}$ | $FC_{daf}$ | $C_{daf}$ | $H_{daf}$ | $N_{daf}$ | $S_{daf}$ | $O_{daf}$ |
| SYS | 1.11 | 13.28 | 35.68 | 64.32 | 80.49 | 5.88 | 0.90 | 0.09 | 12.64 |

采用工业 $Ni/Al_2O_3$ 作为催化剂，将催化剂粉碎至 20～40 目，650℃在 50% $H_2/N_2$（200mL/min）气氛下还原 1h，制得还原态 $Ni/Al_2O_3$ 催化剂，其成分分析结果见表 7-8。

表 7-8　工业 $Ni/Al_2O_3$ 催化剂的成分分析结果（质量分数）　单位：%

| $Al_2O_3$ | NiO | CaO | $La_2O_3$ | $SiO_2$ | $Na_2O$ | $Fe_2O_3$ |
|------|------|------|------|------|------|------|
| 60.1 | 27.4 | 6.5 | 4.5 | 0.7 | 0.5 | 0.3 |

将双鸭山煤热解与甲烷/水蒸气重整耦合过程 SRMP，与氮气和氢气气氛下的结果相比较。

图 7-22 是双鸭山煤在三种气氛下热解焦油产率与温度的关系曲线。由此可知，与氢气气氛煤热解行为类似，低温下的耦合过程与常规热解类似，焦油产率没有提高；这是因为甲烷/水蒸气重整在低温下的甲烷转化率不足 10%，仅有少量的甲烷被活化。随温度升高，甲烷/水蒸气重整中的甲烷转化率呈直线上升，耦合过程中有更多的氢自由基、甲基、亚甲基、羟基等活性基团进入热解煤层，与煤裂解中的初级挥发分相互作用。该过程与加氢热解类似，可以提高焦油产率。与双鸭山煤加氢热解相比，在 600℃之前，耦合热解与加氢热解的焦油产率有相同的变化规律。随温度进一步升高，加氢热解中由于更多的气化反应，导致焦油产率降低，然而耦合热解焦油产率随温度升高保持在 19.8% 左右。随温度不断升高，耦合过程中，催化床层的重整反应甲烷转化率增大，产生更多的氢自由基、甲基、亚甲基、羟基自由基等活性基团；这些活性组分浓度的增加，使煤热解过程中产生的大分子碎片更多地被稳定下来形成液体产物，所以耦合过程的焦油产率随温度变化可以保持在一定水平。由于双鸭山煤黏结性的影响，煤在中高温下结焦成块，影响重整气氛对热解过程的耦合，因此更多的活性组分相互结合成稳定的小分子以气体形式逸出。SRMP 和加氢热解的焦油产率均大于 $N_2$ 气氛下热解的焦油产率，证明甲基自由基、亚甲基自由基和氢自由基等小分子自由基的添加可以稳定热解自由基，从而有效提高热解过程的焦油产率。同时，温度升高，部分焦油也会发生断裂成小分子的反应，限制焦油产率的增加。

图 7-23 是双鸭山煤在三种气氛下热解半焦产率与温度的关系曲线。如图 7-23 所示，三种热解过程的半焦产率均随热解温度的增加而逐渐降低。低温下 SRMP 的半焦产率最大，550℃以后热解半焦与 $N_2$ 气氛热解半焦相近。这说明甲烷/水蒸气重整过程中产生的甲基和亚甲基等活性自由基在稳定煤热解碎片自由基的过程中对大分子结构也起到了稳定作用。同时起到了增加半焦产率的作用。

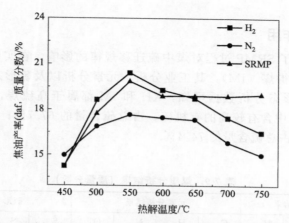

图 7-22 双鸭山煤在 $N_2$、$H_2$ 和甲烷/水蒸气重整气氛下的焦油产率

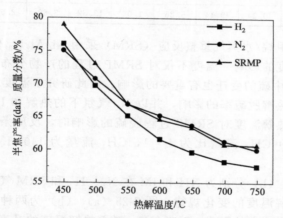

图 7-23 双鸭山煤在 $N_2$、$H_2$ 和甲烷/水蒸气重整气氛下的半焦产率

董婵等利用甲烷/水蒸气重整与煤热解过程结合（SRMP），研究了不同温度下热解产物的分布规律。结果发现，该过程可以在中低温范围内提高热解的焦油产率。在 650℃、甲烷：水蒸气比为 1、停留时间 30min 条件下，霍林河煤的焦油产率为 17.8%（daf，质量分数），与热解和加氢热解相比分别提高了 46% 和 31%。增加 SRMP 中的甲烷转化率、缩短催化床层与煤热解床层的间距，使更多甲烷/水蒸气重整活性组分进入煤层，可促进煤热解自由基的稳定、抑制缩聚交联反应，有利于焦油产率的提高。

与惰性气氛煤热解相比，由于 SRMP 过程催化床层活性组分对煤热解过程的作用，焦油中轻质焦油（沸点＜360℃）的含量提高，尤其是酚、萘及其 $C_1$～$C_3$ 烷基取代物的含量增加，沥青质含量降低，焦油品质提高。进一步的研究结果表明，SRMP 过程不是简单的甲烷/水蒸气重整产生混合气气氛下的煤热解过程；SRMP 过程产生一定的活性组分与煤热解自由基结合，能促进焦油和半焦产率提高。

## 7.4.2 脱硫作用

石巧囡研究了 SRMP 过程对煤中硫迁移规律的影响，在实验中选用兴和煤（XH）和内蒙古褐煤（IM），其工业分析、元素分析以及硫形态分析结果如表 7-9 所示。由硫形态分析数据可知，XH 和 IM 都属于高硫煤，总硫含量大于 3%；其中，XH 中含有较高的有机硫，占总硫含量的 67.7%；而 IM 中含有较高的黄铁矿硫，占总硫含量的 74.4%。

表 7-9 煤质分析结果（质量分数） 单位：%

| 煤样 | 工业分析结果 | | | 元素分析结果 | | | | 硫形态分析结果 | | | |
|------|------------|------|------|------------|------|------|------|------------|------|------|------|
| | $M_{ad}$ | $A_d$ | $V_{daf}$ | $C_{daf}$ | $H_{daf}$ | $N_{daf}$ | $O_{daf}$ | $S_{t,d}$ | $S_{p,d}$ | $S_{s,d}$ | $S_{o,d}$ |
| XH | 13.26 | 13.74 | 48.14 | 69.14 | 4.55 | 1.03 | 22.78 | 3.25 | 0.84 | 0.21 | 2.20 |
| IM | 7.92 | 15.94 | 40.34 | 79.14 | 5.26 | 1.02 | 13.82 | 3.60 | 2.68 | 0.27 | 0.65 |

在研究中，甲烷/水蒸气重整反应（SRM）采用 $Ni/Al_2O_3$ 催化剂。

（1）热解温度的影响 温度不仅对 SRMP 过程的产物分布有很大影响，同时对 SRMP 过程中硫的变迁也有重要的影响，因此研究了温度对 SRMP 过程中半焦硫含量以及热解脱硫率的影响，并以 $N_2$ 气氛下的热解和 $H_2$ 气氛下的热解作为对比。研究热解温度对 SRMP 过程脱硫的影响时，反应条件为：停留时间为 20min，$H_2O$：$CH_4$ 流量比为 1：1，$CH_4$ 流量为 140mL/min，催化剂为 $Ni/Al_2O_3$。

图 7-24（a）、（b）分别为 XH 和 IM 在 $N_2$、$H_2$ 和 SRM 气氛下热解所得半焦的硫含量随热解温度的变化规律；图 7-25（a）、（b）为两种煤在同气氛下热解过程中温度对脱硫率的影响。对于 XH，随着热解温度的升高，SRMP 过程中半焦的硫含量降低；在 $N_2$、$H_2$ 气氛下热解，半焦的硫含量均呈现先减小后增大的趋势。总体而言，SRMP 过程中半焦的硫含量最低，$H_2$ 气氛下的次之，$N_2$ 气氛下的最高。IM 与 XH 呈现相似的变化规律，但 IM 在 SRMP 过程中半焦的硫含量变化不规律，呈现先减小后增加然后又减小的趋势；这可能是因为 IM 中含有较高的黄铁矿，第一次减小是由于黄铁矿的分解，而增加是由于无机硫向有机硫转化，700℃以后再减小是因为有机硫的降低。XH 中有机硫的含量较高，且多为不稳定的脂肪族有机硫，通常在较低热解温度下可以发生分解；黄铁矿等无机硫含量比较低，避免了无机硫向有机硫的转化，因此半焦的硫含量随着热解温度的升高逐渐降低。

XH 和 IM 在不同气氛下热解，随着热解温度的升高，脱硫率均呈现上升趋势，且 SRMP 过程的脱硫率＞$H_2$ 气氛下的脱硫率＞$N_2$ 气氛下的脱硫率。热解脱硫率的提高是由黄铁矿和不稳定的有机硫发生热分解反应导致的，但稳定的有机硫（如噻吩硫）即使在高温下也很难分解。在 SRMP 过程中，对于 XH，由

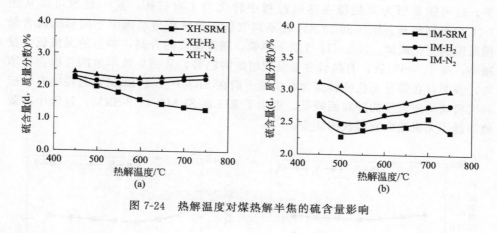

图 7-24 热解温度对煤热解半焦的硫含量影响

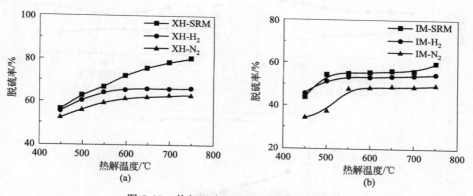

图 7-25 热解温度对煤热解脱硫率的影响

450℃的 56.4％增加到 750℃的 81.9％；对于 IM，由 450℃的 43.6％增加到 750℃的 59.1％。研究认为在热解过程中，煤中的含硫化合物发生热裂解生成含硫自由基，周围的供氢基团用于稳定这些含硫自由基；供氢基团可以是 $H_2$，也可以是具有供氢作用的自由基。$N_2$ 气氛下热解，用于稳定煤裂解产生的含硫自由基的供氢基团主要来源于煤中有机质中固有的氢；当固有的氢不足以稳定热裂解的含硫自由基时，一部分含硫自由基与煤中的有机质发生再聚合反应，生成更加稳定的、难分解的有机硫残留于半焦中，因此 $N_2$ 气氛下热解的脱硫效果并不理想。$H_2$ 气氛下热解，除了煤中固有的氢，还可以由外部提供的氢来稳定含硫自由基，因此加氢热解具有较好的脱硫作用。SRM 气氛下热解，除了生成的 $H_2$ 外，还可以提供多种自由基（如 $CH_3 \cdot$、$CH_2 \cdot$、$CH \cdot$、$H \cdot$ 等）来稳定含硫自由基，因而也可以获得较高的热解脱硫率。因此对于 XH 和 IM，相比于 $N_2$ 气氛下热解，加氢热解和 SRMP 过程都能够促进煤中含硫化合物的分解和转化，SRMP 过程具有更好的脱硫效果。

XH 在 $N_2$、$H_2$ 气氛下热解，半焦的硫含量在 550℃以上均呈现增加的趋势；这可能是因为无机硫在热解过程中转化为了有机硫，这一现象可以从图 7-26 中得到解释。图 7-26 为 XH 在不同气氛下热解所得半焦中不同形态硫含量随温度的变化规律。N₂、H₂ 气氛下热解，随着温度的升高，半焦的无机硫含量减小；高于 500℃后，有机硫含量呈现增加的趋势，从而导致半焦的总硫含量增加，表明存在部分无机硫转变为有机硫。而在 SRMP（CP-SRM）过程中有机硫和无机硫均随温度的升高而降低，表明了 XH 在 SRMP（CP-SRM）过程中有效地抑制了无机硫向有机硫的转变。

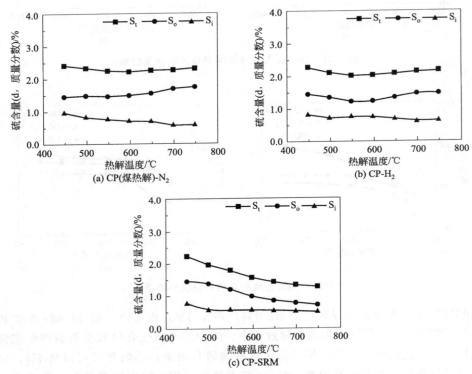

图 7-26　温度对兴和煤热解半焦中不同形态硫含量的影响

图 7-27 为温度对 IM 在不同气氛下热解所得半焦中不同形态硫含量的影响。IM 在 N₂、H₂ 气氛下热解，半焦的硫含量变化规律与 XH 呈现相似的趋势，表明 IM 在 N₂、H₂ 气氛下热解会发生部分无机硫向有机硫的转化，这是因为 IM 中含有较高的黄铁硫。煤中的黄铁硫在 350℃之前就开始分解，生成 FeS 和活性硫，这些活性硫与煤中的有机质相互作用，生成更加稳定的有机硫滞留在半焦或焦油中，或者生成的含硫气体与煤中碱性矿物质反应生成相应的硫化物滞留于半焦中，从而导致 550℃之后半焦的硫含量随温度的升高反而增加。IM 在 SRMP 过程所得半焦的硫含量也出现了增加的情况，可能是因为无机硫向有机硫的转变，也可能是含硫气体与煤中碱性矿物质反应生成相应的硫化物滞留于半焦中。

从图 7-27 中还可以发现，半焦的无机硫含量出现增加现象；这是由于含硫气体与煤中碱性矿物质反应生成相应的硫化物，而这些硫化物很难进一步分解，从而滞留于半焦中。

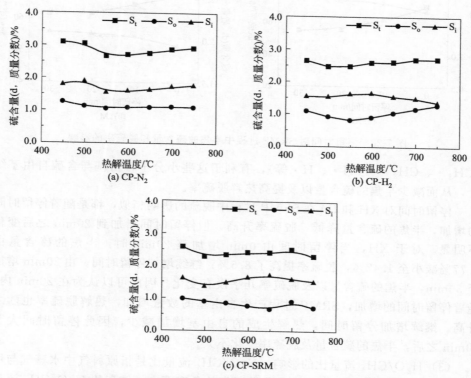

图 7-27 温度对内蒙古褐煤（IM）热解半焦不同形态硫含量的影响

（2）热解停留时间的影响　停留时间是指反应达到预设定终温后停留的时间。根据 SRMP 过程的反应机理，煤裂解生成自由基的数量对热解过程中硫的脱除具有重要影响，延长煤热解的停留时间可以增加小分子自由基的数量，但无限制地延长停留时间并没有得到理想的效果，综合考察选择较为适宜的停留时间。停留时间影响生成自由基的数量，因此对热解脱硫也有一定的影响，结果如图 7-28 所示。研究停留时间对 SRMP 过程脱硫的影响时，反应条件为：热解温度为 650℃，$H_2O/CH_4$ 流量比为 1:1，$CH_4$ 流量为 140mL/min，催化剂为 Ni/$Al_2O_3$。

从图 7-28（a）、（b）中可以发现，随着停留时间的增加，半焦的硫含量逐渐减小，脱硫率增加。根据加氢热解脱硫反应的机理，表明适当地延长停留时间，可以促使氢与含硫自由基相互结合，有利于煤中硫的脱除，从而提高脱硫率。SRMP 过程的反应机理与加氢热解相似，都是自由基的反应。因此对于 SRMP 过程，适当地延长停留时间，可以增加反应系统产生的小分子自由基

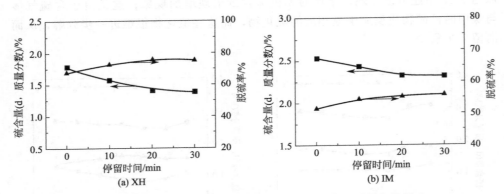

图 7-28    停留时间对 SRMP 过程中半焦的硫含量和脱硫率的影响

(CH$_3$·、CH$_2$·、CH·、H·等），有利于这些小分子自由基与含硫自由基结合，从而减少半焦的硫含量以及提高热解脱硫率。

停留时间对 XH 和 IM 在 SRMP 过程中脱硫的影响相似，都是随着停留时间的增加，半焦的硫含量降低，脱硫率升高，但停留时间增加到 20min 之后变化不明显。对于 XH，当停留时间由 0min 增加至 20min 时，半焦的硫含量由 1.77％减小至 1.42％，脱硫率提高了 8.5％；继续增加停留时间，由 20min 增加至 30min，半焦的硫含量以及脱硫率几乎没有变化。因此可以认为在 20min 内，随着停留时间的增加，SRMP 过程产生自由基的数量增加，热解脱硫率也随之升高。继续增加停留时间，热解生成的自由基增加减少，因此停留时间大于 20min 之后，半焦的硫含量及脱硫率变化不大。

（3）H$_2$O/CH$_4$ 流量比的影响    H$_2$O/CH$_4$ 流量比是指原料气中水蒸气与甲烷的摩尔比。对于 SRM 反应，从化学平衡的角度而言，较高的 H$_2$O/CH$_4$ 流量比有利于甲烷转化，而且在利于抑制积炭；但提高 H$_2$O/CH$_4$ 流量比，意味着消耗更多的蒸汽，耗能增加，因此在满足工艺条件的前提下，应尽可能地降低 H$_2$O/CH$_4$ 流量比。故对于 SRMP 过程，就需要确定一个适宜的 H$_2$O/CH$_4$ 流量比。H$_2$O/CH$_4$ 流量比对 SRMP 过程中半焦不同形态硫含量的影响见图 7-29，对 SRMP 过程中脱硫率的影响见图 7-30。研究 H$_2$O/CH$_4$ 流量比对 SRMP 过程脱硫的影响时，反应条件为：热解温度为 650℃，停留时间为 20min，CH$_4$ 流量为 140mL/min，催化剂为 Ni/Al$_2$O$_3$。

从图 7-29 和图 7-30 中可以看出，随着 H$_2$O/CH$_4$ 流量比的增加，XH 和 IM 在 SRMP 过程中具有相似的规律，都表现为半焦的硫含量降低，脱硫率提高。对于 XH，当 H$_2$O/CH$_4$ 流量比由 1∶1 增加到 3∶1 时，半焦的硫含量由 1.43％降低到 1.14％，脱硫率增加 5.5％；对于 IM，当 H$_2$O/CH$_4$ 流量比由 1∶1 增加到 3∶1 时，半焦的硫含量由 2.36％降低到 2.27％，脱硫率仅提高 1.6％。增大 H$_2$O/CH$_4$ 流量比有利于降低半焦的硫含量以及提高脱硫率，但影响幅度不是很大。由研究可知，增大 H$_2$O/CH$_4$ 流量比会降低焦油产率，对于以提高焦油产率为目的的热解是不利的，所以综合考虑焦油产率以及脱硫率，最终选择 $H_2O/CH_4$ 流量比为 $1:1$。

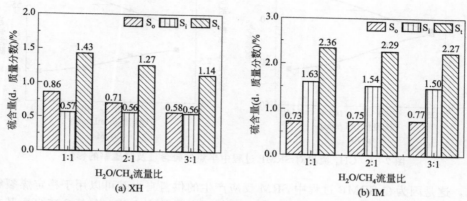

图 7-29 $H_2O/CH_4$ 流量比对 SRMP 过程中半焦不同形态硫含量的影响

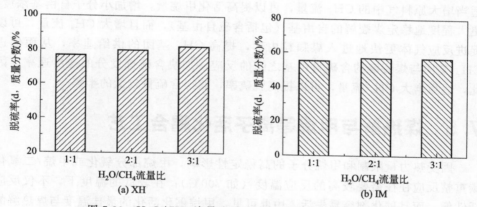

图 7-30 $H_2O/CH_4$ 流量比对 SRMP 过程中脱硫率的影响

（4）甲烷流量的影响 图 7-31 为 $CH_4$ 流量对煤在 SRMP 过程中热解半焦的硫含量以及脱硫率的影响。研究 $CH_4$ 流量在 SRMP 过程脱硫的影响时，反应条件为：热解温度为 650℃，停留时间为 20min，$H_2O/CH_4$ 流量比为 $1:1$，催化剂为 $Ni/Al_2O_3$。

从图 7-31（a）、（b）中可以发现，随着 $CH_4$ 流量的增大，XH 和 IM 均表现为半焦的硫含量降低，脱硫率提高；当 $CH_4$ 流量大于 105mL/min 时，半焦的硫含量以及脱硫率变化不大。对于 XH，$CH_4$ 流量由 35mL/min 增大至 140mL/min 时，半焦的硫含量由 1.86% 降低至 1.43%，脱硫率由 68.04% 提高至 76.60%。对于 IM，$CH_4$ 流量由 35mL/min 增大至 140mL/min 时，半焦的硫含量则由 2.63% 减小至 2.36%，脱硫率由 51.75% 增加至 56.91%。

综上所述可知，SRMP 过程可以有效地提高脱硫率，获得含硫量较低的半

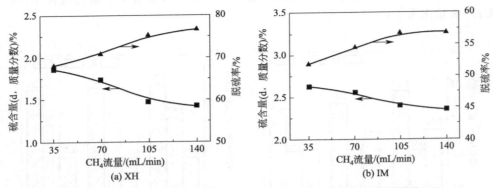

图 7-31　CH$_4$ 流量对 SRMP 过程中半焦的硫含量及脱硫率的影响

焦，这是因为在 SRMP 过程中 SRM 反应产生的供氢自由基可以用于稳定煤裂解的含硫自由基。煤在快速升温过程中可以产生大量的自由基（包括含硫自由基），需要提供与之相匹配的小分子自由基数目，来实现最大限度地稳定这些自由基。适当增大原料气中的 CH$_4$ 流量，可以提高活化甲烷量，增加小分子自由基浓度，更大程度地稳定煤裂解的自由基（包括含硫自由基）。而且增大 CH$_4$ 流量，可以促进反应气体更快地进入煤颗粒内部，提高 CH$_x$ 基团的供给速率，从而促进 CH$_x$ 基团与煤裂解的含硫自由基之间的反应，加快含硫挥发分的逸出速率。因此，适当增大 CH$_4$ 流量，可以提高脱硫率，获得含硫量较低的半焦。

## 7.5　煤热解与甲烷等离子活化耦合工艺

因受热力量限制和甲烷分子的高稳定性影响，甲烷部分氧化或甲烷/二氧化碳重整反应往往需要较高的反应温度（如 700℃）；在较低的温度下，不仅反应活性低，而且催化剂容易失活。由此可见，甲烷催化活化的最佳温度与煤热解的最佳温度间存在不匹配性，前者温度明显高于煤热解的最佳适宜温度。因此，如何实现两个反应过程温度间的匹配，是耦合过程中一个亟待解决的问题。

等离子体是与物质的气、液、固共存的另一种状态，其空间内含有丰富的高活泼性原子、分子、离子、电子和自由基等粒子；这些粒子所拥有的能量足以使反应物分子激发、离解或电离，形成高活化状态的反应物种。等离子体按照热力学平衡可分为三种：①高温等离子体，此类等离子体中电子温度、粒子温度和气体温度完全一致；②热等离子体，对应的电子、粒子和气体温度局部达到热力学一致；③冷等离子体，此类等离子体内部的电子温度很高，可达上万摄氏度，而粒子和气体的温度较低，可接近于室温。目前，实验室常采用的冷等离子体包括辉光放电、电晕放电、介质阻挡放电、火花放电、射频放电和微波等离子体等形式。用等离子体进行煤炭转化，是一种完全不同于传统煤转化形式的工艺。

胡浩权等利用冷等离子体具有较高的电子能量和较低的气体温度优点，在冷等离子体条件下，对煤热解与 $CH_4$ 活化相结合提高煤焦油进行了研究，以期望利用甲烷和 $CO_2$ 在冷等离子体条件下较低的反应温度和产生的大量自由基和粒子，解决煤热解和甲烷/二氧化碳重整不在同一温度区和煤热解产生的自由基碎片自身缩聚问题，以提高能量的利用率。

### 7.5.1　耦合实验装置

低温等离子体主要是由气体放电产生的，根据放电产生的机理、气体压强范围、电源性质和电极的几何形状，可以分为以下几种形式：辉光放电、电晕放电、介质阻挡放电、射频放电和微波放电等。高频、激光、微波和辉光放电通常是在低气压下由稀薄气体产生的。通过对各种低温等离子体产生方式的比较分析，最终选择了常压下较易实现的介质阻挡放电方式。实验装置参照图 7-1 固定床煤热解实验装置设计，不同之处在于反应器形式、加入了等离子体发生器和用于监控放电参数的示波器，如图 7-32 所示。

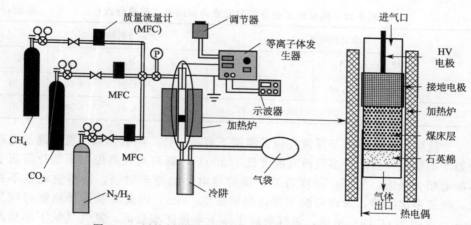

图 7-32　甲烷低温等离子体活化与煤热解耦合实验装置

首先设计了多种线筒式介质阻挡放电反应器，电极分别选择了金属螺杆电极、不锈钢管电极、金属丝网电极；介质层位于低压电极端或高压电极端；放电形式考察了单层介质阻挡放电、双层介质阻挡放电；反应器主要考察了石英管、刚玉管反应器等，并研究了不同结构反应器对 $CH_4/CO_2$ 转化性能的影响。

最终选择设计的反应器结构如图 7-33 所示。介质层为 $\phi 12mm \times 2mm$ 的石英管，高压电极为 $\phi 3mm \times 0.5mm$ 的不锈钢管，地电极为 40 目不锈钢网，放电间隙 2.5mm。

### 7.5.2　耦合过程实验

实验选取挥发分含量较高的神木烟煤（SM）和霍林河褐煤（HLH）作为研究对象，煤样粒度均为 40~60 目，其工业分析和元素分析结果见表 7-10。可以看出，相对于神木煤来说，霍林河煤具有较高的挥发分、灰分和氧含量。

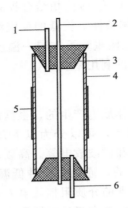

图 7-33  介质阻挡放电反应器示意图

1—气体入口；2—高压电极；3—橡皮塞；4—石英管；5—地电极；6—气体出口

表 7-10    煤样的工业分析和元素分析结果（质量分数）        单位：%

| 煤样 | 工业分析结果 | | | 元素分析结果 | | | | |
|---|---|---|---|---|---|---|---|---|
| | $M_{ad}$ | $A_d$ | $V_{daf}$ | $C_{daf}$ | $H_{daf}$ | $N_{daf}$ | $S_{daf}$ | $O_{daf}$ |
| HLH | 2.12 | 9.61 | 44.08 | 69.51 | 5.03 | 1.56 | 0.59 | 23.31 |
| SM | 5.06 | 5.36 | 35.31 | 77.46 | 4.80 | 1.04 | 0.38 | 16.31 |

介质阻挡放电等离子通常在较低温度下容易进行，随着体系温度升高放电逐渐趋于不稳定；目前大多数研究温度低于 300℃，而鲜有较高温度下的冷等离子体放电相关报道。另外，温度升高，煤的导电性能逐渐增强，使得放电很不稳定；经过多次实验，发现高温下可以稳定放电 7min，因此实验选择热解时间为 7min。由图 7-34（a）可见，氢气等离子体下半焦产率最低，氮气气氛下半焦产率最高。在较低的温度下（400～500℃），甲烷等离子体和混合气（MG）等离子体下的半焦产率与氢气等离子体下的半焦产率相当，与高温（550～650℃）加氢热解下的基本一样。但是高温下，甲烷等离子体与混合气等离子体下的半焦产率与氮气气氛下的半焦产率基本一致。

从图 7-34（b）来看，采用等离子活化与煤热解相耦合方式下的焦油收率明显高于单纯氮气或氢气气氛的焦油收率。甲烷等离子体下的焦油收率高于氢等离子体，但是低于混合气等离子体。500℃下混合气等离子体的焦油收率比热解和加氢热解下的焦油收率提高 44% 和 37%。高温下，氢等离子体对提高焦油收率影响较小。从图 7-34（c）可以看出，在 $N_2$、$H_2$ 和 $CH_4$ 等离子体条件下的水产率没有明显差异；但是混合气等离子体和氢气等离子体，尤其是后者热解条件下的水产率明显增加。

煤在热解过程中，其大分子结构上的侧链和一些官能团会发生裂解，脱离芳香核的骨架结构；在气流的带动下，裂解产生的小基团以挥发分的形式逸出，形

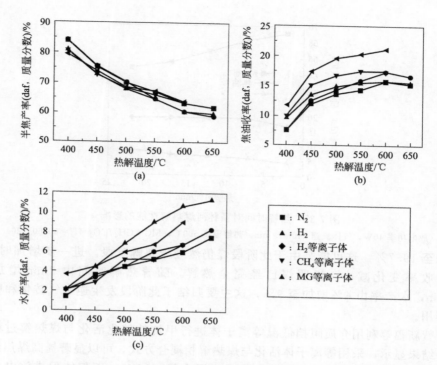

图 7-34 不同气氛下，热解温度对霍林河煤等离子耦合体系热解产物的影响
（放电功率 40W，气体流速 240mL/min，MG：$CH_4/CO_2/H_2$＝60/60/120，停留时间 7min）

成焦油和煤气。在逸出过程中，这些基团自身之间或与其他自由基之间会发生一系列复杂的反应，形成半焦、焦油或气体。若要提高焦油收率，必须抑制这些自由基的二次裂解、自由基之间的缩聚和缩合反应。等离子体气体活化会产生大量的自由基、粒子和活化的分子，当与煤热解过程耦合时，这些粒子能起到稳定煤热解产生的自由基作用，从而促进焦油收率的提高。等离子体态的 H 比常规 $H_2$ 具有更高的反应性，实验中低温 $H_2$ 等离子体对焦油收率有促进作用也说明了这一点。但在高温时，$H_2$ 从热力学上也能得到有效活化，所以在高温时，H 等离子体气氛下的焦油收率与 $H_2$ 气氛相比并无明显变化。$CH_4$ 在高温下放电时，积炭严重，且易转变为火花放电，影响耦合过程的焦油收率。混合气虽然含有50%的 $H_2$，但在高于 600℃时，也不能正常放电。

为获得一稳定介质阻挡等离子体放电，考察热解时间对霍林河煤热解性能的影响，实验选择添加一定量的 $CO_2$ 和 $H_2$ 到 $CH_4$ 气氛中形成混合气，结果如图7-35 所示。

图 7-35 为热解温度为 500℃ 时，混合气等离子体条件下霍林河煤半焦、焦油和水产率与热解时间的变化情况。随着热解时间的增加，半焦产率逐渐减少，水产率逐渐增加。反应时间由 2min 增加至 7min 时，焦油收率由 16.9%

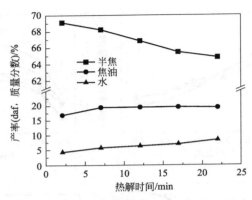

图 7-35　热解时间对霍林河煤热解性能的影响

（放电功率 40W，气体流速 240mL/min，热解温度 500℃，MG：$CH_4/CO_2/H_2$＝60/60/120）

增加至 19.7%，这可能是由于此阶段煤仍然处于裂解阶段。进一步增加时间，焦油收率变化减小，说明煤已经完全热解。随着热解时间由 2min 增加至 22min，水产率由 4% 增加至 9%，这主要归结于此阶段发生逆水气转化和甲烷化作用。

　　贺新福等利用介质阻挡低温等离子体进行甲烷的催化活化与煤热解过程耦合。结果显示，采用等离子体活化与煤热解相耦合方式，可以显著提高煤焦油产率。向 $CH_4/CO_2$ 中添加 50% 的 $H_2$ 形成混合气（MG），不仅能促进放电的稳定，还能获得较高的焦油产率；不同气氛对提高焦油产率的作用大致有如下顺序：MG-P＞$CH_4$-P≈$CH_4/H_2$-P≈$CO_2/H_2$-P＞$H_2$-P＞$H_2$＞$N_2$（符号 P 表示等离子体活化），在低温范围内（400～500℃）这种趋势更为明显。冯勇强等发现，采用火花放电等离子体活化甲烷/二氧化碳与煤热解耦合（BLG-CRMP）过程的焦油产率明显高于 $CH_4$-$CO_2$ 混合气氛（BLG-MG）和氮气气氛（BLG-$N_2$）下的热解焦油产率。在 550℃，耦合过程的焦油产率分别是 BLG-MG 和 BLG-$N_2$ 的 1.41 倍和 1.54 倍。相对于其他活化方式，等离子体甲烷活化与煤热解耦合工艺可以在较低的温度下进行，水产率较低；但是高温下放电不稳定，反应不易控制。

### 7.5.3　耦合工艺比较

　　根据甲烷活化方式不同，研究了多种甲烷活化与煤热解耦合的工艺；对各种工艺过程的优缺点进行比较，结果见表 7-11。

表 7-11　各种甲烷活化与煤热解耦合工艺的比较

| 耦合工艺 | 优点 | 缺点 |
| --- | --- | --- |
| $CH_4/O_2$ 部分氧化与煤热解耦合 | ①在相对低温度下进行<br>②甲烷部分氧化为放热反应，可为热解体系提供部分热量 | ①体系易燃易爆<br>②高压有利焦油产率提高，需要高压进行 |

续表

| 耦合工艺 | 优点 | 缺点 |
|---|---|---|
| $CH_4/CO_2$ 重整与煤热解耦合 | ①充分利用温室气体，尤其是 $CO_2$<br>②相对安全<br>③适合大型工业化实验 | ①$CH_4/CO_2$ 重整活化温度与煤热解最佳温度不匹配<br>②重整催化剂易积炭、寿命短<br>③耦合过程由于逆水煤气变换反应，导致水产率增加显著 |
| $CH_4/H_2O$ 重整与煤热解耦合 | ①甲烷/水蒸气重整已工业化<br>②相对安全 | 不适合水资源缺乏地区 |
| 甲烷芳构化与煤热解耦合 | ①在相对较低的温度下进行<br>②热解水产率低 | ①催化剂活性低、寿命短<br>②没有商业化催化剂 |
| $CH_4$ 等离子体活化与煤热解耦合 | ①在较低的温度下进行<br>②活化方式简单<br>③热解水产率低 | ①高温下放电不稳定<br>②反应器放大相对困难 |

相对于热解或加氢热解，甲烷活化与煤热解过程耦合可显著提高煤热解焦油产率，提供了提高煤焦油产率的新思路和新方法。同时，基于这一原理，小分子气体不再局限于甲烷，还可拓展至乙烷、丙烷等其他气体；在实际应用过程中，更要考虑利用富甲烷的混合煤气（如焦炉气、热解气）替代纯甲烷以降低成本。如何使这些气体经活化后与煤热解形成的自由基充分结合是关键。

与传统加氢热解提高煤焦油产率的工艺相比，部分耦合技术有望在不久的将来应用于工业，但仍有许多工作需要进一步开展。例如，目前研究工作主要集中在固定床反应器上，而且热解过程更多是间歇进行；而在工业应用时需要对耦合反应器的结构进行重新设计，在保证富甲烷气体催化活化与煤热解有效耦合的前提下实现热解过程的连续化。可以借鉴煤的流化床或移动床热解与富甲烷气体的固定床催化活化工艺，以富甲烷活化后的气体为流化介质实现两个过程充分耦合。另外，当以混合煤气为原料时，其他气体（如含硫化合物、乙烷、乙烯）会显著影响甲烷活化的催化剂性能，因此开发高活性、高稳定性和耐硫的工业应用催化剂是今后努力的方向。

## 参 考 文 献

[1] Steinberg M. Make ethylene and benzene by flash methanolysis of coal [J]. Hydrocarbon Process, 1982, 61 (11): 92-96.

[2] Calkins W H, Bonifaz C. Coal flash pyrolysis: 5. Pyrolysis in an atmosphere of methane [J]. Fuel, 1984, 63 (11): 1716-1719.

[3] Egiebor N O, Gray M R. Evidence for methane reactivity during coal pyrolysis and liquefaction [J]. Fuel, 1990, 69 (10): 1276-1982.

[4] Gerard V, Wiltowski T, Phillipps J B. Conversion of coals and chars to gases and liquids by treatment with mixtures of methane and oxygen or nitric oxide [J]. Energy & Fuels, 1989 (3): 536-537.

[5] Qin Z, Maier W F. Coal pyrolysis in the presence of methane [J]. Energy & Fuels, 1994 (8): 1033-1038.

[6]    胡浩权，刘全润．一种以甲烷为反应气提高煤热解焦油收率的方法：CN100506948C［P］．2009-07-01.

[7]    王静．甲烷部分氧化耦合煤热解过程的焦油生成规律［D］．大连：大连理工大学，2007.

[8]    刘全润．煤的热解转化和脱硫研究［D］．大连：大连理工大学，2006.

[9]    Attar A. Chemistry thermodynamics and kinetics of reactions of sulfur in coal-gas reactions：a review［J］．Fuel，1978，57（2）：201-212.

[10]    刘佳禾，胡浩权，靳立军，等．催化剂和反应条件对煤热解与甲烷二氧化碳重整耦合过程的影响［C］．海内外青年学者过程工程前沿与发展学术研讨会—面向可持续发展的过程工程，2008.

[11]    刘佳禾，靳立军，王鹏飞，等．煤热解与甲烷二氧化碳重整耦合制油过程研究［C］．第五届全国化学工程与生物化工年会，2008.

[12]    刘佳禾．煤热解与甲烷二氧化碳重整耦合制油过程研究［D］．大连：大连理工大学，2012.

[13]    周逊．甲烷芳构化与煤热解耦合提高焦油产率研究［D］．大连：大连理工大学，2011.

[14]    胡浩权，周逊，靳立军．利用烃类芳构化与煤热解耦合提高焦油产率的方法：CN102161904B［P］．2013-12-25.

[15]    郑彭．双鸭山煤热解与甲烷水蒸气重整耦合制油过程研究［D］．大连：大连理工大学，2013.

[16]    贺黎明，沈召军．甲烷的转化和利用［M］．北京：化学工业出版社，2005.

[17]    董婵．煤热解与甲烷催化重整耦合过程研究［D］．大连：大连理工大学，2016.

[18]    Dong C, Jin L J, Li Y, et al. Integrated process of coal pyrolysis wit steam reforming of methane for improving the tar yield［J］．Energy & Fuels，2014，28：7377-7384.

[19]    石巧园．煤热解与甲烷水蒸气重整耦合过程硫行为研究［D］．大连：大连理工大学，2015.

[20]    许根慧，姜思永，盛京，等．等离子体技术与应用［M］．北京：化学工业出版社，2006.

[21]    贺新福．甲烷低温等离子体活化与煤热解耦合过程研究［D］．大连：大连理工大学，2012.

[22]    He X F, Jin L J, Wang D. et al. Integrated process of coal pyrolysis with $CO_2$ reforming of methane by dielectric barrier discharge plasma［J］．Energy Fuels，2011，25：4036-4042.

[23]    冯勇强．火花放电等离子体活化 $CH_4$-$CO_2$ 重整与煤热解耦合过程研究［D］．大连：大连理工大学，2016.

[24]    Jin L J, Li Y, Feng Y O, et al. Integrated process of coal pyrolysis with $CO_2$ reforming of methane by spark discharge plasma［J］．Journal of Analytic and Applied Pyrolysis，2017，126：194-200.

*8*

# 煤热解与其他技术耦合一体化

多年来，国内外对煤热解与多领域的技术耦合一体化进行了广泛研究，为了促进其发展，除上述外，再作以下论述。

## 8.1 煤热解与热电耦合工艺

以煤热解为核心的热电耦合式工艺主要特点是：以热解气（煤气）和半焦（兰炭）为清洁燃料，由锅炉产生的蒸汽进行发电。在锅炉内充分燃烧半焦产生的高温热灰，与煤在热解炉内混合进行热解反应，生成热解气、半焦和煤焦油，煤焦油可用于生产燃料油品和高附加值的化学产品。该耦合工艺具有清洁、高效、节能、投资低、综合效益好的显著特点。

### 8.1.1 直立炉煤热解的热电耦合生产工艺

热解煤气是清洁的民用燃料和工业燃料。近些年来在陕西省榆林市的金属镁生产过程中，均采用中温热解煤气作为加热燃料，并获得良好的效果。

热解煤气用于发电有 3 种方式，分别为蒸汽机发电、燃气轮机发电和内燃机发电。

① 热解煤气用于蒸汽机发电，是将热解煤气作为蒸汽锅炉燃料燃烧，产生高压蒸汽，蒸汽进入汽轮机驱动发电机发电的（图 8-1）。此技术成熟、运行可靠、单机效率高，是我国焦化企业采用最多的发电技术。蒸汽发电机组由锅炉、凝汽式汽轮机和发电机组成。

目前在榆林市生产半焦（兰炭）的企业，已广泛应用中温热解煤气进行蒸汽机发电，如一座年产 60 万吨半焦的工厂，利用剩余的煤气约 $6\times10^4\,m^3/h$，可配套 $2\times15MW$ 的发电机组。将低温热解煤气用作发电燃料，在实际生产中 $1.5m^3$ 兰炭煤气

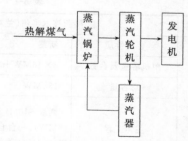

图 8-1 蒸汽机发电流程

可发 1kW·h 电。

② 燃气-蒸汽联合循环发电是用热解煤气直接燃烧驱动燃气轮机,再带动发电机组发电的。燃气轮机的叶轮式压缩机从外部吸收空气,压缩后送入燃烧室;同时气体燃料喷入燃烧室与高温压缩空气混合,在定压下进行燃烧。燃料的化学能在燃气轮机的燃烧器中通过燃烧转化为烟气的热能,高温烟气在燃气轮机中做功,带动燃气轮机发电机组转子转动,使烟气的热能部分转化为推动燃气轮机发电机组转动的机械能,燃气轮机发电机组转动的部分机械能通过带动发电机磁场在发电机定子中旋转转化为电能;做功后的中温烟气在余热锅炉中与水进行热交换将其热能转化为蒸汽的热能,蒸汽膨胀做功,将热能转换为机械能,汽轮机带动发电机,将机械能转化为电能,再经配电装置由输电线路送出(图 8-2)。

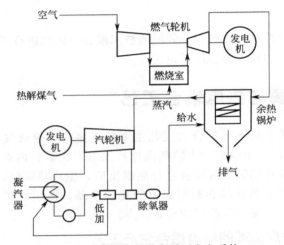

图 8-2  燃气-蒸汽联合循环发电系统

该技术具有效率高、投资小、占地少、回收周期短的优势,同时还具有启动迅速,运行稳定、故障率低,维修工作量小,结构简单、灵活方便,自动化程度高、燃料适应范围广等特点。陕北榆林神木孙家岔工业园区,年产半焦 120 万吨,年产副产品中温热解煤气约 15.2 亿立方米,将中温热解煤气用于燃气-蒸汽联合循环发电的设计方案见表 8-1。

表 8-1  项目基本构成

| 项目名称 | | 陕西神木半焦(兰炭)煤气燃气-蒸汽联合循环发电工程 |
|---|---|---|
| 规模 | 建设性质 | 新建 |
| | 单机容量及台数 | 2×46MW+2×20MW |
| | 总容量 | 132MW |
| | 主体工程 | 两套 S106B 多抽型机组,每套由一台 PG6581B 型燃气轮机组(额定为46MW)、一台自除氧单压余热锅炉(70t/h)和一台凝汽式蒸汽轮发电机组(20MW)联合组成燃气-蒸汽联合循环发电机组 |

续表

| 项目名称 | | 陕西神木半焦（兰炭）煤气燃气-蒸汽联合循环发电工程 |
|---|---|---|
| 配套工程 | 烟囱 | 30m 高，出口内径 3.0m |
| | 输气管道 | 总长约 35km |

## 8.1.2　流化床热解的热电耦合工业性试验

浙江大学是国内较早开发以煤热解气化为核心的煤分级转化综合利用的研究单位之一。早在 1981 年就提出了循环流化床煤热解气化热、电、气多联产综合利用方案。为了验证方案的可行性，浙江大学在教育部博士点基金、国家"八五"攻关项目的资助下，在其实验室建立了一套 1MW 的热态试验装置，并对不同的煤种和不同运行参数进行了大量试验，证实了技术上和工艺上的可行性，先后申请了两项国家发明专利。利用该技术开发了 12MW 及 25MW 的循环流化床多联产装置。在此对其开发的 75t/h 循环流化床多联产装置加以介绍。

（1）生产工艺过程　浙江大学和淮南矿业集团合作，在淮南新庄孜电厂建立了 75t/h 的循环流化床多联产装置。该装置本体主要由两部分组成：①循环流化床锅炉半焦燃烧发电系统：产生蒸汽用于供热及发电，并为流化床热解炉提供热载体；②流化床热解炉：产生煤气、焦油及半焦。设计采用双循环回路，既可实现热、电、气、焦油多联产运行，也可实现循环流化床锅炉独立运行；这样保证了热解炉检修时，电厂仍能正常发电。整个装置系统流程如图 8-3 所示。

试验用煤为淮南烟煤，粒径范围为 0～8mm，其工业分析、元素分析结果以及格金干馏焦油产率见表 8-2。

**表 8-2　试验用煤工业分析、元素分析结果及格金干馏焦油产率**（质量分数）单位：%

| 工业分析结果 | | | | $Q_{net,ar}$ /(MJ/kg) | 元素分析结果 | | | | | 格金干馏焦油产率 |
|---|---|---|---|---|---|---|---|---|---|---|
| $M_{ad}$ | $A_{ad}$ | $V_{ad}$ | $FC_{ad}$ | | $C_{ad}$ | $H_{ad}$ | $N_{ad}$ | $S_{t,ad}$ | $O_{ad}$ | |
| 2.07 | 30.41 | 28.78 | 38.74 | 21.43 | 54.72 | 4.65 | 0.98 | 0.25 | 6.92 | 9.70 |

烟煤从热解炉给煤口进入后，与由锅炉旋风分离器来的循环灰混合，在 600℃左右的温度下进行热解，产生的粗煤气、焦油雾及细灰渣颗粒进入热解炉旋风分离器除尘；经除尘后的粗煤气进入煤气净化系统，经急冷塔和电捕焦油器冷却捕集焦油后，再经煤气鼓风机加压；部分净化后的煤气送回热解炉作为流化介质，其余则进入脱硫等设备继续净化后再利用。热解后的剩余半焦和循环灰一起通过返料机构进入锅炉燃烧。锅炉内大量的高温物料随高温烟气一起通过炉膛出口进入旋风分离器，经分离后的烟气进入锅炉尾部烟道，先后经过热器、再热器、省煤器及空气预热器等受热面产生蒸汽用于供热和发电。被分离下来的高温灰经分离器立管进入返料机构，一部分高温灰通过高温灰渣阀进入热解炉，其余则直接送到锅炉炉膛。

（2）装置运行特性　75t/h 多联产装置已经过一系列的系统调试、试运行、

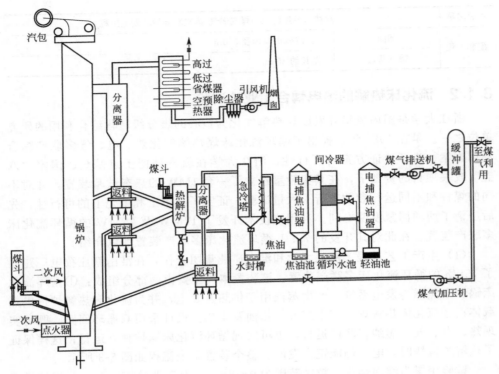

图 8-3　多联产系统流程

72t/h 连续运行以及近 20 天的试生产。该装置的典型运行特性及温度分布如图
8-4、图 8-5 和表 8-3 所示。由此可见，循环流化床锅炉和流化床热解炉联运时，
锅炉典型运行参数与单独运行时基本一致。通过调整进入热解炉内的高温灰热载
体，可方便地调整热解温度，并能够与锅炉一起稳定地运行。由表 8-3 可知，热
解炉运行温度为 580℃，给煤量为 10t/h 时，煤气及焦油的产量分别为 1100m³/h
及 1t/h，焦油产率为收到基煤质量的 10%。

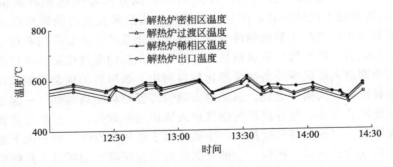

图 8-4　典型运行工况热解炉温度分布

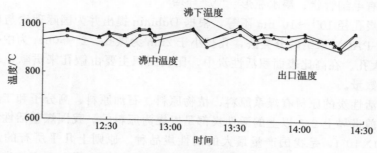

图 8-5  典型运行工况锅炉温度分布

表 8-3  多联产装置典型运行特性

| 参数 | 锅炉 | | 热解炉 |
|---|---|---|---|
| | 热解炉投运 | 热解炉停运 | |
| 床温/℃ | 940 | 950 | 580 |
| 风量/(m³/h) | 42000 | 40000 | 2800 |
| 给煤量/(t/h) | 2 | 9.5 | 10 |
| 煤气量/(m³/h) | — | — | 1100 |
| 焦油量/(t/h) | — | — | 1 |
| 主蒸汽量/(t/h) | 68 | 68 | — |
| 排烟温度/℃ | 136 | 137 | — |
| 发电量/MW | 12 | 12 | — |

## 8.2  煤热解与制备活性炭耦合工艺

活性炭是具有大的比表面积、优良的吸附性能和稳定的物理化学性质的碳基吸附材料,因此被广泛应用于工业、农业、军事防护和人们日常生活的许多领域,如脱色精制、空气净化、有毒有害气体脱除、催化剂和催化剂载体等方面;并且随着经济的不断发展和人们生活水平的逐步提高,其应用领域和使用量还将稳步增长。

### 8.2.1  活性炭概述

经过 100 多年的发展,目前全世界活性炭产量达 70 万吨/年,中国的活性炭产量为 26 万吨/年,位居世界前列。

活性炭是一种以石墨微晶为基础的无定形结构,其中微晶是二维有序的,另一维是不规则交联六角形空间格。石墨微晶单位很小,厚度约 0.9~1.2nm(3~4 倍石墨层厚),宽度约 2~2.3nm。这种结构注定活性炭具有发达的微孔结构;

微孔形状有毛细管状、墨水瓶形、"V"形等。

活性炭孔径 $10^{-1} \sim 10^4 nm$ 不等，根据 Dubinin 提出并为国际理论与应用化学协会（IU-PAC）采纳的分类法，孔径小于 2nm 为微孔，$2 \sim 50nm$ 为中孔，大于 50nm 为大孔。在高比表面积活性炭中，比表面积主要由微孔来贡献，尽量减少中大孔的数量。

制造活性炭的原料有煤系原料、植物原料、石油原料、高分子和工业废料及其他。当前世界上 2/3 以上的活性炭都是以煤为原料的。我国煤基活性炭总产量已超过 $10 \times 10^4 t$，是我国产量最大的活性炭品种。原则上几乎所有的煤都可以作为活性炭的原料，但是不同煤制得的活性炭性能不同，煤化程度较高的煤种制成的活性炭具有发达的微孔结构，中孔较少；而煤化程度较低的煤种制成的活性炭中孔结构一般较发达。活性炭的比表面积通常在 $1500m^2/g$ 左右，随着科学技术的发展，市场对高比表面积活性炭的需求量越来越大，尤其是大于 $2000m^2/g$ 的高比表面积活性炭在双层电容器的成功应用，使得对高比表面积活性炭的制备与应用的研究得到广大科学工作者的极大关注。

除了传统的粉末状和颗粒状活性炭外，新品种开发的进展也很快，如球状活性炭、纤维状活性炭、活性炭毡、活性炭布和具有特殊表面性质的活性炭等。另外，在煤加工过程中得到的固体产物或残渣，如热解兰炭、废弃的焦粉、超临界抽提残煤和煤液化残渣等也可加工成活性炭或其代用品，它们的生产成本更低，用于煤加工过程的三废治理更加适宜。

目前世界各国生产活性炭的工艺路线有三条：一是物理活化法（气体活化法）；二是化学活化法；三是催化活化法（物理化学活化法）。

目前国内以不同煤种为原料生产活性炭的企业基本都采用物理活化法，采用的活化剂主要为水蒸气，主要生产工艺流程有原煤破碎、柱状成型、压块（或压片）成型 3 种。

在破碎活性炭生产工艺中，首先将原料煤破碎、筛分成合格粒度的原料，再通过炭化、活化过程，最终得到破碎状颗粒活性炭。产品主要用于工业废水处理，部分大颗粒产品可用于焦糖脱色、味精提纯；副产品粉状活性炭可用于水处理，也可用于垃圾焚烧的废气净化处理。

此工艺是煤基活性炭生产中较为简单的一种生产工艺，生产成本较低，设备投资较少，较适合具有较高物理强度和反应活性的原料煤，但对于无烟煤及其他化学活性相对较低的煤种则不太适合。由于山西大同煤主要为弱黏煤，化学活性好，因此大同的大多数活性炭生产企业采用此工艺，其工艺过程如图 8-6 所示。

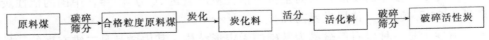

图 8-6  破碎活性炭生产工艺过程

成型活性炭生产工艺是将原料煤通过磨粉、造粒、炭化和活化生产颗粒活性炭的过程。根据造粒的形状，应用较多的有柱状和压块（或压片）两种。

柱状活性炭生产工艺是一种常见的成型生产工艺。首先要将原料煤磨粉到一定细度（一般为95％以上通过0.08mm），加入适量的黏结剂（常用煤焦油）和水在一定温度下捏合、挤压成炭条；炭条干燥后，再经炭化、活化即为柱状活性炭成品；成品有时需要按照市场需求进行酸洗、浸渍等处理。此工艺在国内外规模化工业生产已有几十年的历史，工艺技术比较成熟，对原料适应比较广泛，可生产高、中、低档各类活性炭品种；产品强度高，质量指标可调范围广，既可用于气相处理，也可用于液相处理。目前该工艺在国内应用比较普遍，其工艺过程如图8-7所示。

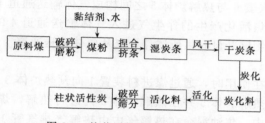

图8-7 柱状活性炭生产工艺过程

在压块（或压片）活性炭生产工艺中，首先向原料煤中加入一定数量的添加剂或催化剂（有时加入少量固态黏结剂）；磨成煤粉（一般要求80％以上通过0.043mm）后，利用干法高压成型设备对混合均匀的粉料进行压块（或压片）；破碎、筛分后再经炭化、活化，即得到压块（或压片）活性炭成品。由于磨粉干法造粒一般要求原料煤具有一定的黏结性，因而此工艺只对具有一定黏结性的烟煤或低变质程度的烟煤适用，而对高变质程度的无烟煤及没有黏结性的褐煤并不适用。压块活性炭生产工艺可生产高、中、低档各类活性炭，质量指标可调范围广，产品一般强度较高且中孔较为发达，非常适合用于液相处理，其工艺过程如图8-8所示。

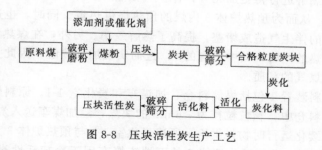

图8-8 压块活性炭生产工艺

## 8.2.2 耦合一体化

由上述可知，传统的煤制活性炭工艺，是将炭化（热解或干馏）与活化分离为两个工序，不仅工艺过程复杂，而且会造成能量浪费。周安宁等在专利CN105036127A中，提供了一种煤热解和活性炭生产的一体化装置。该一体化装置能够有效提高热解和活化效率，并有效提高了焦油产率，可同时生产出高品质煤气、焦油和活性炭，提高了煤炭分质加工利用的附加值。

图 8-9 所示的一种煤热解和活性炭生产的一体化装置，包括隔热夹套 6、用于对煤进行预热的预热炉体 3、用于对预热后的煤进行热解的热解炉体 5、用于对热解产生的半焦进行活化处理的活化炉体 7 和用于向活化炉体 7 内输入气体活化剂的活化剂输送管 11，所述预热炉体 3、热解炉体 5 和活化炉体 7 由上向下依次连通，所述预热炉体 3、热解炉体 5 和活化炉体 7 均设置在所述隔热夹套 6 内，所述活化炉体 7 与隔热夹套 6 之间构成用于容纳活化加热气体的活化炉体加热腔 8，所述隔热夹套 6 与热解炉体 5 之间构成气体输送通道 4，所述活化炉体 7 上开设有用于使半焦活化产生的伴生气进入气体输送通道 4 的伴生气出口 7-1，所述热解炉体 5 的侧壁开设有供所述伴生气从气体输送通道 4 进入热解炉体 5 的气体热载体进口 5-1。

该一体化装置在使用时，通过煤进料装置 1 向预热炉体 3 内输入块煤，预热后的块煤下落进入热解炉体 5 并在热解炉体 5 内进行热解，煤热解后产生焦油、热解气和半焦；其中，焦油混合在热解气中由热解气排气管 12 排出，半焦则下落至活化炉体 7 内进行活化并生成活性炭；半焦在活化炉体 7 内活化时所需要的热量是由通入活化炉体加热腔 8 内的活化加热气体提供的，并且所述活化加热气体为活化炉体 7 进行间接加热。

由于通入的气体活化剂为水蒸气和二氧化碳的混合气体，因此在半焦活化的过程中，产生了伴生气，即 CO 和 $H_2$ 的混合气体。所述伴生气分两路进入热解炉体 5 内，其中，一路伴生气通过伴生气出口 7-1 进入气体输送通道 4 内，再由气体输入通道 4 经气体热载体进口 5-1 横向进入热解炉体 5 内；另一路伴生气向上由热解炉体 5 的下端进入热解炉体 5 内，即伴生气纵向进入热解炉体 5。进入热解炉体 5 内的伴生气能有效加热热解炉体 5 内的块煤，为热解提供热量，并且由于伴生气分纵向和横向两路进入热解炉体 5，因此其能够更加均匀地加热块煤，使块煤的热解进行得更加充分；伴生气在热解炉体 5 内加热煤以后继续上升至预热炉体 3，从而为预热炉体 3 内煤的预热提供热量。同时，也避免下降的半焦对纵向上升的伴生气造成堵塞，提高了热解效率。另外，在煤热解时，由于伴生气在给煤加热的同时，其中所含的 $H_2$ 进而实现加氢热解，因此大大地提高了焦油的产率和煤气的品质。

所述煤进料装置 1 包括煤储料仓、加煤车和炭化室 1-1。原料煤经破碎、筛分后送入煤储料仓中，颗粒粒径为 ≥6mm 的块煤，经加煤车送入炭化室 1-1。同时，为满足连续化运行时物料供给，所述炭化室 1-1 与预热炉体 3 直接相连。

如图 8-9 所示，所述活化炉体 7 的下端连接有用于冷却活性炭的冷却装置。通过设置冷却装置，能够对活化炉体 7 输出的活性炭进行有效的冷却。

所述冷却装置包括初级冷却机构 18 和与所述初级冷却机构 18 连接的次级冷

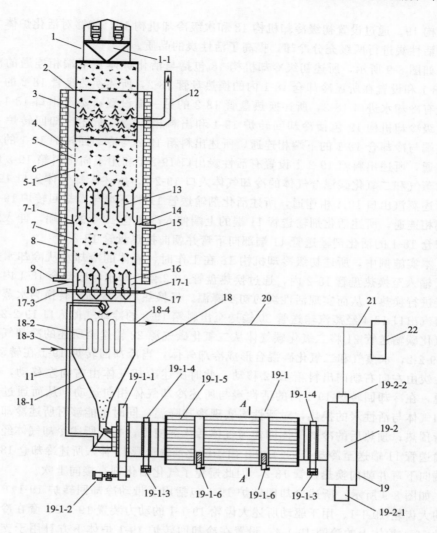

图 8-9 煤热解和活性炭生产的一体化装置

1—煤进料装置；1-1—炭化室；2—上隔板；3—预热炉体；4—气体输送通道；5—热解炉体；5-1—气体热载体进口；6—隔热夹套；7—活化炉体；7-1—伴生气出口；8—活化炉体加热腔；9—活化加热气入口；10—下隔板；11—活化剂输送管；12—热解气排气管；13—半焦引导板；14—中间隔板；15—活化加热气出口；16—活性炭引导板；17—下料控制机构；17-1—下料控制板；17-2—下料孔（图 8-11）；17-3—驱动装置；18—初级冷却机构；18-1—冷却仓；18-2—换热盘管；18-3—冷却水进口；18-4—蒸汽出口；19—次级冷却机构；19-1—冷却回转炉；19-1-1—大齿轮；19-1-2—动力装置；19-1-3—托轮座；19-1-4—滚圈；19-1-5—散热板；19-1-6—支座；19-1-7—翻搅板（图 8-10）；19-2—出料箱；19-2-1—活性炭出口；19-2-2—冷却气体入口；20—蒸汽输送管；21—二氧化碳输送管；22—二氧化碳气源

却机构 19。通过设置初级冷却机构 18 和次级冷却机构 19，能够对活化炉体 7 输出的活性炭进行两级充分冷却，提高了活性炭的品质。

如图 8-9 所示，所述初级冷却机构 18 包括与活化炉体 7 下端相连通的冷却仓 18-1 和设置在所述冷却仓 18-1 内的换热盘管 18-2，所述换热盘管 18-2 的一端设置有冷却水进口 18-3，所述换热盘管 18-2 的另一端设置有蒸汽出口 18-4；所述次级冷却机构 19 包括冷却回转炉 19-1 和出料箱 19-2，所述冷却回转炉 19-1 的左端与冷却仓 18-1 的下端相连通，所述出料箱 19-2 与冷却回转炉 19-1 的右端相连通，所述出料箱 19-2 上设置有活性炭出口 19-2-1 和用于向出料箱 19-2 内通入水蒸气和二氧化碳混合气体的冷却气体入口 19-2-2，所述冷却气体入口 19-2-2 与所述蒸汽出口 18-4 相连通，所述活化剂输送管 11 的下端与冷却回转炉 19-1 的左端相连通，所述活化剂输送管 11 端的上端伸入冷却仓 18-1 的上端，伸入所述冷却仓 18-1 的活化剂输送管 11 端部向下弯并朝向换热盘管 18-2。

本实施例中，所述初级冷却机构 18 在工作时，液体的冷却水从冷却水进口 18-3 输入至换热盘管 18-2 内，通过换热盘管 18-2 使冷却水与冷却仓 18-1 内的活性炭进行换热，从而实现活性炭的初步降温。经换热后的冷却水转换为水蒸气并从蒸汽出口 18-4 经蒸汽输送管 20 输送至出料箱 19-2 的冷却气体入口 19-2-2，由二氧化碳输送管 21 将二氧化碳气体从二氧化碳气源 22 输送至所述的冷却气体入口 19-2-2，水蒸气和二氧化碳混合形成冷却气体；当冷却回转炉 19-1 在转动时，活性炭由左向右朝向出料箱 19-2 移动，此时所述冷却气体由右向左移动，也就是说，在冷却回转炉 19-1 内的活性炭与所述冷却气体相向运动，从而通过所述冷却气体与活性炭的换热，对活性炭实现冷却降温，同时也能够对所述冷却气体进行预热；预热后的冷却气体即作为气体活化剂使用，并且所述冷却气体经活化剂输送管 11 输送至冷却仓 18-1 内，由于活化剂输送管 11 伸入所述冷却仓 18-1 的一端向下弯并朝向换热盘管 18-2，因此避免了气化活化剂直接向上吹。

如图 8-9 所示，所述冷却回转炉 19-1 包括用于带动冷却回转炉 19-1 炉体转动的大齿轮 19-1-1、用于驱动所述大齿轮 19-1-1 的动力装置 19-1-2、套在冷却回转炉 19-1 炉体上的滚圈 19-1-4、设置在冷却回转炉 19-1 炉体下方且用于支撑所述滚圈 19-1-4 的托轮座 19-1-3 和用于支撑冷却回转炉 19-1 炉体的支座 19-1-6。其中，所述动力装置 19-1-2 包括电动机和与电动机传动连接的减速机，所述减速机的输出轴上安装有与所述大齿轮 19-1-1 相啮合的小齿轮。

如图 8-9 和图 8-10 所示，所述冷却回转炉 19-1 的外侧壁设置有散热板 19-1-5。通过设置散热板 19-1-5，能够提高冷却回转炉 19-1 的散热效率，进而也提高了冷却回转炉 19-1 对活性炭的冷却效率。所述散热板 19-1-5 可以沿冷却回转炉 19-1 的长度方向布设，此时所述散热板 19-1-5 为条形板（图 8-9）。另外，所述散热板 19-1-5 也可以绕冷却回转炉 19-1 呈圆环形布设。

如图 8-10 所示，所述冷却回转炉 19-1 的内壁设置有用于在冷却回转炉 19-1 转动时翻搅活性炭的翻搅板 19-1-7。通过设置翻搅板 19-1-7，能够在冷却回转炉 19-1 转动时，对活性炭不断翻搅，使得活性炭与所述冷却气体能充分地接触，

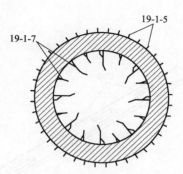

图 8-10　图 8-9 的 $A—A$ 断面图

从而对活性炭实现全面、充分的冷却降温。

如图 8-9 所示，所述活化炉体 7 内设置有竖直布设的多个活性炭引导板 16，相邻两个活性炭引导板 16 之间构成活性炭下料通道。通过设置活性炭下料通道，能够引导活性炭有序地下落至冷却仓 18-1。

如图 8-9 和图 8-11 所示，所述活化炉体 7 内设置有用于开启或关闭所述活性炭下料通道的下料控制机构 17，所述下料控制机构 17 包括用于穿过多个活性炭引导板 16 和活化炉体 7 炉壁的下料控制板 17-1，所述下料控制板 17-1 上开设有多个下料孔 17-2，所述下料控制板 17-1 的一端连接有用于带动其左右往复移动以使下料孔 17-2 与所述活性炭下料通道相对应或相错开的驱动装置 17-3。通过设置下料控制机构 17，能够有效地控制活性炭进入冷却仓 18-1 的下料量。本实施例中，所述驱动装置 17-3 采用气缸，通过气缸活塞杆的伸出或缩回，从而带动下料控制板 17-1 左右往复移动，以实现下料孔 17-2 与所述活性炭下料通道相对应开启下料，或下料孔 17-2 与所述活性炭下料通道相错开关闭下料。

如图 8-9 所示，所述隔热夹套 6 的上端与预热炉体 3 之间设置有上隔板 2，所述隔热夹套 6 的下端与活化炉体 7 之间设置有下隔板 10，所述隔热夹套 6 与活化炉体 7 的上端之间设置有中间隔板 14；所述活化炉体 7、下隔板 10、隔热夹套 6 和中间隔板 14 围成所述活化炉体加热腔 8，所述隔热夹套 6、上隔板 2、预热炉体 3、热解炉体 5 和中间隔板 14 围成所述气体输送通道 4；所述隔热夹套 6 上开设有活化加热气入口 9 和活化加热气出口 15，所述活化加热气入口 9 和活化加热气出口 15 均与活化炉体加热腔 8 相通；通过设置上隔板 2、下隔板 10 和中间隔板 14，能够巧妙地在隔热夹套 6 与热解炉体 5 之间形成气体输送通道 4，以及在隔热夹套 6 与活化炉体 7 之间形成活化炉体加热腔 8。

多年来刘长波、章兴德等对兰炭制活性炭工艺及性能进行了一系列研究，并实现了工业化生产，但产能较低。为了降低活性炭的生产成本，刘洪春等在专利 105621410B 中，提供了一种活性炭生产工艺，利用现有外热式低阶粉煤干馏炉

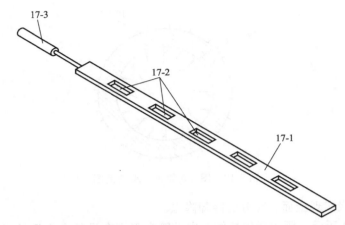

图 8-11　下料控制板与驱动装置的连接关系示意图

生产兰炭的工艺条件进一步实现活性炭的生产，产量与传统活性炭生产工艺相比有大幅度提高；不需要额外增加废水废气处理系统，可有效降低能耗，清洁环保。

图 8-12 是活性炭的工艺过程，包括如下步骤：

① 低阶粉煤在外热式低阶粉煤干馏炉炭化室 1 内自上而下连续移动，先后经干燥段除水和干馏段进行中低温干馏；干馏后生成的兰炭自流入高温段，高温段中兰炭的温度在 600～900℃。

② 在高温段设蒸汽供入装置 3，700～1000℃高温蒸汽通过蒸汽供入装置 3 进入炭化室 1 的高温段，并在穿过兰炭层的过程中与兰炭发生活化反应得到粉状的活性炭，活性炭由下部熄焦冷却后排出；反应后产生的气体由设在炭化室 1 内的气道收集后排出。

高温蒸汽由蒸汽热风炉 4 产生，蒸汽热风炉 4 由低阶粉煤干馏炉产生的煤气燃烧提供热源。

外热式低阶粉煤干馏炉采用连续生产方式，粉煤由炭化室 1 上部加入、下部排出；炭化室 1 由上至下分为预热段、干馏段、高温段和冷却段。

如图 8-12（b）～（d）所示，所述蒸汽供入装置 3 安装在炭化室 1 中部，纵向贯穿整个炭化室 1；由沿高向并排设置的数个蒸汽输送管道 5 组成；蒸汽输送管道 5 沿轴向和周向均匀设置多个蒸汽排放孔 6，蒸汽由各蒸汽排放孔 6 进入兰炭层；蒸汽输送管道 5 截面形状为圆形、方形、三角形或扇形。

在活性炭生产过程中，煤料和气体流向如图 8-12 所示。图中大箭头表示粉煤料流向，小箭头表示蒸汽和活化产生气体的流向；低阶粉煤由干馏炉炉顶装入，经过预热段、干馏段、高温段后，由下部熄焦箱 2 冷却后排出，完成整个干馏过程，其余生产工艺参数应符合兰炭生产要求。

高温段的高温兰炭（约 600～900℃）即活性炭生产原料。利用兰炭生产过程中高温段的高温环境，在高温段直接通入 700～1000℃高温蒸汽使兰炭活化。蒸汽通过蒸汽热风炉 4 加热到 700～1000℃后由炭化室 1 高温段的端墙进入安装在炭化室 1 宽向心位置的蒸汽供入装置 3。再通过蒸汽供入装置 3 上的蒸汽排放孔 6 进入高温兰炭层，兰炭在由上至下顺行的过程中，高温蒸汽逆向穿过兰炭层与兰炭进行活化反应。高温蒸汽与高温兰炭反应产生的气体（主要是 $H_2$ 和 CO）穿过兰炭层，经由炭化室 1 的集气道和砖煤气道进入炉顶的上升管，与干馏产生的荒煤气一并处理。

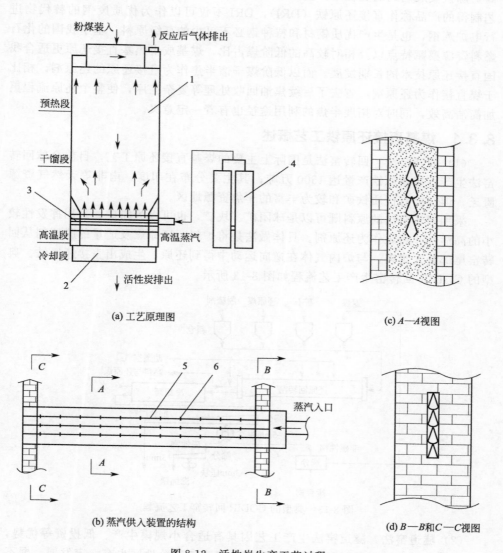

(a) 工艺原理图　　　　　　　　　(c) A—A视图

(b) 蒸汽供入装置的结构　　　　　(d) B—B和C—C视图

图 8-12　活性炭生产工艺过程

1—炭化室；2—熄焦箱；3—蒸汽供入装置；4—蒸汽热风炉；5—蒸汽输送管道；6—蒸汽排放孔

## 8.3　煤热解与半焦直接还原铁耦合工艺

目前，我国钢铁行业已经由大规模快速发展时期进入到结构调整和转型升级的阶段，但由于我国优质焦煤资源有限以及日益增加的环保及能耗要求，高炉炼铁作为世界钢铁生产的主要方法，未来的发展在一定程度上受到了制约。在突破高炉炼铁发展制约的过程中，直接还原工艺受到越来越多的瞩目。由直接还原工艺制得的产品称作直接还原铁（DRI），DRI不仅可以作为优质废钢的替代物进行电炉炼钢，也是生产优质钢材和特种钢必不可少的高级原料。基于我国的化石燃料资源禀赋特点以及相对较高的低阶煤占比，煤基或半焦基直接还原更适合我国直接还原技术的长期发展。而以低阶煤干馏半焦作为直接还原的还原剂，相比于煤直接作为还原剂，省去了后续焦油回收处理等复杂工序，使整个还原流程更加简洁高效，同时对拓展半焦的利用途径也有着一定意义。

### 8.3.1　煤基直接还原铁工艺概述

（1）回转窑法　回转窑法是国际上主要的煤基直接还原工艺，目前全球回转窑法生产直接还原铁产量达1500万吨；其主要分布在印度、南非等天然气资源匮乏，但却拥有优质铁矿和较为丰富的非焦资源地区。

采用回转窑法的原料既可以是球团矿、块矿，也可以为粉矿；采用挥发性较小的高活性非焦煤作为还原剂。具体做法是将炉料、还原煤及适量的脱硫剂从回转窑尾部装入窑内，与炉内气体在逆向运动中得到还原，生成出直接还原铁。典型的CODIR回转窑生产工艺流程如图8-13所示。

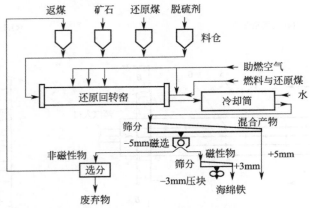

图8-13　典型的CODIR回转窑工艺流程

（2）隧道窑法　隧道窑法生产工艺因具有适合小规模生产、低投资等优势，一段时期内在我国发展迅猛，另外在印度、东南亚部分地区也有一定发展。据不完全统计，我国已经建成或准备建设生产直接还原铁的隧道窑多达200余座，年产能超过400万吨；其技术特点突出体现在单机生产能力普遍较小，通常低于5

万吨/年，技术管理水平相对较低等方面，生产过程能耗、环保水平及产品质量稳定性是限制其发展的重大障碍。

隧道窑法是古老的炼铁方法之一，其主要流程是将含铁原料、还原剂及脱硫剂按照一定比例，分别装入还原罐中；放在台车上推入隧道窑中，通过煤气或天然气点燃，进行预热；在 1000～1200℃ 的条件下进行还原，经过持续还原和冷却，生成直接还原铁。主要工艺过程见图 8-14。

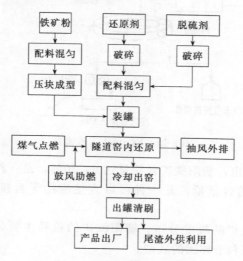

图 8-14 隧道窑工艺过程

（3）转底炉法 转底炉工艺法以 Fastmet 工艺为主要代表。Fastmet 工艺流程如图 8-15 所示。该工艺流程为：首先将含铁废料、还原剂和黏结剂混合均匀，然后送入造球系统制得含碳球团；球团经过干燥去除水分后，送入转底炉中并均匀地铺在炉底上，铺料的厚度约为 1～3 个球团的高度。随着转底炉的旋转，含碳球团被加热至 1250～1350℃，然后被还原成海绵铁，得到的海绵铁经过螺旋出料机排出炉外。该工艺对原料和还原剂的要求不高，使得原料的适用性强，但由于黏结剂的加入使得直接还原铁产品的全铁含量低、杂质含量高。

## 8.3.2 半焦直接还原铁矿石研究

张延辉等对半焦直接还原铁矿石作了较系统的研究。

### 8.3.2.1 原材料和工艺过程

（1）原材料 实验选用朝阳铁矿作铁矿石样品，其组成成分见表 8-4。

表 8-4 朝阳铁矿石组成成分（质量分数）　　　　　　　　单位：%

| 矿种 | TFe | $SiO_2$ | $Al_2O_3$ | CaO | $TiO_2$ | $SO_3$ | MgO | MnO | $K_2O$ |
|------|------|---------|-----------|------|---------|--------|------|------|--------|
| 朝阳铁矿 | 66.10 | 2.98 | 0.63 | 0.51 | 0.46 | 0.46 | 0.34 | 0.08 | 0.08 |

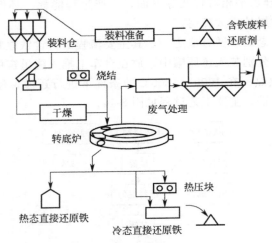

图 8-15　Fastmet 工艺流程

由表 8-4 可以看出，朝阳铁矿含铁量达 66.10％，是一种高品位铁矿石；并且有害杂质元素 S 的含量低，是一种可以直接应用于直接还原工艺的优质铁矿石。

表 8-5 为朝阳铁矿的粒度分布。朝阳铁矿的粒径主要分布在 1～340μm 之间，颗粒粒度小，有利于球团的成型。

**表 8-5　朝阳铁矿粒度分布**　　　　　　　　　　　单位:%

| 粒度/μm | 145～340 | 95～145 | 50～95 | 10～50 | 1～10 | 0.3～1 |
|---|---|---|---|---|---|---|
| 朝阳铁矿 | 12.54 | 16.05 | 25.15 | 35.11 | 9.87 | 1.28 |

实验选用红柳林长焰煤作为制取还原剂半焦的原料，表 8-6 列出了其工业分析和元素分析结果。原煤经球磨机研磨至 0.2mm 以下备用。

**表 8-6　红柳林长焰煤的工业分析和元素分析结果（质量分数）**　　单位:%

| 原煤 | 工业分析结果 | | | | 元素分析结果 | | | | |
|---|---|---|---|---|---|---|---|---|---|
| | $M_{ad}$ | $A_d$ | $V_{daf}$ | $FC_{daf}$ | $C_{daf}$ | $H_{daf}$ | $N_{daf}$ | $S_{t,daf}$ | $O_{daf}$ |
| 红柳林 | 10.60 | 9.45 | 36.06 | 63.94 | 80.45 | 4.80 | 1.09 | 0.40 | 13.25 |

红柳林长焰煤在常压 550℃条件下，热解制得还原剂半焦，其工业分析结果见表 8-7。

**表 8-7　还原剂半焦的工业分析结果（质量分数）**　　单位:%

| 样品 | $M_{ad}$ | $A_d$ | $V_{daf}$ | $FC_{daf}$ |
|---|---|---|---|---|
| 半焦 | 0.49 | 12.38 | 10.63 | 89.37 |

表 8-8 为还原剂半焦的粒度分布。从表 8-8 中可以看出，还原剂半焦的粒度小，粒径小于 $50\mu m$ 的颗粒约占 93%。

表 8-8 还原剂半焦粒度分布　　　　　　单位:%

| 粒度/$\mu m$ | 95~120 | 50~95 | 10~50 | 1~10 | 0.1~1 |
|---|---|---|---|---|---|
| 半焦 | 0.23 | 7.46 | 44.47 | 39.80 | 8.04 |

（2）实验工艺过程　实验工艺过程如图 8-16 所示。首先原煤经干燥、研磨、筛分至 6mm 以下，在固定床热解装置中于 550℃热解得到还原剂半焦，半焦经研磨、筛分至 1mm 以下。铁矿石经过干燥、研磨筛分至 1mm 以下，半焦、铁矿石与黏结剂膨胀润土充分混合均匀，加入适量去离子水，搅拌均匀，放置于自制模具中，在压力机上进行冷压成型，制得直径约为 10mm 的含碳铁矿石球团，球团置于 110℃的鼓风烘箱中干燥 3h。干燥后的球团一部分进行强度测试，以落下强度和抗压强度为标准确定满足实验要求强度的成型条件。另一部分球团进行直接还原实验的研究。

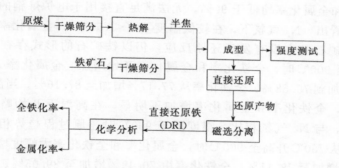

图 8-16　实验工艺过程

### 8.3.2.2　实验内容及结果

在实验中，主要是对还原温度、还原时间、焦矿比、还原气氛和气体浓度（体积分数）等影响因素进行研究。

（1）$N_2$ 和 $CO_2$ 气氛下直接还原实验　研究显示，煤基直接还原主要以间接还原为主，主要是固体还原剂产生的 CO 和 $H_2$ 以及固体炭气化产生的 CO 参加还原反应。固体炭在还原过程中既可以提供反应热量，也可以作为还原剂直接还原铁矿石；但是研究表明固体炭直接参与还原反应的程度有限，只有炭和铁矿石直接接触才能发生反应，随着反应的进行铁矿石表面被还原产物包裹覆盖，阻碍了炭与铁矿石的直接接触，导致固体炭很难继续还原铁矿石。

① 还原温度的影响。

选择干燥后铁矿石球团作为研究对象，还原时间 1.5h，焦矿比 0.4:1，温度范围为 600~1100℃，实验结果见图 8-17。

实验所研究的温度范围为 600~1100℃，结果表明当温度为 950℃时，$N_2$ 气

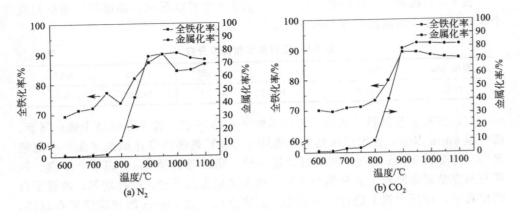

图 8-17　两种气氛下还原温度对还原结果的影响

氛下全铁化率达到 89.90%，金属化率达到 77.01%；$CO_2$ 气氛下，全铁化率为 89.04%，金属化率为 82.42%。该结果说明半焦作为铁矿石还原剂是可行的，但全铁化率和金属化率均低于 90%，无法满足直接用于电炉炼钢的要求。从图 8-17 中可以看出，$N_2$ 气氛下，在较低温度下（<750℃），金属化率很小，说明在低温下铁矿石基本没有发生还原反应，仍以铁矿石的形式存在。当温度从 750℃ 升高至 900℃ 时，全铁化率和金属化率开始增加，金属化率大幅度增加，从 1.22% 增加到 75.58%，全铁化率从 77.17% 增加至 87.16%。当温度由 900℃ 继续升高时，全铁化率和金属化率增加不明显，在高温下开始略微下降。在 $CO_2$ 气氛下，与 $N_2$ 气氛相比，温度低于 900℃ 时还原过程趋势相同，结果相近。当温度从 750℃ 升高至 900℃ 时，金属化率和全铁化率大幅度增加，金属化率由 3.06% 增加至 78.11%，全铁化率由 70.49% 增加至 89.05%。当温度继续升高时，金属化率和全铁化率趋于平稳。

② 还原时间的影响。

选择干燥后铁矿石球团作为研究对象，还原温度 950℃，焦矿比 0.4∶1，时间范围为 0.5~2.0h，时间间隔为 0.25h，实验结果见图 8-18。

从图 8-18 中可以看出，在 $N_2$ 气氛下，时间为 1.0h 时，全铁化率达到 91.91%，金属化率达到 81.39%；$CO_2$ 气氛下，时间为 1.0h 时，全铁化率达到 91.70%，金属化率达到 84.30%。随着还原时间的增加，全铁化率先增加后趋于平稳；金属化率在时间从 0.5h 增加到 1.0h 的过程中，大幅度增加，从 59.50% 增加至 81.39%，但当时间继续延长时，金属化率开始下降。在 $CO_2$ 气氛下，全铁化率和金属化率随着时间均呈现先增大后趋于平缓的趋势，下降幅度很小；在还原时间为 1.0h 时，二者达到较大值，分别为 91.70% 和 84.30%。

③ 焦矿比的影响。

选择干燥后铁矿石球团作为研究对象，还原温度 950℃，还原时间 1.0h，焦矿比范围（0.2~1）∶1，实验结果见图 8-19。

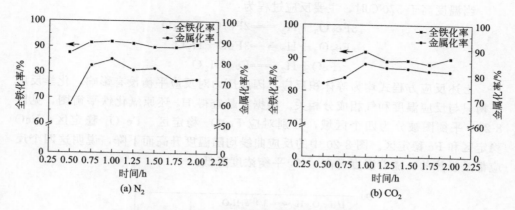

图 8-18　两种气氛下还原时间对还原结果的影响

从图 8-19 中可以看出，在 $N_2$ 气氛下，焦矿比为 0.4：1 时，全铁化率为 91.91％，金属化率为 81.39％；$CO_2$ 气氛下，焦矿比为 0.4：1 时，全铁化率为 91.70％，金属化率为 84.30％。两种气氛下结果趋势相近，全铁化率随焦矿比的增加先增加然后略微下降，下降程度小；金属化率先增加后趋于平稳。

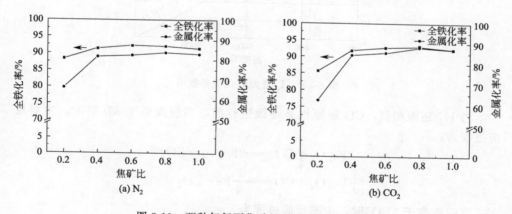

图 8-19　两种气氛下焦矿比对还原结果的影响

（2）$H_2$ 和 CO 气氛下直接还原实验　$N_2$ 气氛下直接还原实验结果证明了半焦作为铁矿石还原剂是可行的，但是得到的海绵铁金属化率低于 90％，无法满足直接炼钢要求。因此在实验中引入还原性气体，将半焦直接还原转变为气-固协同作用下的直接还原，探究 $H_2$ 和 CO 对直接还原结果的影响，以此来制取满足冶金要求的海绵铁。

$H_2$ 还原 $Fe_2O_3$ 的反应为分步反应，当温度低于 570℃时，主要反应过程为：

$$3Fe_2O_3 + H_2 =\!=\!= 2Fe_3O_4 + H_2O$$

$$\frac{1}{4}Fe_3O_4 + H_2 =\!=\!= \frac{3}{4}Fe + H_2O$$

当温度高于 570℃时，主要反应过程为：

$$3Fe_2O_3 + H_2 \rightleftharpoons 2Fe_3O_4 + H_2O$$
$$Fe_3O_4 + H_2 \rightleftharpoons 3FeO + H_2O$$
$$FeO + H_2 \rightleftharpoons Fe + H_2O$$

上述反应方程式均为等体积反应，因此压力对反应平衡没有影响，化学反应平衡只与反应温度和气相成分相关。根据文献查得 $H_2$ 还原氧化铁平衡图，见图 8-20。平衡图被分为四个区域，分别对应 $Fe_2O_3$ 稳定区、$Fe_3O_4$ 稳定区、FeO 稳定区和 Fe 稳定区。图 8-20 中的反应曲线均随温度升高而下降，说明这四个反应都是吸热的。随着温度升高，$H_2$ 平衡浓度降低。

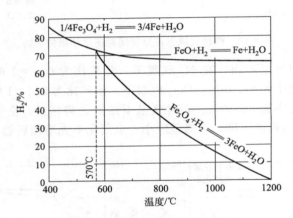

图 8-20　$H_2$ 还原氧化铁平衡图

与 $H_2$ 还原相似，CO 还原也是逐级进行的，当温度低于 570℃时，主要反应过程为：

$$3Fe_2O_3 + CO \rightleftharpoons 2Fe_3O_4 + CO_2$$
$$\frac{1}{4}Fe_3O_4 + CO \rightleftharpoons \frac{3}{4}Fe + CO_2$$

当温度高于 570℃时，主要反应过程为：

$$3Fe_2O_3 + CO \rightleftharpoons 2Fe_3O_4 + CO_2$$
$$Fe_3O_4 + CO \rightleftharpoons 3FeO + CO_2$$
$$FeO + CO \rightleftharpoons Fe + CO_2$$

还原反应均为等体积反应，反应的平衡只与反应温度和气相组成成分有关。图 8-21 为 CO 还原氧化铁平衡图。平衡图分为四个区域，与 $H_2$ 气氛类似，分别对应 $Fe_2O_3$ 稳定区、$Fe_3O_4$ 稳定区、FeO 稳定区和 Fe 稳定区。反应曲线中，$Fe_2O_3 \longrightarrow Fe_3O_4$、$Fe_3O_4 \longrightarrow Fe$、$FeO \longrightarrow Fe$ 三条曲线随温度升高而升高，说明反应是放热的；$Fe_3O_4 \longrightarrow FeO$ 反应曲线随温度升高而降低，说明反应是吸热的。

① 还原温度的影响。

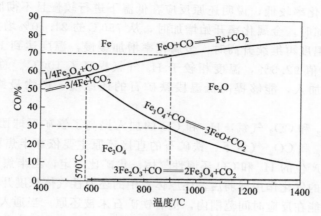

图 8-21　CO还原氧化铁平衡图

选择干燥后铁矿石球团作为研究对象，还原时间 1.0h，焦矿比 0.4∶1，气体浓度均为 50%，温度范围为 600~1100℃，实验结果见图 8-22。

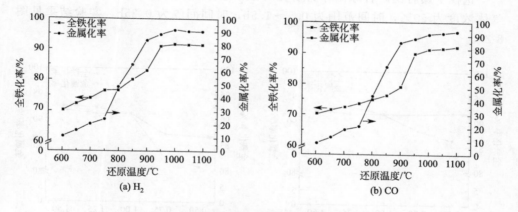

图 8-22　两种气氛下还原温度对结果的影响

从图 8-22 中可以看出，$H_2$ 和 CO 气氛下的直接还原有着相似的趋势，$H_2$ 气氛下，温度 1000℃时，全铁化率达到 91.59%，金属化率达到 91.43%；CO 气氛下，温度 1000℃时，全铁化率达到 91.22%，金属化率为 91.17%。$H_2$ 和 CO 还原性气体的引入，使得原本固基还原过程转变为气-固协同作用下的还原过程，提高了产物的金属化率，达到 90% 以上，满足作为电炉炼钢的直接材料。$H_2$ 气氛下，全铁化率和金属化率均随着还原温度的升高而增加，在较低温度 600~750℃范围内，金属化率较低，说明此时还原反应发生程度低；但相比于 $N_2$ 和 $CO_2$ 气氛下的低温段，$H_2$ 中的金属化率有所提高，这说明 $H_2$ 的通入有利于在低温段的还原反应发生。当温度从 750℃继续升高时，金属化率大幅度增加，由 750℃的 24.21% 增加至 900℃时的 83.38%；当温度继续升高时，金属化率继续增加，最后趋于平稳。在 CO 气氛中，600~750℃

范围内，金属化率较低，说明还原反应在低温下进行较慢且不彻底。当温度由750℃继续增加时，金属化率开始增加时，从750℃的21.10%增加至900℃的84.38%；当温度再继续升高时，金属化率增加缓慢，温度达到1100℃时金属化率达到最大值92.5%，温度相较于$H_2$气氛提高了100℃。总体来说，$H_2$和CO气体的加入，能够提高低温段铁矿石的还原度，产物最终的金属化率增加。

相比于$N_2$和$CO_2$气氛，$H_2$和CO的加入提高了铁矿石球团的还原程度；这是因为在$N_2$和$CO_2$气氛下，铁矿石的直接还原主要依靠半焦释放的挥发分和固定炭气化产生的$H_2$和CO还原性气体；焦矿比一定，当半焦的挥发分释放完全且固定炭的气化作用减弱后，还原体系中的还原性气体浓度开始减少直至消失，所以有可能在反应时间范围内，仍有铁矿石未被还原。当通入$H_2$和CO还原性气体时，还原体系中的还原性气体来源充足，铁矿石能够充分地被还原，因此，$H_2$和CO的引入提高了铁矿石的还原程度，使得金属化率增加。

② 还原时间的影响。

选择干燥后铁矿石球团作为研究对象，还原温度1000℃，焦矿比0.4:1，气体浓度为50%，时间范围为0.5~1.5h，时间间隔为0.25h，实验结果见图8-23。

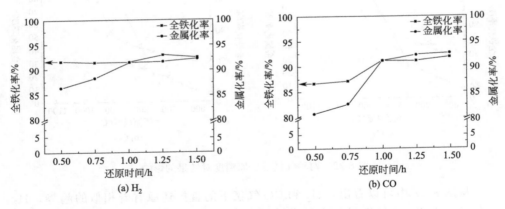

图 8-23 两种气氛下还原时间对结果的影响

由图8-23可知，$H_2$气氛下，还原时间为1.5h时，全铁化率为92.52%，金属化率为92.23%；CO气氛下，还原时间为1.5h，全铁化率达91.86%，金属化率达92.60%。总体来看，在两种气氛下，全铁化率和金属化率均随还原时间的增加而增加；当时间超过1.0h时，全铁化率和金属化率趋于平缓。$H_2$气氛下，还原时间从0.5h增加至1.0h的过程中，金属化率从86.48%增加至91.43%，之后增加不明显。在CO气氛下表现出和$H_2$相似的趋势。

当还原时间较短时，部分铁矿石来不及被还原，所以当还原时间从0.5h增加时，金属化率会继续增加。但是研究表明，$H_2$还原过程存在反应控制步骤，在反应后期，内扩散控制在还原过程中占绝对优势，所以在还原进行到一定程度后，还原时间继续增加，还原程度也不会再加，因此金属化率不再增加。在 CO 气氛下，在 1.0h 之前，金属化率要比 $H_2$ 气氛下的低；这是因为 $H_2$ 分子尺寸要比 CO 小，且 $H_2$-$H_2O$ 的互扩散系数要大于 CO-$CO_2$。研究表明，从动力学角度考虑，在高温条件下，$H_2$ 的还原能力和还原速率要高于 CO。

③ 气体浓度的影响。

选择干燥后铁矿石球团作为研究对象，还原温度 1000℃，还原时间 1.0h，焦矿比 0.4∶1，气体浓度为 20%、30%、40%、50%、60%、70%、80%，实验结果见图 8-24。

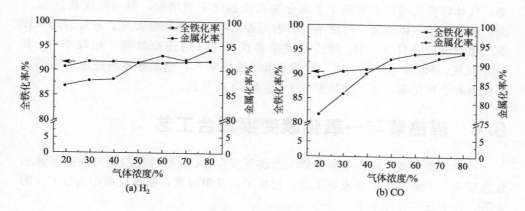

图 8-24  两种气氛下气体浓度对结果的影响

从图 8-24 中可以看出，在 $H_2$ 气氛下，浓度为 80% 时，全铁化率为 94.13%，金属化率为 91.87%；CO 气氛下，浓度为 80% 时，全铁化率为 93.95%，金属化率为 92.95%。总之可以看出，在两种气氛下，金属化率随着气体浓度的增加呈现先增加后平缓的趋势；当浓度高于 50% 时，继续增加气体浓度，金属化率增加不明显，当浓度低于 50% 时，增加气体浓度可以一定程度上提高金属化率。

在较低温度范围内增加 $H_2$ 和 CO 气体的浓度，能够加快还原反应速率。在该实验中，气体浓度增加至 50% 以后，金属化率基本处于平稳状态；由热重实验结果可知，反应后期速率控制步骤为三维扩散，即气体由颗粒表面扩散进入颗粒内部，所以增加气体浓度金属化率增加不明显。从图 8-24 中可以看出，在 CO 气氛中，当气体浓度为 20% 时，金属化率要比 $H_2$ 气氛下低；这说明在较低浓度时，$H_2$ 的还原速率要比 CO 的还原速率快。

综上所述，在 $N_2$ 和 $CO_2$ 气氛下的研究结果表明，在还原温度为 950℃、还原时间为 1.0h、焦矿比为 0.4∶1 时，能够得到金属化率和全铁化率均较高的 DRI，这说明半焦作铁矿石还原剂是可行的。但金属化率均低于 90%，效果不好；并且 $CO_2$ 气氛在一定程度上能够促进布多尔反应 $C+CO_2 \rightleftharpoons 2CO$ 的进行，但是该反应的影响不起主要作用；说明半焦为铁矿石还原剂，主要是通过半焦释放的挥发分中的还原性气体进行还原的。还原产物的金属化率和全铁化率均随着还原温度和还原时间的增加呈现先增加后逐渐平缓的趋势，焦矿比的增加也能够在一定范围内提高还原产物的全铁化率和金属化率，但当焦矿比过大时，会使金属化率下降。

H$_2$ 和 CO 的引入，还原过程转变为气-固协同作用下的还原，在还原温度 1000℃、还原时间 1.0h、体积浓度 50％时，DRI 的金属化率分别为 91.43％ 和 91.17％，均高于 90％，说明气-固协同还原能够提高金属化率。还原产物的金属化率和全铁化率随着还原温度和还原时间的增加呈现先增加后逐渐平稳的趋势，气体浓度的增加也有利于金属化率和全铁化率的增加，但当浓度超过 50％ 时，继续增加气体浓度，对结果的影响则逐渐减小。在较低温度、较短时间和较低气体浓度的条件下，H$_2$ 的还原效果要优于 CO 的还原效果。相较于 N$_2$ 和 CO$_2$ 气氛，H$_2$ 和 CO 的加入，即使是低浓度的加入，也能够提高还原产物的金属化率和全铁化率，还原效果要优于 N$_2$ 和 CO$_2$ 气氛。

## 8.4　煤热解与一氧化碳变换耦合工艺

一氧化碳变换反应，工业上称为水煤气反应。CO 变换反应是可逆的等体积放热反应，主要应用于合成氨工业、制氢工业及甲醇重整制氢反应中大量 CO 的去除。化学反应方程如下：

$$CO + H_2O \Longrightarrow CO_2 + H_2 \quad \Delta H = -40.6 \text{ kJ/mol}$$

对许多工业过程有不利影响的 CO 和廉价的水蒸气通过 CO 变换反应制得可广泛使用的氢气，经济效益是显而易见的。研究 CO 变换反应这个特殊的加氢剂与煤热解的耦合反应（CO 变换反应与煤热解耦合简称 "CSP"）具有一定的重要意义。

李敏等在上层为变换催化剂 B113、下层为新疆伊犁南台子煤粒的固定床反应器中，研究了 CO 变换反应与煤热解的耦合作用；考察了 CO 变换反应水气比、煤热解温度对耦合反应的影响，研究了耦合热解所得各项产物的特性。结果表明，水气比为 1.0、热解反应温度为 650℃ 时耦合热解可获得最高的焦油产量，焦油产率为 16.36％，比氮气气氛下的焦油产率增加了 6.66 个百分点，比氢气气氛下增加了 4.49 个百分点；耦合热解可以得到更低硫的半焦，在终态温度为 750℃ 时耦合热解脱硫率为 92.28％；热解气体产物中，氢气、甲烷、C$_2$~C$_4$ 烃类气体含量增加；焦油的羟基数量减少，脂肪烃和芳香烃增多。

### 8.4.1　原料和实验工艺过程

实验用煤为 60~100 目的新疆伊犁南台子煤，其 H/C 比为 0.73，O/C 比为 0.15，具体煤质分析结果见表 8-9。

表 8-9 南台子煤质分析结果（质量分数）　　　　单位：%

| 工业分析结果 | | | | 元素分析结果 | | | | |
|---|---|---|---|---|---|---|---|---|
| $M_{ad}$ | $A_{ad}$ | $V_{ad}$ | $FC_{ad}$ | $C_{daf}$ | $H_{daf}$ | $N_{daf}$ | $O_{daf}$ | $S_{daf}$ |
| 8.24 | 10.77 | 32.72 | 48.27 | 77.75 | 4.73 | 1.24 | 15.88 | 0.42 |

所用催化剂为 CO 变换工业催化剂 B113，棕褐色，主要含有 $Fe_2O_3$、$Cr_2O_3$、$MnO_2$，经破碎筛分为 40～60 目。实验所用气体 $H_2$、$N_2$、CO、$CO_2$ 均为钢瓶气，纯度为 99.999%。实验工艺过程如图 8-25 所示。

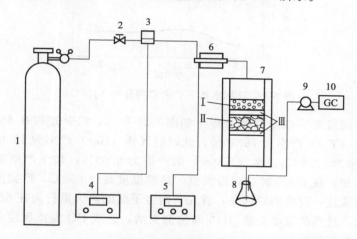

图 8-25　实验工艺过程

1—钢瓶气；2—阀门；3—质量流量控制器；4—质量流量计；5—蠕动泵；6—预热器；7—固定床反应器；8—冷阱；9—气体流量计；10—气相色谱；Ⅰ—B113 催化剂；Ⅱ—煤层；Ⅲ—石英棉

煤热解实验在常压固定床反应器中进行，反应器升温速率为 5℃/min。实验时将反应管上部装入 2g 催化剂，下部装入 5g 煤粉，催化剂与煤粉用石英棉隔开，将此反应管装入炉膛，升到设定终温后停留 30min。经过计量和预热的 CO 和水蒸气进入反应管，气体先与催化剂层接触进行变换反应，变换反应生成的混合气体作为下部煤粉热解的气氛。热解产物被载气带入冷凝罐冷凝得到液体产物，湿式气体流量计对气体产物进行计量。

## 8.4.2　主要研究内容及结果

（1）不同水气比下 CSP 产物分布　水气比是影响 CO 变换反应速率的主要因素，在一定范围内提高水蒸气用量，可增加 CO 转化率，加快反应速率，防止催化剂过度还原；过量水蒸气的加入则会影响反应温度，增大阻力，阻碍反应的正常进行。

如图 8-26 所示，CO 变换反应水气比为 1.0 时，CSP 焦油（Tar）产率取得最大值 16.36%；水气比小于 1.0 时，焦油产率随水气比的升高而增加；大于 1.0 时，变化趋于平缓。CSP 焦油产率的变化说明 CO 变换反应的有效进行促进了 CSP 焦油的生成，变换反应产生活性自由基与热解生成的游离基碎片结合生成了更多的焦油。水气比为 1.0 时，CSP 过程半焦（Char）产率为 57.68%；水气比小于 1.0 时，CSP 热解半焦产率随水气比的升高而明显降低；大于 1.0 时，变化趋于平缓。半焦产率变化的主要原因是热解反应的深度进行造成了挥发分不断溢出。

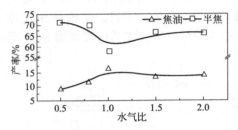

图 8-26　不同水比下 CSP 产物分布（650℃）

（2）不同温度下 CSP 产物分布　如图 8-27 所示，CSP 过程在 650℃时获得最大的焦油（Tar）产率为 16.36%，此时的气体（Gas）产率为 18.00%，半焦（Char）产率为 57.68%，水（Water）的产率为 5.00%；焦油产率随热解温度的升高而增加，在 650℃时达到最大值。热解温度高于 650℃，产物产率变化趋于平缓。造成这一现象的原因是，首先，南台子煤的热失重行为在 650℃后开始减弱；其次，过高的温度会使 B113 催化剂失活，造成 CO 变换反应无法正常进行，热解活性气氛减少。

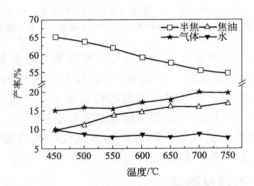

图 8-27　不同温度下 CSP 产物分布

（3）产物产率的比较　图 8-28 所示，热解终态温度为 650℃时，与氮气气氛下的热解相比，$H_2$ 气氛的 CSP 所得的热解焦油和热解气体产物产率明显增加；说明 $H_2$ 气氛和 CSP 促进了煤热解过程中加氢反应的进行，生成了更多的焦油和气体。与氢气气氛下的热解相比，CSP 能得到更多的焦油，气体产率也略有增加。这是因为 CSP 通过 CO 变换反应可获得更多具有较高反应活性的小分子自由基，这些自由基更易与热解产生的煤自由基碎片结合。

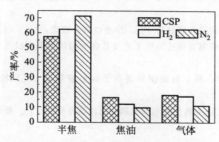

图 8-28 不同气氛下热解产物产率的比较（650℃）

刘彦等以新疆伊犁南台子煤为研究对象，考察了 CO 变换反应与煤热解反应耦合对焦油产率的影响；采用常压固定床反应器，以 B205 为变换催化剂，分别考察了热解气氛、反应温度对南台子煤热解反应的影响。结果表明，CO变换反应与煤热解反应耦合条件下，热解温度在 450～650℃ 范围，焦油产率随温度的升高而增大；650℃ 之后，焦油产率保持稳定。在热解温度 650℃、其他反应条件完全一致、CO 变换反应与煤热解反应耦合条件下，焦油产率分别为 N₂、H₂ 气氛中焦油产率的 1.62 倍和 1.43 倍。半焦和焦油的红外分析表明，CO 变换反应生成的活性氢参与了芳烃的加成反应，使氢数量增多，提高了焦油产率。

## 参 考 文 献

[1] 马宝岐，张秋民 . 半焦的利用 [M]. 北京：冶金工业出版社，2014.

[2] 尚建选，马宝岐，张秋民，等 . 低阶煤分质转化多联产技术 [M]. 北京：煤炭工业出版，2013.

[3] 王勤辉，骆仲泱，方梦祥，等 . 12 兆瓦热电气多联产装置的开发 [J]. 燃料化学学报，2002，30（2）：141-146.

[4] 方梦祥，岑建孟，王勤辉，等 . 25MW 循环流化床热、电、煤气多联产装置 [J]. 动力工程，2007，27（4）：635-639.

[5] 岑建孟，方梦祥，王勤辉，等 . 煤分级利用多联产技术及其发展前景 [J]. 化工进展，2011，30（1）：88-94.

[6] 方梦祥，岑建孟，石振晶，等 . 75t/h 循环流化床多联装置试验研究 [J]. 中国电机工程学报，2010，30（29）：9-15.

[7] 梁大明 . 中国煤质活性炭 [M]. 北京：化学工业出版社，2008.

[8] 沈曾民，张文辉，张学军 . 活性炭材料的制备与应用 [M]. 北京：化学工业出版社，2006.

[9] 周安宁，贺新福，杨志远，等 . 煤热解和活性炭生产一体化装置：CN105036127A [P]. 2015-11-11.

[10] 刘洪春，刘承智，刘庆达 . 一种活性炭生产工艺：CN105621410B [P]. 2018-02-27.

[11] 刘长波 . 兰炭基活性炭的制备工艺及性能研究 [D]. 西安：西安建筑科技大学，2012.

[12] 沈朴，汪晓芹，薛博 . 兰炭制活性炭的实验研究 [J]. 煤炭转化，2012，35（2）：89-94.

[13] 章兴德，邹祖桥 . 粉焦制活性炭方法研究 [J]. 武钢技术，1998，36（1）：51-54.

[14] 雏和明，冯辉霞，王毅，等 . 焦粉活性炭的制备及其应用 [J]. 化工环保，2007，27（5）：481-483.

[15] 张延辉 . 半焦作还原剂直接还原铁矿石球团研究 [D]. 大连：大连理工大学，2018.

[16] 樊英杰，张延辉，聂凡，等．温度及气氛对半焦直接还原铁矿石的影响 [J]．化学工程，2019，47（7）：47-51，57.

[17] 周翔．直接还原工艺综述及发展分析 [J]．冶金经济及管理，2017（4）：53-56.

[18] 贾江宁，魏征，董跃．煤基直接还原铁工艺及其在中国的发展现状 [J]．能源与节能，2017（4）：2-4.

[19] 刘彦，朱康周，周岐雄，等．新疆伊犁南台子煤热解耦合 CO 变换反应的研究 [J]．煤化工，2015，43（3）：27-30，37.

[20] 李敏，马兰，周岐雄．CO 变换反应与煤热耦合反应特性研究 [J]．新疆环境保护，2018，40（3）：40-46.